Harald J. W. Müller-Kirsten
Rätsel Wahrheit

Harald J. W. Müller-Kirsten

Rätsel Wahrheit

Rückblicke kreuz und quer

Haag + Herchen

Bibliografische Information der Deutschen Nationalbibliothek
Die Deutsche Nationalbibliothek verzeichnet diese Publikation in der Deutschen Nationalbibliografie; detaillierte bibliografische Angaben sind im Internet über http://dnb.d-nb.de abrufbar.

ISBN 978-3-89846-783-4

Schwarzwaldstraße 23, 63454 Hanau

Satz: kn
Herstellung: dp
Printed in Germany

Verlagsnummer 3783

Inhalt

Vorwort

Dies ist kein Versuch autobiographische Notizen aneinanderzureihen, sondern einige Themen, Fragen und Beobachtungen, die mich in meinem Leben immer wieder befassten, aus der Perspektive des Alters noch einmal zu sichten und wo möglich einen Sinn zu entlokken oder zu fragen, was wahr oder unwahr ist, was richtig oder falsch. Was ich hier versuche, ist eher eine gesellschaftspolitische Rückbetrachtung. Sieht man im Alter das Vergangene verklärt, verfälscht oder vielleicht sogar richtiger? Alles ist fragwürdig. Junge Menschen wissen oft alles ganz genau, meinen zu wissen, was richtig oder falsch ist. Ich weiß nicht, ob das auch bei mir in meiner Jugend der Fall war. Ich galt als schüchtern und introvertiert, was, wie ich irgendwo las, ein Charakteristikum von Menschen ist, die das Leben ernst nehmen.

Jetzt aber darf ich es sagen: Jeder Gedanke, jedes Wort, jede Entscheidung waren Schritte auf Glatteis. Unsicherheit und Zweifel waren meine täglichen Begleiter, der Lebensweg eine Fahrt weniger durch stürmische als unsichere Gewässer, und das, obgleich es mir in vieler Hinsicht besser ging als vielen anderen. Ich hatte ein streng diszipliniertes, aber intaktes und mich und meine Geschwister beschützendes Elternhaus und dies bis in ein sehr fortgeschrittenes Alter. Gewissenhaftigkeit (damit Ehrlichkeit und Pflichtbewusstsein), sowie Selbstdisziplin (damit Mäßigung und Fleiß, auch Demut) waren mir irgendwie ohne viele Worte oder Strafen (die es sehr wohl gab) in früher Kindheit eingeflößt worden (ja, das war unter Hitler).

Andere wissen genau, wann sie gehen, lesen und rechnen gelernt haben und vieles mehr. Ich kann das von mir nicht behaupten – diese Daten liegen in meinem Fall im Dunkel der Vergangenheit. Das einschneidendste Ereignis in meinem Leben, und wohl auch dem meiner Eltern und Geschwister, war unsere plötzliche Flucht aus Halle/Saale in einem der sog. Rosinenbomber der Luftbrücke über Berlin in den Westen im Juni 1949, ganz kurz nach meinem 14. Geburtstag. Danach kam unsere Auswanderung nach Sydney/Australien. Mit diesem Schritt wachte ich irgendwie auf, das Leben wurde ernst. Alles andere folgte mehr oder weniger jeweils durch Auswahl unter wenigen gegebenen Möglichkeiten bis zu meinem jetzigen Leben im Alter.

Abgesehen von der Schulzeit verbrachte ich mein ganzes Leben an Universitäten, und das heißt mit Arbeiten und Lernen, Lernen und Arbeiten. Ich hörte Warnungen: Wenn du nicht klug genug bist, dann schaffst du es nicht an der Universität. Woran aber erkennt man Klugheit? Jemand sagte an einer hohen Stirn. Ich blickte in den Spiegel und sah, dass meine nicht als hoch bezeichnet werden konnte. Hm, die anderen sind klüger, sagte ich mir, also musst du eben mehr arbeiten. Und das tat ich. Ohne Arbeit geht nichts, sage ich heute, und das stimmt, jedenfalls ist das eine meiner wichtigsten Lebenserfahrungen. Außerdem verleiht Arbeit das Gefühl einer gewissen Pflichterfüllung und einem Versuch Leistung angestrebt zu haben. Alle Versuche aus kognitiven Fähigkeiten wie dem Bemühen logisch zu folgern, abstrakt zu denken, Probleme lösen zu können und komplexe Zusammenhänge zu durchschauen, vorherzusagen, wer Erfolg hat und wer nicht, scheitern jämmerlich.

Der Mensch lebt nicht isoliert, d.h. für sich allein – Elternhaus, Schule, Ausbildung und Beruf sind das übliche nahe Umfeld, darüber hinaus gibt es das weitere, das der Gesellschaft, des Landes, in dem man lebt, die Zeit, in der man lebt. Jedes Umfeld bestimmt Wechselbeziehungen, gute und/oder schlechte. Diese Interaktionen implizieren Kämpfe – in der Schule und in der Ausbildung, die um gute Noten, im Beruf, die um Geld, Anerkennung, Wohlstand, Sicherheit und mehr – das alles bleibt niemanden erspart. Auch der Wandel der Zeit führt zu Kämpfen – da werden Deserteure zu Helden, Helden zu üblen Tätern, ehemals Pflichtbewusste zu Helfern des Bösen, Böse zu Guten, Terroristen zu Freiheitskämpfern, Freiheitskämpfer zu Terroristen, Werte zu Unwerten, vormalige Unwerte zu Werten, und man gewinnt den Eindruck, die Welt steht Kopf. Alle diese Umstürze sind das Ergebnis von Machtverschiebungen im Verlauf von Fortschritt und Zeit – und jeder, der Macht anstrebt und/oder ausübt, beansprucht den Besitz von Wahrheit, Werten und Moral. Die Menschen, die Individuen, sind deren Spielpfennige (heute Cents genannt), wie schon Friedrich der Große bemerkte. Der einzelne Mensch, das

Individuum, ist in diesem Umfeld eingebettet wie ein Teilchen in einem Bad von bestimmter Temperatur. Ein solches System bezeichnet man in der Physik als kanonisch, im Unterschied zum mikrokanonischen System, das nur das Teilchen ohne umgebendes Temperaturbad behandelt (analog einer Autobiographie).

Der alt gewordene Mensch stellt fest, dass in seiner Jugend hochgehaltene Werte wie ungetrennte Ehen und Familien, christlicher Glaube, Pflichtbewusstsein u.a. über Bord geworfen werden und Kritiker, die der alten anerzogenen Vorstellung anhängen, diffamiert, wenn nicht bestraft werden. Gut, dass es den Tod gibt, kann man da nur sagen, der den Menschen vor solchen und anderen Strafen (nicht notwendigerweise gerichtlichen) bewahrt. Der Mensch kann es sich nicht auswählen, ob er als Schwarzer oder als Weißer, ob als Engländer, Amerikaner oder Deutscher, ob als Christ, Jude oder Moslem geboren wird.

Ich habe noch die Zeit erlebt, in der Deutschland Deutsches Reich hieß. Das Ende des Krieges haben wir alle als schlimme Zeit erlebt, und die Folgen waren schrecklich. Vieles habe ich, wie wohl viele andere Menschen auch, vergessen, denn man blickte nach vorn, man wollte eine gute Zukunft haben. Viele Menschen waren gezwungen auszuwandern, alle mit viel Hoffnung – man blickte eben nur nach vorn. Als wir auf unserem Auswandererschiff, dem etwa 1925 gebauten griechischen Dampfer *Cyrenia*, auf dem Weg von Colombo, dem damaligen Ceylon, nach Fremantle an der Westküste von Australien waren, und es Tag für Tag über eine Woche lang immer nur gen Süden ging ohne je Land zu sehen, nur hin und wieder ein Schiff, hatten wir den Eindruck in eine andere Welt umzusiedeln, aus der es kein Zurück mehr gab. Unser Vater, der 50. von 127 von der englischen Regierung für Australien angeworbenen deutschen Wissenschaftlern, war geflogen worden, mit vier Stops und Übernachtungen zwischen London und Sydney. Der Schriftsteller Bill Bryson schreibt in seinem Buch *Down Under*, damals kostete ein solcher Flug hin und zurück so viel wie in Sydney ein Einfamilienhaus mit drei Schlafzimmern. Und die Absturzgefahr flog immer mit.

Für die meisten Auswanderer, egal in welche der traditionellen weißen Auswandererregionen in Nordamerika oder Lateinamerika oder Australienn hat sich das Unternehmen sicher gelohnt, auch für uns. Nur wenige dürften in der damaligen Zeit irgendwie gescheitert sein – ich wüsste kein Beispiel zu nennen. Es war eine Zeit des Aufbruchs überall in der Welt, und besonders wirtschaftlich, wie sich später zeigte, aber vorher nicht zu erwarten war. Alte, die mit ihren Kindern und Enkeln auswanderten, dürften ihr ehemaliges Zuhause nie wiedergesehen haben – anders als die Australier, die ihr *home* England (*»this is what we call home«* – so der Rektor meiner Schule in Sydney zu Fotos von Wales und anderswo in England) nur von Bildern und vom Hören kannten. Dennoch waren sie nationalistisch wie alle anderen Völker auch.

Schüler aus konservativen Elternhäusern waren bei den Kadetten, kamen in Uniform und mit Gewehr zur Schule (in Sydney), und wurden nach dem um 15 Uhr endenden Unterricht militärisch gedrillt und im Schießen ausgebildet. Hätte es so etwas in der Hitler-Jugend gegeben, hätte alle Welt gesagt: Seht, die bilden schon die Knirpse zu Mördern aus! Einmal überquerte ich den Schulhof, als andere weit entfernt waren und ein Französischlehrer lief an mir vorbei. Diesem entschlüpfte zu mir gewendet das deutsche Wort ›Schweinehund‹. Ich nahm dies damals als Witz auf, fand es zwar etwas sonderbar und habe mich erst später wieder richtig daran erinnert – aus heutiger Sensibilität hierzulande, wo man (speziell in Medien) für derartiges sofort hysterisch den sog. ›Staatsschutz‹ ruft und Bestrafung verlangt. Doch dies ändert nichts an meiner Meinung über Australien: ein schönes Land mit sehr, sehr freundlichen Menschen. Dort gelebt haben zu dürfen war eine große Bereicherung meines Lebens. Und hier und heute ist man viel zu empfindlich in solchen Dingen, will man selbst kleinste verbale Entgleisungen sofort ahnden und bestraft sehen.

Wie gesagt: Man blickte nach vorn. Nicht nur die Kinder und Jugendlichen, sondern auch die Eltern – es ging ja um den Aufbau einer neuen Existenz. Der Krieg war verloren, aber von Schuld und Schande sprach kein Mensch (noch nicht), der Name Auschwitz war Siegern wie Verlierern unbekannt, kein Wort darüber in Winston Churchills vielbändigen dicken Memoiren. Das wurde alles erst später, viel später, anders. Als ich 1999 in Darmstadt die Zeitung aufschlug, das *Darmstädter Echo* vom 17.8.1999, las ich die Überschrift ›Australische Schatten‹. Man kann sich denken, was die Zeitung darunter verstand: Die ausgewanderten Wissenschaftler (Ingenieure, Physiker, Chemiker und andere) seien alle ›Nazis‹ gewesen, ›Nazi-Wissenschaftler‹, so die Zeitung diffamierend, wie man herausgefunden haben wollte, nachdem die australischen Behörden Journalisten einen Blick in ihre ›geheim gehaltenen‹ Archive gewährt hatten.

Überall wird herumgeschnüffelt, um mögliche deutsche Täter zu ermitteln, auch ›Gesinnungstäter‹, überall in der ganzen Welt, und das noch über sieben Jahrzehnte nach dem Krieg. In solch einer Welt leben wir heute. Voller Verdächtigungen und Hass- und Rachsucht oder Nationalismus der Sieger, Mitsieger und jener mit Opferstatus! Selbst die Toten in den Gräbern werden auf ihre Gesinnung hin überprüft, und wer den strengen Augen der selbsternannten Richter von heute nicht genügt, dessen letzte Spur wird gnadenlos ausgelöscht – wie von der Evangelischen Kirche die Gebeine des bereits 20 Jahre zuvor verstorbenen Rudolf Hess.

Ist das alles wahr, was und wie die Geschichte der Zeit von 1933 bis 1945 heute berichtet und gesehen wird? Waren die Deutschen (und das ist ja die Behauptung) in der großen Mehrheit verbrecherisch? Wenn man sich in die heutigen Darstellungen hineinliest, wird einem schnell übel – überall nur Morden, und alle machten (angeblich) mit? Da kann man nicht weiterlesen. Man fragt sich, was habe ich mit dieser Geschichte zu tun? Heute sieht es manchenorts nicht viel anders aus. Aber was kann man tun? Nichts, ist die Antwort. Es gibt die fünf Vetomächte, die 1945 im Siegesrausch die Macht über die Welt an sich gerissen haben, aber sie unternehmen nichts gegen das Unrecht an Palästinensern, den jahrelangen Bürgerkrieg in Syrien, nun in der Ukraine, das Morden in Afghanistan und im Irak. Sie, die Weltherrscher, füttern diejenigen mit Waffen, die sich ihren Machtinteressen beugen oder anbiedern.

Überall und zu allen Zeiten gibt und gab es Individuen, die dabei sein wollten und sich selbst zerstörten und andere mitrissen. Du hast da keinen Einfluss, nicht mal im Minimalsten. Das Beste, was du tun kannst, ist dich um dich selbst und dein unmittelbares Umfeld, deine nächsten Angehörigen, zu kümmern, um deren und deine elementare Existenz und Gesundheit – und um ein reines Gewissen, ein Gewissen, das von Untaten unbelastet ist und dir inneren bzw. Seelenfrieden gewährt.

Da ich hier Rückblicke anstelle, also Beobachtungen aus der Sicht des Alters, sozusagen am Rand des Grabes, und manches viele Jahre zurückliegt, stellt sich natürlich auch die Frage nach der Verlässlichkeit dessen, was ich beschreibe und über das ich hier reflektiere – über meine Kindheit in der Zeit des Krieges, meine Jugend und die Zeit meines Studiums in Australien, meine weiteren Jahre während der Berufssuche mit ihren Erfahrungen bis in die heutige Zeit über das große Erlebnis der Wiedervereinigung hinweg, das ich erleben durfte, das vielen anderen aber, die diese ohne Zweifel schmerzerfüllt herbeigesehnt hatten, nicht vergönnt gewesen ist – in dieses neue Jahrhundert. Die Folgen des Krieges sind uns heute noch täglich präsent – direkt oder indirekt bzw. sie werden täglich in den Medien genannt und oft beschworen: eine Dauerpräsenz Hitlers im täglichen Leben. Und manches ist Indoktrination, Umerziehung, Gehirnwäsche oder auch Pharisäertum. Sogenannte Zeitzeugen (immer nur aus einer Perspektive) wissen viel Schlechtes über die Deutschen der damaligen Zeit zu sagen – und das wird immer als wahr hingestellt (sonst würde man sie gar nicht erst fragen).

Ich frage auch nach der Verlässlichkeit meiner eigenen Reflektionen, teste mein Denken – ziehe ich falsche Schlüsse oder kann ich richtige Schlüsse ziehen, selbst wenn die gesamte öffentliche oder veröffentlichte Meinung bestimmte Ereignisse anders sieht? Wie verhalte ich mich dann? Was darf ich sagen, was nicht? Fragen, Zweifel, Bedenken. In dem Buch eines Psychologen las ich, dass 20 Prozent alles Gesagten der Menschheit (im Mittel) so oder so gelogen sei. Natürlich auch durch Parteilichkeit bzw. Vorurteil, Wunschdenken und damit einhergehendem Selbstbetrug, Irrtum usw., also das ganze Spektrum von sog. schwarzer bis weißer Lüge. Der Leser möge also besser gleich 20 Prozent von dem, was ich hier vielleicht ungenügend recherchiert oder bedacht äußere, als gelogen abtun. Ist das, was die Regierung und die Medien sagen oder behaupten, die Wahrheit? Ist dem, was sogenannte Zeitzeugen äußern, zu trauen, zumal diese ja immer mit ganz bestimmter Tendenz ausgesucht werden, und heute, 70 Jahre nach dem Krieg, handelt es sich häufig um die Kinder der eigentlichen Zeugen. Wie verlässlich sind deren erinnerte Aussagen nach vielen Jahrzehnten z.B. wenn, auch heute noch, laufend neue Gedenkstätten eingeweiht werden – wie gesagt, mehr als 70 Jahre nach den Geschehnissen?

Im Fernsehen behauptete eine Berlinerin, ihre Eltern hätten schon 1933 einen Juden im Keller versteckt. Wir hören oder lesen so etwas häufiger, besonders über mutig versteckte Juden wie die aus dem Fernsehen bekannten Persönlichkeiten Hans Rosenthal, Gerhard Löwenthal und Ralph Giordano. Ich selbst kann mich genau an einen Juden erinnern, der, als ich mit Klassenkameraden auf dem Heimweg von der Schule war, vor uns herging und an dem gelben Judenstern zu erkennen war; das war frühestens 1942. Die verbrecherischen Abtransporte in Vernichtungslager fanden vermutlich also erst auf dem Höhepunkt des Krieges statt. Besonders glaubwürdig dokumentiert zu sein scheint das Schicksal der holländischen Familie Frank – und zwar von Beginn an mit Versteck in Amsterdam und Abtransport nach Auschwitz und Rücktransport von dort nach Bergen-Belsen beim Näherkommen der Roten Armee. Über Elie Wiesel weiß man, dass dessen Vater von der SS gefragt wurde, ob sie in Auschwitz den Russen in die Hände fallen wollten oder mit den Deutschen abziehen. Sie zogen letzteres vor und kamen in das KZ Buchenwald.

Ich kann mich an einen jungen Polen namens Kascheck erinnern, der Samstagnachmittags, wenn wir meine Großeltern auf dem Land besuchten, bei diesen den Hof kehrte und ähnliche Arbeiten für ein kleines Zugeld verrichtete (auch Kleidung erhielt), und für die Ernte bei den Landwirten eingestellt war, da die meisten deutschen Männer im Krieg waren. Wenn wir am Abend zum Bahnhof liefen, sahen wir dessen zwei Schwestern gelangweilt auf den Stufen ihrer Unterkunft sitzen (und die war nicht schlechter oder besser als für die anderen im Ort). Als Erntehelfer im Hochsommer hatten sie Samstagnachmittag frei. Sie hätten alle zum Bahnhof gehen und zurück nach Polen fahren können, wenn sie gewollt hätten – kein Problem im Sommer 1944, in dem wir selbst nach Schlesien zu meinen anderen Großeltern und ins Riesengebirge gefahren waren. Viele der damals ›rekrutierten Ostarbeiter‹, wie sie genannt wurden, kamen ›freiwillig‹ – so heißt es auf jeden Fall in der ZDF-Info-Sendung vom 18.8.2015 ›Die Wahrheit über den Holocaust‹, die das offizielle Bild dieser Geschichte präsentiert. Aber natürlich ist sehr glaubhaft auch hier, worauf der Prinz von Hannover im Fernsehen hinwies, dass gegen Ende des Krieges, als es um das Überleben der Deutschen und des Deutschen Reiches ging, auf Moral, gute Ernährung usw. nicht mehr viel geachtet werden konnte – und ›ausgebeutet‹ mit Arbeitskraft und schlechter Ernährung wurden nicht nur die sog. Zwangsarbeiter, sondern auch die Deutschen selbst, weil dies die Situation erforderte. Von solchen Beobachtungen hört und sieht man nichts in den Medien.

Es heißt: Alles sei Terror gewesen. Überall nur Mord und Totschlag und Vernichtungskrieg von deutscher Seite. Dabei wird selbst in der eben genannten Sendung ›Die Wahrheit über den Holocaust‹ berichtet, dass Balten und Ukrainer die deutschen Truppen als ›Befreier‹ begrüßten – eine seltsame Sicht, wenn man diese mit der des Bundespräsidenten Joachim Gauck vergleicht, der Stalins Rote Armee als ›Befreier‹ Deutschlands bezeichnete (womit er sicher seinen Vorgänger Richard von Weizsäcker übertreffen wollte). Wie sollen wir das Verstecken z.B. der o.g. Juden verstehen – in einem Keller ohne Licht, Luft, Toilette – von 1933 bis 1945? Oder dürfen wir solches nicht fragen? Und der o.g. Kascheck – hat er als ehemaliger Zwangsarbeiter Entschädigung erhalten?

Der zivilisatorische Aufschwung nach dem Krieg hat überall zu damals ungeahnten Fortschritten geführt, in der westlichen Welt zu enorm gestiegenem Lebensstandard – sichtbar an sanitären, elektronischen u.a. Verbesserungen bis hin zu sehr sicheren, billigen Flügen rund um die Welt. Durch meine naturwissenschaftlich ausgerichtete Schulausbildung driftete ich in die Naturwissenschaften und von dort in die Physik. Als Folge der Nuklearbomben der Weltkrieg-II-Verbündeten und deren Produktion des schlimmsten Menschenvernichtungspotentials war damals Kernphysik das die Physik beherrschende Thema, dessen weitere Erforschung überall, auch im Hinblick auf Entwicklung von Nuklearreaktoren, mit großem Nachdruck betrieben und von Regierungen gefördert wurde. Dies war auch in

Sydney der Fall, wo die University of Sydney durch Berufung international anerkannter Wissenschaftler auf den Gebieten von Kernphysik, Supraleitung, Rechnerkonstruktion und kosmischer Strahlung einen hervorragenden internationalen Ruf erlangt hatte.

Wir kennen die Geschichte: Im täglichen Leben nicht wahrgenommen, veränderten sich auch die Gesellschaften. Dessen wird man sich erst graduell nach Jahrzehnten bewusst, wenn die eigene Erfahrung, das eigene Erleben, die eigenen anerzogenen Gewohnheiten sich von den neuen, zeitgemäßen unterscheiden. Der Einzelne, das Individuum, hat keine Möglichkeit in das Weltgeschehen einzugreifen – weder positiv noch negativ. Die Änderungen in einem Land, einem Erdteil oder der Welt als Ganzes sind kollektiver Natur und unterliegen anderen Gesetzen als das Individuum – wie in der Physik, wo die Gesetze, die die Bewegung eines Massenpunktes bestimmen, andere sind als jene, die das Verhalten eines festen Körpers oder eines Gases bestimmen, also einer Vielzahl von Massenpunkten.

Es bleibt dem Einzelnen überlassen, wie er sein eigenes Leben im Wandel der Zeit führt, in einem Wandel, den er normalerweise als sehr, sehr langsam wahrnimmt – auch im Verhältnis zu anderen Menschen. Universelle sittliche Prinzipien wie die diesbezüglichen Gesetze und Gerechtigkeit, die dieses Verhältnis bestimmen, sind dabei maßgeblich – auch wenn diese vom Zeitgeist geändert oder abgelehnt werden. Der Einzelne will das Beste für sich und sein nächstes Umfeld wie die Familie – und das erfordert seine persönliche Integrität, d.h. ein reines Gewissen und Schuldlosigkeit. Zu allen Zeiten haben Menschen dagegen verstoßen und nicht nur anderen, sondern auch sich selbst Schaden zugefügt. In der abendländischen Kultur spricht vielleicht Shakespeare am besten aus, was die Lehre an die Menschheit ist – in Worten, die dem heutigen, hiesigen Zeitgeist sicher nicht entsprechen, jedoch von ewiger Gültigkeit sind. Ich musste diese Worte sicherlich genau deshalb in der Schule in Sydney auswendig lernen, nämlich die sog. ›mercy speech‹ der Portia in Shakespeare's *The Merchant of Venice*.

Da heißt es in Akt IV, Szene 1: »The quality of mercy is not strain'd/It droppeth as the gentle rain from heaven/Upon the place beneath: it is twice blest:/It blesseth him that gives and him that takes:/

'Tis mightiest in the mightiest: it becomes/The throned monarch better than his crown:/His sceptre shows the force of temporal power,/The attribute to awe and majesty,/ Wherein doth sit the dread and fear of kings;/ But mercy is above this sceptered sway;/ It is enthroned in the hearts of kings,/ It is an attribute to God himself;/ And earthly power doth then show likest God's/ When mercy seasons justice. Therefore, Jew,/ Though justice be thy plea, consider this,/ That, in the course of justice, none of us/ Should see salvation: we do pray for mercy:/ And that same prayer doth teach us all to render/ The deeds of mercy.«

Der Mensch mit Glauben stellt sein von anderen uneinsehbares Gewissen unter das Strafgericht Gottes, der Mensch ohne Glauben richtet sich selbst oder auch nicht. So oder so ist ›bestes Wissen und Gewissen‹ (z.B. der Volksvertreter) eine leere Phrase. Das korrupte bzw. korrumpierbare Gewissen des Menschen ist eine Dunkelkammer, über deren Inhalt selbst die äußere oder scheinbare Integrität des Menschen nur Vermutungen anzustellen erlaubt. In diesen Dunkelkammern sind unentdeckte Gewalttaten versteckt, Raub, Fälschung, Lügen, parteiische Entscheidungen, Steuerbetrug, Günstlingswirtschaft und was es sonst noch an verheimlichten Übeltaten gibt. Der Mensch würde solches nicht verheimlichen, wüsste er nicht, dass ihm dafür Strafe droht, egal woher, und sei es nur ein beschädigter Ruf bei seinen Mitmenschen.

Vieles, über das ich im Folgenden reflektiere, geht im Grunde der Frage nach: Was ist wahr, was falsch – und damit der Frage nach der Redlichkeit der Menschen, wie viel von dem, was man hört, was einem gesagt oder erzählt wird, ist wahr, oder teilweise wahr, oder teilweise falsch oder ganz und gar gelogen? Mir sind dazu – vielleicht durch Zufall – Bücher von Sozialwissenschaftlern in die Hände gekommen, die sich ebenfalls mit diesen Fragen befassen. Da 20 Prozent so oder so gelogen sein soll, wie oben erwähnt, ist auch von dem manches vermutlich falsch, was ich unten äußere – dies, obgleich ich dabei bestrebt bin, gegen mich selbst fast kriminalistisch zu ermitteln. Freie Meinungsäußerung kann es nur dort geben, wo auch gewollt oder ungewollt Falsches gesagt werden kann bzw. darf. Ein Recht auf Irrtum kann nur der in Anspruch nehmen, der dieses

Recht auch anderen zugesteht – eine Einstellung nach dem Motto: »Ich darf mich irren, aber du darfst es nicht, und wenn du es dennoch tust, wirst du verurteilt und weggesperrt!« ist in jeder Hinsicht verwerflich. Eine der bekanntesten Lügen kennt jeder: Sie rufen eine Behörde an oder ein Amt oder einen Handwerker, und man antwortet Ihnen: »Ich rufe zurück.« Jeder lernt, dass dies heißt: Ich lege auf, und ein Rückruf erfolgt nicht!

Erinnern wir uns noch, was Immanuel Kant zur Wahrheitsfindung durch Für- und Widerargumente sagt (und das dürfte heutigen Politikern und Medienleuten überhaupt nicht behagen): »Man sollte nichts verachten, was dem Gegensatze im geringsten vorteilhaft zu sein scheint, und es in der Verteidigung desselben aufs höchste treiben. In einem solchen Gleichgewichte des Verstandes würde öfters eine Meinung verworfen werden, die sonst unfehlbar wäre angenommen worden, und die Wahrheit, wenn sie endlich hervorträte, würde sich in einem desto größern Lichte der Überzeugung darstellen.« (Werke, Akademieausgabe 1902, Bd. 1, S. 68) Das ist nun ganz und gar nichts für die Machthabenden, für die gilt: »Who controlls the present, controlls the past«, wie es bei George Orwell in seinem Buch *1984* heißt – wer im Heute die Macht hat, bestimmt, was gestern war. Die Machthabenden bestimmen die Geschichte, nicht redliche Wahrheitssuche oder Wahrheitsfindung, also Forschung, wie wir im Folgenden immer wieder sehen werden. Und wenn der freien Meinung des Bürgers die freie Meinung der Machthabenden bzw. des Staates entgegensteht und keine Waagschale sinkt, wirft letzterer notfalls sein Strafrecht rein.

Die Herrschenden in der Welt sind sich einig, und dies schließt insbesondere die deutschen Nachkriegsregierungen ein: Alle Schrekken des 20. Jahrhunderts haben ihren Ursprung, d.h. ihre Wurzeln, in den üblen Veranlagungen des deutschen Volkes. Der englische Germanist J. Hawes drückt dies in seinem Buch ‚›Englanders and Huns‹ (S. 3) so aus: »… you might well imagine that it is a British version of the past. In fact, it was born in the 1960s in Germany, where it is now simple orthodoxy to see a Grab for World Power under Wilhelm II as the root cause of the War of the English Succession.« Diese Behauptung »geboren in der Nachkriegs-BRD«, belegt Hawes mit Bezug auf die deutschen Historiker Fritz Fischer und Ludwig Dehio. Dies ist die alte Geschichte mit dem Aufbau der Marine unter dem Kaiser (Tirpitz-Plan), der (S. 406) »flung the old Europe into the abyss«, denn (S. 219) »National Socialism and Soviet communism both sprang from exactly the same roots in Bismarckian anti-liberalism«.

Dazu Hawes weiter (S. 406): »There is no doubt that this story, whose presiding deity is Jürgen Habermas, is the received wisdom in modern German schools and universities.« Dass Hawes hier ausdrücklich Schulen nennt, deren Lehrpläne politisch genehmigt werden, aber auch Universitäten, deren Personal von Politikern berufen wird, zeigt, dass diese antinationale, um nicht zu sagen antideutsche Sicht der Geschichte von den Herrschenden hierzulande festgelegt wird: »Who controlls the present, controlls the past.« Wie Hawes sagt: »Everyone today, in Britain and in Germany, and further afield, is pleased by a saga whose very modern moral rings out loud and clear … with our happy view of events.« Aber – so Hawes weiter – so einfach sei die Geschichte nicht. Dennoch hat er wenig Gutes über die Deutschen zu sagen, die er als ›Junkerised‹ bezeichnet (S. 286, von deutsch ›Junker‹, nicht vom englischen ›junk‹) und häufig als ›Huns‹ und ›Teutons‹, und die arm, ungebildet, unerzogen und mit schlechten Manieren als Asylanten in das England des 19. Jahrhunderts geströmt seien, weil sie sich dort ›money and liberty‹ erhofften (wie der prominenteste unter ihnen, Karl Marx) und nach der Reichsgründung antibritisch geworden wären, und die »a special faculty for copying the rubbish of other nations« hatten (S. 272). Was das ›Made in Germany‹ betrifft, so ist für ihn klar: »… the Germans were cheating« (S. 273). Und so geht es weiter.

So wenig die Briten die Einigung der Deutschen zum Kaiserreich 1871 begrüßt hatten, so wenig begrüßte auch die britische Premierministerin Margaret Thatcher die Wiedervereinigung Deutschlands 1990 (Thatcher: »We defeated them twice, and now they are back again!«), und das gleiche nationalistische Verhalten zeigte der französische Präsident Mitterand. Und wir sehen auch heute noch die weitgehend unveränderte nationalistische Einstellung der Briten z.B. in der Europäischen Union. Dementgegen rücksichtsvoll auf deren Empfindlichkeiten ignorierte die Bundesregierung z.B. den 100. Jahrestag der Reichsgründung 1971 und tut ähnliches heute noch, auch aus Rücksicht auf Frankreich – und dies seit den 60er Jahren mit weitgehender (vielleicht indoktrinierter) Zustimmung oder Gleichgültigkeit der großen Mehrheit der Deutschen. Zur Wiedervereinigung 1990 war die Bundesregierung völlig unvorbereitet durch das Verlangen der DDR-Bürger genötigt worden, doch Bundeskanzler Kohl hatte glücklicherweise im entscheidenden Augenblick im Interesse Deutschlands gehandelt. Nichtsdestotrotz war die Begeisterung dafür im Westen sehr gedämpft, und die deutsche Reichskriegsflagge aus dem Ersten Weltkrieg, die ein Leipziger Demonstrant begeistert geschwenkt hatte, wurde schnell verboten. Stattdessen sieht man heute auf Anti-Rechts-Demonstrationen (genannt ›friedliche Gegendemonstration‹) die Flagge Israels zum Zeichen des Kampfes gegen Antisemitismus.

Du kannst die Welt nicht ändern

Haben Sie es auch mal erlebt, verehrte Leserin oder verehrter Leser, Sie lesen in einer Zeitung und plötzlich stößt es in Ihnen auf: Das kann doch nicht wahr sein, das stimmt nicht, das weiß ich doch ganz genau! Oder Sie sitzen vor dem Fernseher und der Nachrichtensprecher sagt dies und das und blendet dann zur Bestätigung für wenige Sekunden ein paar Bilder ein (möglichst mit Hitlerbezug). Ruckzuck ist die Meldung vorbei, und Sie äußern verdutzt: Nein, das war doch anders! Meistens haben Sie die Sache schnell vergessen. Schwamm drüber, wie man sagt. Aber vielleicht haben Sie sich auch einmal geärgert und fühlten sich sogar persönlich verletzt, und Sie möchten sich wehren. Aber wie? Dem, der die – Ihrer Ansicht nach falsche – Meldung verbreitete, Ihre Sichtweise senden, diesem widersprechen? Ein Blatt Papier her, ein paar Zeilen, dann in den Briefumschlag, Briefmarke drauf und weg! Vielleicht haben Sie so etwas mal versucht. Vielleicht erhielten Sie sogar eine höflich formulierte, saubere, ja büromäßig getippte Antwort mit Briefkopf, Unterschrift und allem Drum und Dran. Doch wie war der Inhalt? Zustimmung? Nein! So schnell gibt Ihnen niemand Recht! So schnell gibt niemand einen Fehler zu – schließlich war Ihr Brief doch ein Widerspruch zu dessen Äußerung, etwas, was diesem sicher nicht behagte, also ein Angriff auf dessen Person. Mit seiner Antwort schmetterte er Ihre Attacke zurück.

Vielleicht fühlten Sie sich daraufhin niedergedrückt, gekränkt, gedemütigt. Aber am nächsten Tag fühlten Sie sich wieder erfrischt und gestärkt. Da sagen Sie: Das ist doch Unsinn, was der sagt, der redet sich heraus. Was tun? Aufgeben? Sie lassen ein paar Tage verstreichen, dann packt es Sie wieder Papier und Stift in die Hand zu nehmen. Sicherheitshalber lesen Sie in einer Kopie nochmal nach, was Sie selbst geschrieben hatten – da kommen in Ihnen Zweifel auf: Dies hier hätte ich präziser schreiben sollen, und das hätte ich weglassen müssen. Also setzen Sie sich hin und feilen an Ihren Gedanken herum. Alles Irrelevante, Unnütze streichen, sagen Sie sich, den Rest knapp und präzise fassen – dann hat der Adressat keine

Chance, er steckt in einer Falle, er muss mir recht geben, sagen Sie sich. Vielleicht ist dies nicht das erste Mal, dass Sie diese Erfahrung machen, und Sie sind vorsichtiger geworden. Sie lassen den Entwurf Ihrer Replik vielleicht erstmal einen Tag liegen, vielleicht zwei Tage, vielleicht noch länger. Dann wurmt es Sie wieder und Sie schikken das Schreiben ab.

Dann kommt die Antwort. Sie lesen: Der andere gibt nicht auf. Sie können sich drehen und wenden, noch so viel im Recht sein, Ihre Argumente können noch so gut sein – der andere weicht aus, schmettert Sie ab. Das hat keinen Sinn, sagen Sie sich schließlich, das führt zu nichts. Der andere will einfach nicht, gibt sich – wie Sie meinen – uneinsichtig. Beispiele solcher Antworten, die Beobachtungen ganz klar widersprechen, werden wir später im Kapitel über die ›4 Millionen von Auschwitz‹ sehen.

Ihre Bemühungen waren alle umsonst, denken Sie vielleicht. Wirklich umsonst? Haben Sie nicht etwas gelernt? Sie wollten etwas korrigieren oder ändern, die Meinung oder Behauptung des anderen, und das ist Ihnen nicht gelungen. Vielleicht haben Sie diese Erfahrung mehrmals gemacht, wahrscheinlich als junger Mensch, und Sie wurden um eine Erfahrung reicher, auch weiser. Als Schüler habe ich gedacht, mit Logik, also 1+1=2, könne man den Weltfrieden erzwingen (weil sich jeder daran halten müsste), aber im Laufe der Zeit, und heute im Alter, weiß ich: Das war eine Illusion. Die Welt tickt anders als die mechanische Uhr, anders als mit Vernunft und Verstand. Der da in der Zeitung oder im Fernsehen etwas äußerte, was Sie in Rage brachte, hat einen ganzen Machtapparat hinter sich, verglichen mit dem, einem Riesen, sind Sie ein Wurm. Ihr Gegner kann gelassen Ihre Äußerung zurückweisen – ohne Überlegung, ohne Begründung, ohne Beweis, ja sogar mit falschen Behauptungen.

Mir schickte der Dekan des Universitätsfachbereichs, an dem ich tätig war, als ich – mit amtlicher Erlaubnis beurlaubt – für Forschungszwecke in den USA arbeitete, eine Aufforderung, ich sollte mein Mandat im Fachbereichsrat, in den ich korrekt hineingewählt worden war, niederlegen und schrieb (gedankenlos) u.a. meine Abwesenheit bedeute »eine permanente Gegenstimme«. Ich antwortete, meine Abwesenheit »bedeute eine vorübergehend fehlende Stimme«

und weigerte mich zurückzutreten. Aber als ich zurückkam, war ich raus. Ohne Begründung, ohne Mitteilung an mich. Einfach raus. Man sieht: Es braucht überhaupt keinen Sinn zu machen, was jemand in einer Machtposition sagt oder schreibt – der kann schreiben, was ihm gerade einfällt, z.B. 1+1=3, und Sie sind erledigt. Fertig. Arroganz der Macht, denken Sie vielleicht, und so ist es. Man beachte in obigem Zitat die mit der Macht einhergehende Radikalisierung, die sich in den Worten ›permanent‹ und ›Gegenstimme‹ offenbart. »Might makes right«, sagt der Amerikaner dazu und lacht. Eine Binsenweisheit: Der einzelne ist machtlos.

Natürlich gibt es Recht und Gesetz, aber deren Auslegung und Anwendung, wenn von einem einzelnen Menschen gefordert, sind grundsätzlich das Minimalste, was diese versprechen. Genau lesen, sorgfältig überdenken! Sie, verehrter Leser, kriegen nichts umsonst – nicht mal ihr Recht. An jedem Gesetz haben zahllose Juristen getüftelt, damit Sie und ich nichts fordern können, was man uns als bedeutungslose Individuen der Gesellschaft nicht geben will. Umgekehrt sollen Sie und ich – und das ist sicherlich richtig – keine Möglichkeit haben, in irgendeiner Weise auf diese Gesellschaft einwirken zu können. Man stelle sich vor, der Einzelne, also jeder, könnte seinen Willen der großen Gesellschaft aufzwingen – unmöglich! – und das ist sinnvoll und richtig. Offensichtlich gelten in der großen Gesellschaft – bestehend aus Millionen Menschen oder Würmern – andere Gesetze; so wie in der Makrophysik andere Gesetze gelten als im Mikroskopischen.

Daran sieht man: Das Individuum, der Mensch, der täglich im Fernsehen von Mord und Totschlag, von Aufständen und Kriegen mit allem begleitenden Elend erfährt, kann die Welt nicht ändern, weder zum Besseren noch zum Schlechteren. Dennoch gibt es Leute, die uns predigen: Du musst bei dir selbst anfangen, es liegt in dir selbst, ob du eine Mutter Teresa sein willst oder ein raubsüchtiger Wildwestmörder. Solche Menschen gibt es überall, in jedem Land, jeder Gesellschaft, jeder Rasse, jeder Religion. Im Fernsehen zeigt man uns einen Palästinenser, der eine Jüdin heiratet und ein palästinensisches Kind, das in einem jüdischen Hospital behandelt wird und stellt uns das als erste Wege zum Frieden hin. Das ist Unsinn.

Diese Beispiele haben den 100jährigen Nahostkonflikt nicht gelöst und werden ihn auch nicht lösen. Die Gesellschaft ändern solche Individuen in keiner Weise.

Wer die Welt verändern will, muss da hingehen, wo Macht ist oder ausgeübt wird. Deshalb gehen Menschen in die Politik, zunächst in einen kleinen Verein, den Ortsverein einer Partei, oder – in Betrieben, Universitäten und anderswo – in Gremien, Gewerkschaften, also Gruppierungen mit konkreten Zielen, wie z.B. Verbesserung von Arbeitsverhältnissen oder Betriebsklima, Frauenförderung, Fluglärmbekämpfung oder sonst etwas – und da kämpft man sich dann hoch in Kreise hinein, die etwas zu bestimmen haben, also Macht ausüben. Und man lernt sofort: Kämpfen heißt andere niederreden, ausschalten, deren Argumente zurückweisen. Die meisten Leute werden im politischen Kampf korrupt. Der Volksmund sagt ja: »Politik verdirbt den Charakter« und »Politik ist ein schmutziges Geschäft«. Schon Kant befand, dass »der Besitz der Gewalt das freie Urteil der Vernunft unvermeidlich verdirbt« (Immanuel Kant, Die Drei Kritiken, S. 487). Wer da die Nerven verliert, bleibt auf der Strecke, klettert nicht weiter hoch.

Der Drang nach oben fordert Opfer. Und wie überall, wo um etwas gekämpft wird, geht es nicht immer freundlich und korrekt zu. Das Leben ist ein Trampelpfad. Man blicke nur auf die Bühne der Politik: Wie schnell da gegenseitig Beschimpfungen stattfinden bis hin zu Forderungen, der andere solle aus seinem Amt, seiner Position verschwinden oder eine Partei solle verboten werden. Da wird mit Intrigen, Verdächtigungen, Halbwahrheiten operiert, um andere auszuschalten und sich selbst weiter nach oben zu kämpfen. Da ist schnell mal 2+2=5. Dies ist das übliche, tägliche Procedere unter normalen, also nicht außergewöhnlichen Menschen.

Hin und wieder gibt es natürlich ungewöhnliche Menschen, Goliaths und Davids – meistens zu einem dafür geeigneten Zeitpunkt der Geschichte – die mehr oder weniger (entgegen dem oben über normale Menschen Gesagten) tatsächlich die Welt veränderten oder verändern. Man denke an Columbus, dessen Entdeckung Amerikas der Menschheit den Weg zu Gold und neuen Territorien eröffnete, an James Watt, dessen Erfindung der Dampfmaschine die Epoche der Industrialisierung einleitete, oder an Bill Gates, der das Computerzeitalter in ungeahnte Bahnen lenkte. Diese außergewöhnlichen Menschen haben ihre Intelligenz und ihren Fleiß zum richtigen Zeitpunkt an der richtigen Stelle eingesetzt – sozusagen mit ungewöhnlichem Gespür. Und für alle diese Leute, die dabei keine Macht über andere anstrebten, war 2+2=4, eine Erkenntnis, die dort, wo es um Macht geht, schnell in den Wind geschlagen wird.

Ich habe in meinem Universitätsumfeld erlebt, wie Duzfreunde von machthabenden Professoren ohne die im Hochschulgesetz vorgeschriebene Ausschreibung in höhere Besoldung befördert wurden – ein rechtswidriges Verfahren. Aber alle in den Gremien machten mit, da war auch das sogenannte Stimmvieh dabei, auch notwendigerweise der Rechtsvertreter an der Universität und die Verantwortlichen im Ministerium, also bis ganz oben. Ich selbst wurde diskriminiert. Das einzige was man in solcher Situation als Beamter tun kann, ist eine Rechtsauskunft auf dem vorgeschriebenen Dienstweg vom Ministerium einzuholen – andernfalls (bei Nichteinhaltung des Dienstwegs) – holt man sich eine Abmahnung ein. Das machte ich. Nach längerer Zeit erhielt ich die Antwort: Es handle sich um Ausnahmefälle. Das war es, in drei oder vier Zeilen von einem Juristen. Natürlich, zu erwarten, dass man antwortet, ja, man habe rechtswidrig gehandelt, wäre naiv. Nebenbei: Die Zahl der genannten Ausnahmefälle war größer als die der Regelfälle! Was kann man da noch unternehmen? Man kann prozessieren, doch das lohnt sich nicht.

Da sagt man sich lieber: Lass die machen was sie wollen, ich kümmere mich lieber um meine eigenen Aufgaben. Ein weiteres Beispiel, das zeigt, wie sinnlos es ist, z.B. mit Journalisten herumzuargumentieren. Nach dem 1967er Krieg im Nahen Osten überschlug sich die Parteinahme, ja Bewunderung, für Israel. UNO-Resolutionen wurden verabschiedet und in zumindest einer wurde der Rückzug Israels aus ›besetzten Gebieten‹ gefordert, nämlich in der Resolution 242 des Sicherheitsrates vom 22. 11. 1967: »It required: … Withdrawel of Israeli armed forces from territories occupied in the recent conflict« (P. Danahar, ›The New Middle East‹, S.153). Die Resolution 338 von 1973 enthält praktisch eine Bestätigung der von 1967. Alle deutschen Medien interpretierten diesen Wortlaut so, dass dies nicht den Rückzug aus allen besetzten Gebieten betraf, sondern nur aus einem Teil der 1967 besetzten Gebiete. Logisch ist die UNO-Aussage klar: aus allen Gebieten, die besetzt sind. Man vergleiche die Formulierung des UNO-Textes mit dem einer Einkommensteuererklärung. Dort heißt es zum Beispiel: ›Einkünfte aus nichtselbständiger Arbeit‹ seien anzugeben. Hier steht nicht ›alle Einkünfte‹, sondern nur ›Einkünfte‹, wobei klar ist, daß *alle* Einkünfte darunter zu verstehen sind.

Man sollte also fragen, wie die anders argumentierenden deutschen Journalisten ihre Steuererklärungen erstellen – kein Wunder, dass es da einige mit der Ehrlichkeit nicht so ernst nehmen, wie der ehemalige ›Zeit‹-Chefredakteur Theo Sommer, der, wie die Journalistin Alice Schwarzer und manche andere, als Steuerhinterzieher bekannt wurde. Die angebliche Ungenauigkeit der Resolution 242 war aus proisraelischer Parteiergreifung gesucht. Nicht erstaunlich, wenn man sich die Redlichkeitsqualität von deren Artikeln vor Augen hält. Da ist 1+1 eben nicht immer gleich 2.

Es gibt in der Öffentlichkeit stehende Leute, die lauthals fordern: Macht mit, redet mit, bringt eure Argumente ein, wir leben ja in einem freiheitlich demokratischen Rechtsstaat, dem freiesten System, das es je auf deutschem Boden gab. Gut, dachte ich einmal, und schrieb einem Kirchenmann auf dessen derartige Äußerung zum Thema ›Kirche und Israel‹. Es erübrigt sich zu sagen, wie dessen Antwort aussah – unredlich wie das meiste zu dieser Thematik. Die einseitige Berichterstattung deutscher Medien zugunsten der Machtpolitik der drei Veto-Mächte des Westens, USA, GB, Frankreich, erklärt sich aus deren vertraglich fixierter Westbindung. Ursprünglich arbeiteten die deutschen Journalisten mit Genehmigung bzw. Lizenz der Siegermächte, die zudem die Umerziehung der Deutschen betrieben, danach arbeiteten sie in diversen Bindungen an westliche Politik, wie z.B. der ZDF-Redakteur Klaus Kleber in der Organisation ›Atlantik-Brücke‹. Andere, wie Springer-Journalisten, sind verpflichtet, pro-israelisch, pro-Holocaust, pro-westlich zu berichten oder riskieren ihren Rauswurf. Man sieht, es ist nicht so einfach mit der freien Meinungsäußerung heute und hierzulande. Auch in einer Demokratie sorgen die Machthabenden dafür, dass ihr Meinungsmonopol erhalten bleibt. Deshalb auch der Spruch: »Wahlen ändern nichts, sonst wären sie verboten.«

Die permanente Berieselung der Deutschen durch Fernsehen und andere Medien mit beanspruchter einheitlicher, ja einziger, verfassungskonformer Meinung bzw. Newspeak (nach George Orwell) blieb nicht ohne Wirkung. Der großen Mehrheit der Deutschen ist diese ihnen eingeimpfte Siegersicht inzwischen unbemerkt in Blut und Denken eingedrungen und zur selbstverständlichen Überzeugung geworden, die weder Zweifel noch Fragen erlaubt. Propagandalügen der ehemaligen Feinde, heute ›Befreier‹ genannt, werden relativierend als Einzelfälle, als Ausnahmen abgetan, hinter denen ein guter Wille, das uneigennützige Edle stehe – so zumindest wird uns das jeden Tag von den Medien erzählt. Ja, mehr noch, an all den Behauptungen – so die überwiegende Meinung der Deutschen – sei doch sicher viel Wahres dran, und sei es nur Symbolisches, wie an den Geschichten von den Kindern, denen die Deutschen im Ersten Weltkrieg in Belgien die Arme abgehackt haben sollen, oder im Zweiten Weltkrieg die Geschichten von Juden, die zu Seife verarbeitet worden seien, und Menschenhaut zu Lampenschirmen. Wie könnte man solche Behauptungen widerlegen?

Viele Menschen denken, heute gäbe es solche Lügen nicht mehr. Wirklich? Erinnert sich niemand an den ersten Golfkrieg, in dem das US-Fernsehen Bilder eines weinenden Mädchens um die Welt schickte, das behauptete, die irakischen Soldaten hätten im Krankenhaus in Kuweit City die Babies aus den Brutkästen herausgeholt und auf den Boden geworfen? Später kam heraus: Alles Schwindel, und das Mädchen war die Tochter des kuweitischen Botschafters in New York.

Wieviel von alledem, was man uns erzählt, ist wirklich wahr? Wir wissen es nicht. Aber die meisten von uns wissen, dass der Irak-Überfall der USA und Großbritanniens total auf Schwindel basierte. So sieht also das Gesicht unserer demokratischen Befreier aus? Vielleicht ungewöhnlich das Geständnis des US-Außenministers Powell, der zurücktrat und danach gestand, er habe die UNO – und damit die ganze Menschheit – belogen! Und diesen Mächten glauben wir alle Details ihrer Sicht unserer Geschichte? Gleich zu Beginn der Ukraine-

Krise behaupteten die USA Aufklärerfotos zu haben, die russische Truppen auf ukrainischem Territorium zeigen. Der russische Außenminister Lavrov erklärte später, die gezeigten Fotos seien nachweislich einem Videospiel entnommen. Dazu kein Kommentar der USA. Selbst nach dem deutschen Fernsehen haben die USA massiv über ihr mörderisches Tun in Kambodscha gelogen, das sie als Entwicklungshilfe getarnt hatten.

Das sind die Mächte, die unsere jüngere Geschichte geprägt haben! Zumindest Zweifel sollten jedermann demzufolge erlaubt sein – wenigstens dem Einzelnen, der über keine Macht verfügt und dessen gegenteilige Meinung oder Überzeugung oder Äußerung niemanden etwas antut außer schlimmstenfalls Beleidigung – und Beleidigungen muss man lernen zu ertragen, hinzunehmen. Ändern kann der einzelne Mensch, auch der beleidigende Mensch, an der Welt sowieso nichts. Und die Welt könnte oder sollte über falsche oder absurde Meinungen hinweggehen, sie ignorieren, statt diese zu bekämpfen. Aber auch die Machthabenden, ob in Demokratie oder Diktatur, sind gleichermaßen empfindlich und suchen Möglichkeiten, sich zu rächen, weil dies in ihrer menschlichen Natur liegt.

Über Bücher lesen, Bücher schreiben, Bücher vernichten

Die vielen Bücher, die ich in meiner Kindheit und Schulzeit zu Geburtstagen und zu Weihnachten geschenkt bekommen habe, habe ich nie gelesen – ausgenommen Wilhelm Busch. Ich las nur das, was mich selbst interessierte. Nicht alles, was mir in die Hände kam, durfte ich lesen; Grimmelshausens ›Simplicissimus‹ (z.B.) wurde mir, als ich etwa elf oder zwölf Jahre alt war, aus der Hand genommen und verboten. Verbote nähren die Neugier. Karl May, von dem Klassenkameraden an der Grundschule schwärmten, wurde mir nicht geschenkt. Dessen Bücher, für wenige Pfennige geliehen aus einer Kleinstadtbibliothek, verschlangen ich und meine Geschwister kurz vor unserer Auswanderung. Und in meiner Jugend, als Teenager, mit dem Ziel des Abiturs hatte ich keinerlei Zeit irgendetwas Geschenktes zu lesen. So dürfte es den meisten Menschen ergehen.

Wer sich in Bücher auf dem Feld der exakten Wissenschaften, also z.B. Mathematik, Physik, Chemie und Technik- und Ingenieurswissenschaften, vertieft wird schnell an eine Stelle kommen, wo er sich sagt: Das verstehe ich nicht. Er wird dann zurück- oder vorblättern, sich dies und jenes fragen und den Punkt entweder verstehen oder auch nicht. Speziell in meinem Fachgebiet der Physik und Mathematik ist ein solches Stutzen im Studium von Literatur das normale Alltagserlebnis, besonders bei Forschungsberichten in Fachzeitschriften. Jeder kennt das beispielsweise von den knapp formulierten Gebrauchserklärungen, die vielen Hausgeräten beiliegen.

Aber bleiben wir bei der einfacheren Lehrbuchliteratur. Auch hier wird jeder Leser feststellen, dass einige Bücher zu ein- und demselben Thema leichter zu verstehen sind als andere. Woran liegt das? Die schnelle Antwort ist: an der Darstellungsform des Verfassers. Was bedeutet dies aber konkreter? Da in Mathematik alles logisch gefolgert wird, jeder einzelne logische Schritt wie das 2+2 aus 1+1=2 verständlich ist, heißt dies, dass auf dem Weg zum Beweis einer Behauptung mindestens ein Zwischenschritt übersprungen wird oder nicht genannt oder verschwiegen wird – oder das Argument wird wie bei manchen Autoren erst im Nachhinein, einige Zeilen später, erläutert.

In meinem Fachgebiet wurde ein zweibändiges Werk über die ›String-Theorie‹ vor dessen Publikation weit bekannt gemacht, und da dessen Verfasser Joseph Polchinski zudem weltweit schon einen hervorragenden Ruf hatte, waren viele begierig dessen Werk zu erwerben – und in der Tat, als ich das Buch bestellte, war die erste Auflage bereits vergriffen, und ich musste warten, bis die zweite Auflage erhältlich war. Nun hatte ich vorher schon mit einer bestimmten Publikation dieses Verfassers gerungen, weil mir diese schwer verständlich war, dennoch wollte ich sofort die zwei Bände erwerben, und ich erhielt diese auch schnell. Es dauerte nicht lange, bis ich feststellte, dass ich Schwierigkeiten hatte, selbst diejenigen Stellen zu verstehen, mit denen ich einigermaßen vertraut war und die mit meiner eigenen Forschung zu tun hatten. Ich bemühte mich weiter, aber irgendwie gelang es mir nicht, ein begrenztes Thema darin zu verstehen.

Woran lag das? War ich zu einfältig? Ich blätterte viel hin und her, versuchte mir dies und jenes klar zu machen. Bei diesem Versuch stieß ich mehrmals auf dieselbe Floskel des Verfassers: »The reader can fill in the details.« Das also war die Einstellung des Verfassers gegenüber seinem Leser: Der Leser soll sich die Argumente selbst ausarbeiten, also den logischen Kitt, wie man von einer Behauptung zur nächsten gelangt. Ich legte die Bücher beiseite und bald lagen sie unbenutzt in einer Ecke. Nach mehrmaligen Versuchen die Bücher zu verstehen und weiterer Zeit, als ich Platz für andere Bücher brauchte, sagte ich mir: What's the use? Ich nahm die zwei Bände aus dem Regal – und da lagen sie wieder auf meinem Tisch. Was tun damit? Weg damit! Die Bücher waren sehr teuer gewesen (etwa 140 Euro), und ich hatte sie aus eigener Tasche bezahlt. Einer der bedeutendsten theoretischen Physiker von heute, auch Nobelpreisträger, lobte in einem Vorwort die didaktische Qualität der Bücher. Das machte mich nicht irre – er dürfte die Bücher kaum selbst durchgearbeitet haben. Den Wegwurf habe ich nie bereut. Ich las im Internet, dass andere Leser an Joseph Polchinski schrieben: »I cannot understand your books!« Der Verfasser antwortete, wenn ich mich richtig erinnere, er würde wieder so schreiben.

Wie? Verachtet dieser Verfasser nicht seine Leser? Einmal hatte ich ein Gespräch darüber mit einem indischen Kollegen. Ich sagte – und das ist meine Meinung – ein Buch schreiben ist wie einen Fremden zu sich nach Hause einladen. Wie bewirten Sie den Gast? Machen Sie sich Mühe, ihm eine prächtige Mahlzeit in einem sauberen gepflegten Umfeld anzubieten? Oder fertigen Sie den Gast auf schnelle, billige Art ab, oder sogar mit der Bitte (auch das habe ich schon erlebt): »Bring your own steak or sausage.«

Natürlich hat ein Autor auch Erwartungen an seine Leser, wie ein Gastgeber an seine Gäste. Fachbücher erfordern normalerweise beträchtliche Vorkenntnisse (die im o.g. Fall bei mir vorlagen, hatte ich doch selbst auf diesem Gebiet publiziert). Ein Gastgeber hat ähnliche Erwartungen an seine Gäste – z.B. dass diese nicht in schmutziger Arbeitskleidung, so als ob sie eben unter dem Auto gelegen hätten, in dessen gepflegter Wohnung erscheinen – auch solches habe ich erlebt. Aber man sollte sich nicht täuschen lassen. Ich habe beobachtet, dass gezielt Fachbücher als hervorragende Texte z.B. für Studierende gelobt werden, die sich dann nach Einsicht als schwer verständlich entpuppen. Zugegeben, auch ich habe ein oder zwei meiner Bücher mit solchem Ziel als ›Introduction‹ publizieren lassen, obgleich sie inhaltlich über einfache Einführungen hinauszielen. Ich komme später noch einmal auf wissenschaftliche Fachbücher, auch Monographien genannt, zurück.

Als ich jung, neugierig und wissbegierig war, kaufte ich mir viele, viele Bücher zu allen Themen, die mich interessierten. Philosophie war ein Gebiet meiner Interessen, und eines Tages erwarb ich zu dem für mich hohen Betrag von 46 DM das Heidegger-Buch ›Sein und Zeit‹. Irgendwie erwartete ich als Physiktheoretiker etwas in Richtung Raum und Zeit. Ich begann zu lesen – aber der Text sagte mir nichts. Wörter ohne Aussagen, Sätze, die sich nicht verstehen ließen. Ich kämpfte mich von Seite 1 zu Seite 2 zu Seite 3. Dann gab ich auf. Mein Gehirn machte nicht mit. »Was soll das?« fragte ich mich. Wieder legte ich das Buch erst beiseite. Dann aber warf ich es in den Müll. Ich erinnerte mich an einen Satz in Ludwig Wittgensteins ›Tractatus logico philosophicus‹, der sinngemäß sagt: Was wir sagen, müssen wir vernünftig sagen (oder ähnlich). Das schien mir bei Heidegger nicht der Fall zu sein.

War ich zu dumm? Ich habe viel in Kants ›Kritik der reinen Vernunft‹ gelesen, hatte mir auch dessen vollständige Werkausgabe gekauft, wie auch die Schopenhauers. Diese Bücher konnte ich verstehen – nicht nur das, ich profitierte geistig von ihnen. Kant definiert Vernunft als das Vermögen von Prinzipien, Verstand als das Vermögen von Regeln – dies leuchtete mir von meiner mathematisch-naturwissenschaftlichen Ausbildung ein. Viel gab mir auch Schopenhauers Buch ›Aphorismen zur Lebensweisheit‹, das ich im Ramschkasten im Kaufhaus Oberpollinger in München für 3,70 DM fand und noch heute besitze. Dieses Buch ist verständlich – wie Schopenhauer überhaupt, auch Kant, obgleich dessen Sprache barocker verschnörkelt ist.

Ich weiß nicht, ob Heidegger versteckt in einer eigenen Sprachwelt irgendwelche großen Gedanken oder Lehren zu verkünden hatte – wenn ja, sollte er solche besser in verständlicher Sprache publizieren, und seine eigene Sprachwelt für sich behalten. Hinter viel Wirrwarr von Wörtern steckt im Allgemeinen nichts, mit Arroganz wird der Leser für dumm erklärt. In meiner Zeit als Postdoktorand an der Ludwig-Maximilians-Universität in München wollte ich solchen Anmaßungen auf den Grund gehen und besuchte die Vorlesung über Ästhetik von Helmut Kuhn, einem angeblich renommierten Ordinarius der Philosophie. Ich hoffte eine Theorie der Ästhetik erläutert zu bekommen, aber mehr als außerordentlich selbstgefälliges Geschwafel über die Schönheit der Berge u.a. (mit dem Psalmzitat: »Ich hebe meine Augen auf zu den Bergen, von welchen mir Hilfe kommt …« und der Bemerkung, dass er das Riesengebirge kenne wie kaum ein anderer) konnte ich der Vorlesung nicht viel entnehmen. Nach zwei Monaten etwa war mir das Geschwätz unerträglich geworden und ich gab auf.

Jeder normale Mensch hätte mit ein wenig Wortgewandtheit die gleichen oder ähnlichen Plattheiten von sich geben können. Das scheint das Problem zu sein: Sobald man in Philosophie die Ebene phrasenhafter Gelehrsamkeit verlässt und verständlich, also in jedermanns Sprache spricht, entlarvt sich vieles als plattes Geschwafel, als das, was jeder schon weiß, kennt oder selbst erfahren hat oder versteht – gemäß dem Wort Schopenhauers: »Der Erkenntnisprozess ist der Weg vom Paradoxon zur Trivialität.« Oder ist alles Verständliche primitiv, und das Unverständliche (also einiges) gelehrt? In der exakten Wissenschaft, die einen Menschen nicht nur zum Mond befördern, sondern auch zurückbringen soll, ist 2+2=4. In Politik, Philosophie, Religion usw. kann 2+2 auch mal 5 oder 6 sein, wie auch George Orwell in seinem Buch ›1984‹ sagt. Und dort, wo 2+2=5 behauptet wird, hört ein einvernehmliches Verstehen auf. Heute vermute ich, dass Philosophie ein weitgehend antiquiertes Fach ist, das in Naturwissenschaften, aber auch Psychologie, Sozialwissenschaften und dergleichen aufgegangen ist.

Kommen wir noch einmal auf Heidegger zurück. Daniel Klein, der amerikanische Schriftsteller und Philosophie-Absolvent der Harvard University, geht in seinem Buch ›Travels with Epicurus‹ auf Heidegger ein. Nach Klein sagt Heidegger, Philosophieren heiße die Frage stellen: »Why are there things that are rather than nothing?« Klein erwidert: »Crazy question. What would total nothingness be like? What if the sum total of everything is zero?« So what?, kann man entgegnen. Der Physiker Henning Genz schrieb ein Buch mit dem Titel ›Nichts als das Nichts – die Physik des Vakuums‹.

Ich vermute, die Frage Heideggers wird, wenn nicht beantwortet, doch weitgehend behandelt von der modernen theoretischen Physik, auch in populärwissenschaftlichen Büchern von Steven Hawking. In der Physik spricht man vom Vakuum als dem Zustand des Nichts, und erst der ›Big Bang‹ änderte dies mit einer Zufallsverletzung, die man sich folgendermaßen vorstellen kann (damit wir uns nicht in physikalischen Details verirren). Die von Klein angesprochene Null ist auch zu sehen als +1-1+2-2+3-3+4-4...= 0, die Zahlen können irgend etwas darstellen, z.B. elektrische Ladungen. Alles zusammen ergibt null (keine Ladung). Nun stellen wir uns aber eine Zufallsänderung vor von der Art: +1-1+2-2+3-3......+57-57+3009-58+59-59........ + 3008-3008+58-3009....= 0. Das Ergebnis insgesamt bleibt unverändert null, aber es ist etwas geschehen, und dieses Geschehen, eine Unordnung, ändert in der Folge viel, nämlich Symmetrien. Bekanntlich leben wir in einer Welt oder einem Teil der Welt, in dem es mehr Teilchen als Antiteilchen gibt, d.h. es hat Symmetrieverletzungen gegeben, zumindest lokal. Vielleicht meinte Goethe etwas ähnliches mit den Worten: »Das Ewige regt sich fort in allen,/ Denn alles muss in Nichts zerfallen,/ Wenn es im Sein beharren will.«

Publikationen mit wissenschaftlichen Forschungsergebnissen sind oft schwer verständlich, selbst für Experten auf dem Gebiet, weil notwendigerweise vieles ausgelassen und nicht wiederholt wird, da man angeblich nicht immer wieder bei Adam und Eva anfangen kann. Aber man nehme ein gutes Lehrbuch, z.B. über Elektrodynamik des Amerikaners J. D. Jackson, und man nehme die Studierenden eines ganzen Jahrgangs, sagen wir 40 oder 50 Studierende der selben Fachrichtung, und bitte diese z.B. zwei bestimmte vorgegebene Seiten des Buches auszuarbeiten, d.h. sich klar zu machen. Dann frage man sie, an welchen Punkten sie stecken geblieben sind, also nicht weiterkamen. Man wird feststellen, dass nahezu alle Studierenden an denselben Stellen stecken geblieben sind, d.h. an solchen, wo zusätzliche Information fehlte. Oft merkt der Leser wissenschaftlicher Literatur nicht sofort, was ihn hindert einen Text zu verstehen. Normalerweise liest man eine Buchseite von oben nach unten. Nicht wenige Verfasser – und ich will mich hier nicht ausschließen – wollen ihren Text straffen. Man schreibt eine Gleichung hin wie z.B. $Y=F(x;a,b)$, gewöhnlich mit Bezug auf das Vorhergehende. Aber was, wenn die Größen a und b vorher nicht vorkamen, und auch Zurückblättern nicht hilft? Da sagt sich der Leser: Ich komme nicht weiter! Wenn er jedoch weiterliest, erfährt er vom Verfasser, um was es sich bei diesen Größen handelt. Kommen diese Stolpersteine nun häufiger vor, wird das Lesen zu einem fortwährenden Hin und Her. Ganz klar: Viel verständlicher wird alles, wenn zuerst a und b erklärt werden und erst dann die obige Gleichung folgt. Auch hier sieht man: Ohne Arbeit geht nichts.

Ich habe weiter oben gestanden, zwei weithin anerkannte Bücher von Heidegger und Polchinski in die Mülltonne geworfen zu haben. Es gibt unterschiedliche Meinungen. Ich habe im Internet negative, aber auch positive Äußerungen zu meinen eigenen Büchern gelesen, wie auch zu Büchern anderer Autoren. Der Leser eines Mathematikbuchs war so erbost über dessen Inhalt, den er ab einem bestimmten Abschnitt unverständlich fand, dass er – wie er im Internet äußerte – das Buch, das zudem mit seinem Format in kein Regal passte, zerriss.

Ist Vernichtung von Büchern eine böse Tat, eine Sünde, gar ein Verbrechen? Ich lade jeden ein, der ein Buch von mir nicht verstehen kann oder es sonstwie nicht mag, zu vernichten. Mich stört das nicht. Überhaupt nicht. Seit Studenten an der damaligen Friedrich-Wilhelms-Universität in Berlin, heute Humboldt-Universität genannt, mit viel Getöse Bücher den Flammen übergeben haben (was oft fälschlich der damaligen Regierung Hitler zugeschrieben wird), werden Bücher – besonders solche von Verfassern, die dem linken oder ›fortschrittlichen‹ Zeitgeist huldigen – als etwas Unantastbares, fast Heiliges, betrachtet, zumindest in der veröffentlichten Meinung. Aber entkrampfen wir uns. Es gibt viel Schlimmeres, und der Ausspruch: »Erst brennen die Bücher, dann die Menschen« ist ziemlich albern, erst recht, wenn diese Äußerung von solchen kommt, die selber Bücher verbrennen. Das gibt es nicht mehr? Oder nur in der islamischen Welt? Weit gefehlt!

Nicht so krass wie Büchervernichtung ist Bücherindizierung. Weithin bekannt ist die Indizierung von Büchern durch den Vatikan. Zum Beispiel wurden Werke von Luther, Galilei, Kopernikus, aber auch von Kant und Friedrich dem Großen auf dessen Verbotsliste gesetzt. Dass sich dies mit der Zeit änderte, erkennt man daran, dass Bücher von Darwin, Lenin und auch Hitler nicht auf den Index des Vatikans kamen. War man aufgeklärter geworden? Oder ignorierte man einfach, was den eigenen Vorstellungen nicht entsprach?

Als ich 1960 als Postdoktorand an die Ludwig-Maximilians-Universität nach München kam, sah ich in der Physik-Mathematik-Bibliothek einen abgeschlossenen Schrank mit verglasten Türen. Ein geistiger Giftschrank. Hinter den Glastüren standen, wie mir jemand erklärte, die auf Beschluss der Sieger von 1945 beanstandeten Bücher aus der Zeit der Regierung Hitler, also vermutlich (man konnte ja nie hineinschauen) u.a. solche, die jüdischen Emigranten, der Relativitätstheorie von Einstein und anderem widersprachen oder diese diffamierten. Wenn es schon in einer Physik-Mathematik-Bibliothek einen so großen Giftschrank gab, ist kaum vorstellbar, wie enorm der beanstandete Bücherbestand in den geistigen Fächern gewesen sein dürfte. In der Tat wurden auf Befehl der damaligen Sieger hunderttausende Bücher und anderes Lesematerial weggeschlossen oder vernichtet. Die Buchpöbeleien der Berliner Studenten versuchten die Sieger nun durch diese Aktionen zu überbieten.

Aber auch anderes, Bücher, die nach dem Zusammenbruch des Deutschen Reiches 1945 auf den Markt kamen, wurden geprüft, auf Siegerlinie gebracht und geistig bereinigt, bevor sie auf den (damals ohnehin mageren) Markt kamen. Von dem wenigen Taschengeld, das mir irgendwie zugekommen war, hatte ich mir damals, 1946, als kindlicher Musikfan ein Liederbuch gekauft. Im Herumblättern sah ich an den fehlenden Seitenzahlen, dass ganze Seiten entfernt worden waren, aber auch dass andere Seiten teilweise mit weißem Papier überklebt waren. In einem Haydn-Notenbuch, das mir meine Klavierlehrerin geschenkt hatte, war das textlose ›Deutschlandlied‹, dessen Melodie von Joseph Haydn stammt, überklebt worden (meine Neugierde, was darunter war, ließ mich die Überklebung mühselig entfernen).

Alles geistiges Gift? Wollte man uns nicht Freiheit bringen? Und wie ging es dann nach Etablierung neuer deutscher Regierungen weiter? Ich vermute, die meisten Menschen ahnen nicht, in welchem Umfang nach dem Krieg Zensur erst richtig betrieben wurde, ging es doch um die Umerziehung, d.h. geistige Umformung der Deutschen. Umerziehung war ja auch das erklärte Ziel der Sieger und sog. Befreier, und zwar je nach deren Ausrichtung – demokratisch im Westen bzw. kommunistisch im Osten. Heute werden DDR-Kommunisten geächtet oder gar bestraft, so als ob es an diesen gelegen hätte, dass im Osten kein BRD-ähnliches System etabliert wurde. Im Osten wie im Westen bestimmten die jeweiligen Sieger das zu etablierende System, und auf jeder Seite boten sich dafür die entsprechenden Vasallen an. Anders konnte es gar nicht sein.

Offensichtlich haben die Herrschenden auch heute Angst vor dem geschriebenen Wort anderer. »The pen is mightier than the sword« ist ein Literaturzitat, das mir aus meiner australischen Schulzeit noch vertraut ist; den Namen des Autors habe ich vergessen. Man kann annehmen, dass die meisten Deutschen, die den deutschen Staat im Westen nach dem Zusammenbruch von 1945 neu konstituierten, den Willen hatten, alles gut zu machen, ohne unnötige Einschränkungen, wobei sie natürlich vielen Vorgaben der Sieger unterlagen.

Sicher hatten sie nach Möglichkeit auch Freiheit für das geschriebene Wort, für Meinungen, für wissenschaftliche Forschung, für künstlerische Entfaltung u.a. im Sinn, als sie das Grundgesetz mit der Klausel formulierten: »Zensur findet nicht statt.« Die Verfasser waren Juristen – sie wussten um die Tricks, die mit solchen Bestimmungen von guten wie weniger guten Seiten angestellt werden. Sie ahnten wahrscheinlich nicht, wie Politik und Justiz Jahrzehnte später ihre Texte auslegen und benutzen würden. Denn: Es kam zu amtlicher, d.h. von Gerichten angeordneter, Büchervernichtung. Wie kam es dazu? Ich merke dazu an, dass ich in einem Artikel mal gelesen habe, dass der Jurist und spätere Bundespräsident Roman Herzog in einer juristischen Fachzeitschrift eine Analyse der o.g. Klausel veröffentlicht hat. Nach der Analyse dieses Professors bedeute die Klausel, ›Vorzensur‹ finde nicht statt, d.h. erst *nach* Publikation wird zensiert. Wenn dem so ist, warum formuliert man nicht die Klausel dementsprechend? Täuschungsabsicht?

Wie gesagt, die Verfasser des Grundgesetzes hatten zweifellos die besten Absichten, d.h. die auf deutscher Seite (versteht sich). Sie haben daher auch an Jugendschutz gedacht, u.a. vor Pornographie und ähnlichem. An politische Meinungen oder Ideologien dachten die Verfasser 1948/1949 sicherlich nicht, zumal ja auch nichts Antikommunistisches oder Antifaschistisches ins Grundgesetz einfloss und man von dem Gedanken auch der politischen Meinungsfreiheit geleitet war, sodass auch die kommunistische Partei sich zunächst frei entfalten konnte. Erst zwei spätere geistig-politische Strömungen änderten dies: der Kalte Krieg mit der im Westen wachsenden Gefahr vor kommunistischer Bedrohung und der Geschichtsrevisionismus, der in einigen Details der sich dann entwickelten offiziellen Sichtweise der deutschen Geschichte vor 1945 widersprach.

War der Lebensstil bei den Deutschen wie auch bei anderen westlichen Völkern bis hin zu Australien zunächst noch traditionell geprägt, in Ansichten sowohl als Kleidung und anderem, so änderte sich dies bald in linker Richtung, die jedoch erst in den späten 60er Jahren richtig wahrgenommen wurde. Kaum war Willy Brandt Bundeskanzler geworden, wurde Pornographie weitgehend freigegeben, zuvor unter Adenauer aber bereits die Deutsche Kommunistische

Partei verboten, woraufhin sich andere kommunistische Gruppen bildeten, wie der Kommunistische Bund Westdeutschland (prominentes Mitglied der spätere Grünen-Politiker Jürgen Trittin). Der ab 1962 stattfindende Auschwitz-Prozess in Frankfurt sorgte für weitere geistige Verschärfung – auch in Richtung Revisionismus.

Bleiben wir beim Thema Bücher und anderen öffentlich verbreiteten Druckerzeugnissen. Da diese zunächst wegen des Grundgesetztextes über nichtstattfindende Zensur so rechtlich nicht bekämpft werden konnten, bediente man sich der Jugendschutzartikel und interpretierte diese dahingehend, dass sog. ›Nazi‹-Literatur der Jugend schade, und somit mit Hilfe dieses Artikels derartige Literatur rechtlich bekämpft, d.h. verboten und schließlich der Vernichtung übergeben werden könnte. Dies geschah dann auch. Insbesondere wurden Publikationen, 40-Seiten-Hefte mit Titel ›Historische Tatsachen‹, des in Vlotho ansässigen Diplompolitologen Udo Walendy auf diese Weise bekämpft, auch dessen Buch zur Geschichte der Hitler-Ära, ›Wahrheit für Deutschland‹, für dessen Vertrieb Walendy 20 Jahre lang streiten und bis zum Bundesverfassungsgericht gehen musste. Walendy wurde wegen seiner Publikationen mehrfach wegen Volksverhetzung bestraft.

Für die Indizierung (und das impliziert Zensierung) unliebsamer Publikationen in den Augen der Herrschenden gibt es die ›Bundesprüfstelle für jugendgefährdende Medien‹. Der politische Drift nach links, die Stärkung jüdischer Stimmen als Folge des Auschwitz-Prozesses, auch wegen des Konflikts im Nahen Osten, und der Druck des Auslands, insbesondere angeblich befreundeter Staaten, um Nichtverjährung von deutscher Seite begangener Verbrechen zwischen 1933 und 1945, ließ die deutschen Politiker die Zensurschraube immer fester anziehen – auch unter Willy Brandt trotz seiner Aufforderung: »Mehr Demokratie wagen.« Insbesondere verbot Willy Brandt als Bundeskanzler die Veröffentlichung der von Fachleuten langjährig auf Regierungsbeschluss erarbeiteten Dokumentation über Vertreibungsverbrechen der Polen und anderer, weil diese seiner Ostpolitik im Weg stand – d.h. die öffentliche Erinnerung an Verbrechen der Polen und Rotarmisten an Deutschen (ganz entgegen der von Richard von Weizsäcker und der EKD verbreiteten von einem polnischen Juden erdachten Floskel »Das Geheimnis der Versöhnung ist die Erinnerung«, die natürlich unredlich nur die Erinnerung an deutsche Verbrechen meinte).

Der Volksverhetzungsparagraph wurde in der Folge geschaffen und verschärft und zum Hauptinstrument für Zensur, aber auch das den Gerichten vorgeschriebene Geschichtsbild von der Offensichtlichkeit des millionenfachen Mordes an Juden, allmählich häufiger bezeichnet als Holocaust, ein Begriff, der in den ersten Jahrzehnten nach Kriegsende völlig unbekannt war (einer der vielen törichten Fernsehjournalisten äußerte sich einmal verwundert darüber, dass der Hitlertagebuch-Fälscher Konrad Kujau nicht das Wort Holocaust verwendet hatte – dieses dürfte auch dem Diktator Hitler unbekannt gewesen sein).

Ich wurde erstmals um 1989 durch das Buch ›Der Nasenring‹ des Schweizer Autors Armin Mohler auf die Publikationen ›Historische Tatsachen‹ von Udo Walendy aufmerksam. Damit kam mir auch die dann der staatlichen Zensur zum Opfer fallende Nr. 36 über den Zündel-Prozess in Toronto (»Ein Prozess, der Geschichte macht«) in die Hand, meines Wissens der einzige Prozess, in dem bekannte Holocaust-Zeitzeugen wie Raoul Hilberg, der Verfasser des zweibändigen Monumentalwerks ›Die Vernichtung der Europäischen Juden‹ und der Slowake Rudolf Vrba einer eindringlichen gerichtlichen Befragung durch den Zündel-Verteidiger Douglas Christie unterzogen wurden. Kurz gesagt: Udo Walendy wurde bald mit mehreren Prozessen, mit Gefängnisstrafe und Verbot seines Verlages mundtot gemacht. Ähnliche Erfahrungen musste der Inhaber des Verlages W. Grabert in Tübingen machen.

Die den staatlichen Augen am übelsten aufgefallene Publikation des Verlages Grabert ist das Buch ›Der Auschwitz-Mythos‹ des Hamburger Richters Wilhelm Stäglich. Der Jurist hatte lange an seinem Werk gearbeitet, war selbst während des Krieges in der Nähe von Auschwitz stationiert gewesen, befasste sich aber darin hauptsächlich mit dem Frankfurter Auschwitz-Prozess. Er widmete sein Buch »Den Deutschen zum Nachdenken«. Die Folge: Die Universität Göttingen entzog Stäglich den Doktortitel, das Buch wurde mit Unterschrift des Präsidenten des Bundesverfassungsgerichts Ernst Benda

(CDU-Bundesminister, der sich für Nichtverjährung deutscher Kriegsverbrechen stark machte, nur deutscher, außerdem Präsidiumsmitglied der Deutsch-Israelischen Gesellschaft) zur Vernichtung bestimmt. Stäglich selbst wurde mit Pensionsreduzierung bestraft und der Verlag durch Beschlagnahmung und Verbot des Buches.

Ich hatte den Titel zitiert gesehen und versuchte ihn mir zu beschaffen, doch keine Buchhandlung konnte helfen. Schließlich wendete ich mich (in Unkenntnis des eben Geschriebenen) an den Verlag. Dieser beschied mich: nichts zu machen, das Buch ist nicht lieferbar. Ich versuchte nun, neugierig geworden, eine Fotokopie zu bekommen (nicht ahnend, wie dick das Buch ist), hatte aber wiederum keinen Erfolg. Schließlich erhielt ich von irgendwoher ein buntes Bücher-Reklameheft, und beim Herumblättern rutschte ein winziger Zettel heraus. Auf diesem Zettel war die Anschrift eines Schweizer Verlages angegeben. Ich schaltete schnell. Aha! sagte ich mir. Ich schrieb die Adresse an – und siehe da: Ich bekam das verbotene Buch! Unnötig zu sagen: Die Bekämpfung solcher sog. revisionistischer Literatur nahm nun immer größere Ausmaße an, und wenn überhaupt in den Medien erwähnt, dann immer mit hundertprozentiger Zustimmung für diese Art der Buchvernichtung. Entspricht solches Verhalten dem eines freiheitlich-demokratischen Rechtsstaates? In den USA würde die bekannte *first amendment* von deren Verfassung dieses mit Sicherheit nicht erlauben.

Der staatliche Kampf gegen revisionistisches Gedankengut in Literatur verstärkte sich zunehmend in den 90er Jahren und brachte Ernst Zündel, Germar Rudolf und andere vor deutsche Gerichte und viele von deren Schriften und Büchern zur Vernichtung.

Alle die, die sich über den Prozess gegen Galilei erregen, hätten den Prozess gegen Germar Rudolf besuchen sollen, in dem dieser die Parallelen zu Galilei zog – was natürlich manchen Leuten überhaupt nicht behagt haben dürfte. Die von Zündel in Auftrag gegebenen chemischen Untersuchungen in Auschwitz-Birkenau, ausgeführt von dem US-Gaskammerexperten Fred A. Leuchter sowie dessen Evaluierung seiner Messungen, wurden nicht nur von antirevisionistischer Seite als fehlerhaft, wenn nicht falsch, angegriffen. Wie bekannt, hatte der Diplomchemiker Germar Rudolf sich demzufolge des Themas angenommen und seine Ergebnisse mit (für ihn) schlimmen Konsequenzen publiziert.

Unabhängig davon, was nun richtig oder falsch ist, erinnere man sich an die Entwicklung der Quantenmechanik. Auch da kam man nicht sofort auf die richtige Antwort. Weltbekannt wurde der Däne Niels Bohr mit seinem Atommodell von 1913, dessen Hauptergebnis eine Formel ist, die die Zustände vieler Atome verblüffend genau in Übereinstimmung mit Messdaten wiedergibt. Folgt daraus, dass Bohrs Modell, seine Theorie richtig ist? Nein, das Bohrsche Modell war trotz korrekter Ergebnisse falsch! Erst die um 1925 von Werner Heisenberg, Max Born, Paul Adrian Maurice Dirac und anderen entwickelte Quantenmechanik ist die zutreffende Theorie, wie in zahllosen Experimenten verifiziert und von niemand heute bestritten. Erst ständiges Überdenken, Zweifeln, Fragen usw. führte zur korrekten Theorie.

Wäre freie, vorurteilsfreie und von politischen Vorgaben ungehinderte Forschung möglich, könnte man zweifellos die Messungen und Interpretationen von Leuchter, Rudolf und anderen (darunter übrigens auch solche von polnischer Seite) als richtig oder falsch ergründen können – wie dies eben in der Wissenschaft durch Gegenüberstellung von Argumenten und Gegenargumenten geschieht. Dies ist aber heute nicht möglich, weil die Tugendwächter hierzulande, die für sich die Erklärungsherrschaft und Hoheit über alles, und insbesondere über die jüngere deutsche Geschichte beanspruchen, auch im Verein mit der Straße, das Ergebnis, das vielleicht durchaus richtig sein mag, vorschreiben und Abweichungen erbarmungslos abstrafen. Querdenker, Abweichler werden als Feinde der Demokratie verdächtigt und vom ›Verfassungsschutz‹, dem staatlichen Sicherheitsorgan, überwacht.

Der Menschheit stehen heute so viele Untersuchungsmöglichkeiten zur Verfügung – man kann z.B. feststellen, ob es auf dem Mars Wasser gibt oder jemals gab –, dass die Klärung von Fragen zu Auschwitz vergleichsweise ein Kinderspiel sind, erst recht bei einer Justiz, die 75 Jahre nach dem Zweiten Weltkrieg noch 90jährige Deutsche wegen damals tatsächlich oder angeblich begangener, kaum belegbarer rechtswidriger Taten verfolgt.

Die Empfindlichkeit der Regierenden vor den ihnen nicht genehmen gedruckten Bildern oder Worten zeigt sich immer wieder gerade in der gegenwärtigen deutschen Demokratie. Als Anfang der neunziger Jahre, also kurz nach der Wiedervereinigung, ein Verlag in Kiel das unter Hitler nach dem Einmarsch in Polen 1939 erstellte Weißbuch mit Dokumentation der von Polen an Deutschen begangenen Verbrechen (Bromberger Blutsonntag u.a.) in Neuauflage herausbrachte, wurde dieses sofort vom Bonner Auswärtigen Amt unterbunden und verboten. Ähnliche Angst haben die Regierenden auch vor der unvermeidlich kommenden Nachdruckfreigabe von Hitlers ›Mein Kampf‹ ab 2016. Die herrschenden Demokraten trauen dem Bürger nicht.

Kommen wir noch einmal zurück zu wissenschaftlicher Literatur, oder besser zu der, die es noch nicht gab oder noch nicht gibt. Den meisten Menschen ist bekannt, dass Einsteins Relativitätstheorie (an der er übrigens selbst sehr lange arbeitete) als besonders schwer verständlich gilt, und Einstein deshalb als das unbestritten große Genie. Daran ist auch nicht zu zweifeln. Aber wer versteht schon etwas schnell? Ich habe selbst lange gerungen, um die Spezielle Theorie zu verstehen, deren Mathematik nur Schulniveau erfordert. Worin liegt hier die Schwierigkeit des Verstehens? Mich hatte das Wort Inertialsystem lange rätseln lassen. Dieser Begriff wurde mir in der mir zugänglichen Literatur ohne weitere Erklärung hundertfach ins Gesicht geworfen. Vermutlich schrieb einer beim anderen ab – mancher ohne eigenes Verständnis.

Versetzen wir uns nun in die Lage jener Zeitgenossen Einsteins, die in ihrer Universitätsausbildung nichts über Relativitätstheorie und Quantenmechanik gehört haben, und später nur in Fachvorträgen. Kann man erwarten, dass diese über ausreichend Verständnis und Weitsicht verfügten, um diese Theorien sofort zu verstehen? Ich glaube nicht. Heute wird über Wissenschaftler der Vergangenheit, denen es an solchen Fähigkeiten mangelte – und ich nenne gleich Namen von Nobelpreisträgern – hart geurteilt. Da waren z.B. die Nobelpreisträger und Experimentalphysiker Philip Lenard und Johannes Stark, die sich erlaubt hatten, polemisch – wie man sagt auch antisemitisch – Einsteins Theorien abzuweisen. Diese Herren waren bereits alt, hatten nie ein Lehrbuch über diese Entwicklungen in der Hand gehabt und urteilten – ja, falsch, zudem noch verletzend. Gibt es das heute nicht? Ein Physikordinarius äußerte mir gegenüber einmal, die Israelis – Juden versteht sich – sollten die 2 Millionen Palästinenser einfach vertreiben, das mache jeder andere so. Ist das nicht umgekehrter Antisemitismus angewendet auf die Palästinenser? Man stelle sich diese Äußerung bezogen auf Juden im Deutschen Reich der 30er Jahre vor.

Auch die Quantenmechanik wurde nicht sofort verstanden. Bekannt ist, dass der spätere Nobelpreisträger, und mit Werner Heisenberg einer der wichtigsten Begründer der Quantenmechanik, Max Born, sich überhaupt nicht mit dem damaligen Nobelpreisträger Chaudrasekhara Venkata Raman, einem Experimentalspektroskopisten, verständigen bzw. fachlich unterhalten konnte. Der Inder verstand nichts von Quantenmechanik – wie konnte er auch, er hatte diese weder in seinem Studium gelehrt bekommen noch gab es damals einführende Bücher (die eigentlich erst nach dem Zweiten Weltkrieg erschienen). Ähnliches hörte ich über den englischen Nobelpreisträger Cecil Frank Powell, dem Entdecker des Pi-Mesons – auch er habe die Quantenmechanik nie verstanden, erzählte mir einer seiner Doktoranden.

Mit der Relativitätstheorie war es ganz ähnlich. Und wir erleben das auch heute. In den Jahren 1974/75 befand ich mich für ein Forschungsjahr am Institut SLAC der Stanford University. Der weltbekannte Theoretiker James Bjorken referierte dort über seine Eindrücke von der Konferenz der Hochenergiephysiker in London im Herbst 1974. Auf dieser Tagung hatten die Theoretiker Julius Wess und Bruno Zumino die Idee einer Supersymmetrie in die Diskussion gebracht. Professor James Bjorken dazu: »Das können wir vergessen.« Sehr wahrscheinlich eine Fehleinschätzung, denn heute sucht man sogar am Institut CERN in Genf danach. Bücher zum Thema gab es damals natürlich noch nicht, die erschienen erst mehr als zehn Jahre danach und sind auch heute schwer verständlich.

Wir sehen also: Fehleinschätzungen, Fehlbewertungen sind möglich, das gibt es immer wieder. Auch die von den Medien lobend als ›Mutter der Atombombe‹ bezeichnete Physiktheoretikerin Lise

Meitner sagte ihrem Chemiekollegen und Nobelpreisträger Otto Hahn, der als erster eine Kernspaltung experimentell beobachtet hatte, direkt ins Gesicht – allerdings in liebenswürdig gemeinter Weise – er verstehe nichts von Physik. Lise Meitner hatte, nachdem Otto Hahn sie über seine Messungen informiert hatte, mit Hilfe von Einsteins Formel $E=mc^2$ und der Formel für die Masse eines Atomkerns (die u.a. den Namen von Carl Friedrich von Weizsäcker trägt, der mal ihr Assistent war) die bei der Spaltung frei werdende Energie berechnet – was die Menschen sofort auf die Idee brachte, mit vielen Spaltungen viel Energie erzeugen zu können.

Ich hatte oben schon den mit den Studentenrevolten von 1968 und danach einhergehenden politischen Linksdrall an den Universitäten erwähnt. Da wurde radikal gegen die eben geschaffenen Notstandsgesetze demonstriert, und an der Münchener Ludwig-Maximilians-Universität wurde, als Folge des israelischen Überfalls auf arabische Nachbarn 1967, der israelische Botschafter Ben Nathan als ›Ben Napalm‹ niedergebrüllt (man erinnere sich: Israel hatte die Lager palästinensischer Vertriebener und/oder Flüchtlinge mit Napalm bombardiert). Auch der Vernichtungskrieg der USA in und um Vietnam damals trug dazu bei. Die Folge war, dass die Herrschenden die Zensurschraube weiter anzogen. Den Studierendenvertretungen an den Universitäten, genannt ASTA, wurde gesetzlich untersagt sich zu Themen zu äußern, die nicht unmittelbar das studentische Leben betrafen – ›Entzug des allgemeinpolitischen Mandats‹ nannte und nennt man das. Diese Einschränkung hinderte allerdings deutsche Politiker, wie z.B. Bundeskanzler Helmut Kohl, nicht, Studenten im Ausland, z.B. in China, in ihrem politischen Kampf zu ermutigen, auch an Universitäten, weil sie aus ihrer Sicht ja immer nur unparteiisch etwas sehr Edles, Demokratie und Menschenrechte vertraten (insgeheim natürlich noch manches andere mehr).

Die Universität als Wettbewerbsgesellschaft

Wer ein Produkt an Mann oder Frau bringen, also verkaufen will, wird schnell merken, dass die angesprochenen Personen dieses abwertend kommentieren. So hört man z.B. beim Verkauf einer Wohnung schnell, die Gegend sei schlecht, auch die Wohnung, usw. usf. und natürlich ist der Preis zu hoch. Nicht anders ergeht es einem Menschen im Umfeld seiner Arbeit, auch an einer Universität. Denn da will man, ja muss man, sich sozusagen selbst verkaufen, sein Können, seine Veranlagung, sein wissenschaftliches Produkt. Da geht es um Wettbewerb, wenn nicht gar um Wettkampf. Auch die Universität ist eine Wettbewerbsgesellschaft. Im Folgenden beschreibe ich einige meiner Beobachtungen aus meinem Leben an Universitäten.

Veröffentlichungen in wissenschaftlichen Zeitschriften, auch Publikationen oder neudeutsch ›Papers‹ genannt, dienen – vielleicht sollte man sagen angeblich – dem Zweck, neue wissenschaftliche Erkenntnisse einem breiteren Publikum, zumeist einem Fachkollegium, zugänglich und bekannt zu machen. Es geht dem Verfasser dabei aber auch um ›feedback‹ (Rückwirkung, Respons, Echo) durch Zitierung, Nennung, Anerkennung. In vielen Fällen handelt es sich dabei heutzutage um kleine neue Schritte auf einem komplexen wissenschaftlichen Terrain. Die Zeiten, in denen sich Forscher jahrelang mit einem Thema befassten, um das, was sie erreicht haben, wie z.B. Newton mit seinem Werk *Principia*, oder auch Kopernikus mit seinem Lebenswerk, in wenigen Exemplaren ebenso wenigen bekannten Rivalen auf dem Gebiet mitzuteilen, sind wohl für alle Zeiten vorbei. Viele Entwicklungen hängen auch von der jeweiligen Epoche ab, wie z.B. die Entdeckung Amerikas durch Columbus oder die Entdeckung der Quantenmechanik. Und selbst Einsteins Relativitätstheorien – die Spezielle und die Allgemeine – wären wenn nicht von ihm, dann später von anderen entwickelt worden, es gab ja auch auf diesem Gebiet wesentliche Vorarbeiten von Theoretikern wie Henri Poincaré, Marcel Grossmann und anderen, auch wenn Einstein deren Arbeiten nicht eingesehen oder gebraucht hat. Was ist der Nutzen, das Schicksal, der Wert vieler heutiger Veröffentlichungen?

Jeder hat und macht seine eigenen Erfahrungen. Im Folgenden beschreibe ich meine eigenen, die sich durchaus von denen anderer unterscheiden können.

In meiner Doktorarbeit, auch Dissertation genannt, befasste ich mich u.a. mit der Lösung von Gleichungen, die – obgleich unter den Namen der französischen Mathematiker Émile Léonard Mathieu und Gabriel Lamé bekannt – in der Physik und in Technik angewandter Mathematik von Bedeutung sind. Die Ergebnisse wurden in mathematischen Zeitschriften publiziert. Die genannten Gleichungen ähneln der Grundgleichung der Quanten-Atomphysik, dort genannt Schrödingergleichung. Ich erkannte graduell, dass die Lösungsmethode meiner Dissertation sich auch zum Lösen diverser Typen von Schrödingergleichungen eignet, also, sagen wir, für die Berechnung atomarer Energieniveaus, aber um dies zu erreichen – was bedeutete Gleichungen zu lösen, die andere noch nicht, oder nicht so gelöst hatten – benötigte ich Zeit. Folglich behielt ich diese Probleme immer im Hinterkopf, während ich mich mit anderen Themen befasste. Nichtsdestotrotz griff ich ab und an eines dieser Probleme auf, in der Hoffnung weiterzukommen und eine Publikation erstellen zu können, bis es mir gelang, im Laufe der Zeit und motiviert durch neue Literatur einen von mir anvisierten Fall nach dem anderen zu lösen, den widerspenstigsten Fall (eine Schrödingergleichung mit singulärem Potential) erst kurz vor meiner Pensionierung. Ich habe keinen Zweifel, dass andere, die sich mit komplizierterer Forschung befassten, auch Forschungs-bewerter und Gutachter (z.B. bei Anträgen diverser Art), auf meine Arbeit herabblickten, ja diese vielleicht belächelten, zumal die Gleichungen sich auch numerisch lösen ließen.

Im Laufe der Zeit wurde eine völlig andere und kompliziertere Methode, die Ergebnisse solcher Rechnungen (also atomarer Energieniveaus und anderes) herzuleiten, bekannt und populär; diese Methode wurde unter der Bezeichnung ›Feynmansche Wegintegralmethode‹ bekannt, benannt nach dem Amerikaner Richard Feynman, der dieses Verfahren ersonnen hatte. Diese Methode lässt sich betrachten als Quantenmechanik im Umfeld einer Form von Newtonscher Mechanik und ist rechnerisch wesentlich komplizierter als das

Lösen einer Schrödingergleichung, die eine sogenannte Differentialgleichung ist. Ich erkannte, dass die Feynmansche Methode ein alternatives Verfahren für die Berechnung derselben Ergebnisse ist wie die in meiner Doktorarbeit. In Zusammenarbeit mit internationalen Kollegen ging ich daran, mich in dieses Verfahren einzuarbeiten und auf Fälle wie in meiner Dissertation und anderer anzuwenden. Dabei entdeckte ich, dass die allgemein wenig bekannte o.g. Lamé-Gleichung, die mir von meiner Doktorarbeit bekannt war, in den grundlegenden Anwendungsfällen der Feynman-Methode eine besondere Rolle spielte, nämlich als Gleichung kleiner Schwingungen um die Newtonsche Lösung.

Nach meiner Pensionierung zurückblickend erkannte ich, dass die in jahrzehntelanger Arbeit erzielten vielen kleinen Forschungsbeiträge zu beiden Methoden (und wie natürlich manches andere), publiziert in diversen mathematischen und physikalischen Fachzeitschriften, nie wirklich beachtet worden waren und dass ich wenig ›feedback‹ erhalten hatte, weder positiv noch negativ. Wie die Veröffentlichungen vieler anderer Menschen dienten auch meine primär den Zwecken, eine Publikationsliste für mögliche Bewerbungen aufzubauen und um verantwortungsbewusst die mit einer Universitätsprofessur erwartete wissenschaftliche Aktivität und Forschung zu betreiben. Und darüber hinaus? Die meisten Konkurrenten in meinem Umfeld hatten vergleichbar ausreichend viele Veröffentlichungen, die ebenso ungelesen oder unbekannt waren wie meine (jedenfalls in meinem Umfeld), und die diese wie mich praktisch überhaupt nicht unterschieden von den wenigen, die kaum oder keine Aktivität erkennen ließen, was zum Beispiel Forschungsberichten entnommen werden konnte. Wie wenig die Anstrengungen und Leistungen eines etwa 45jährigen Forscherlebens an einer Universität zählen können, wurde mir bei meiner Pensionierung und Verabschiedung aus dem aktiven Universitätsdienst bewusst. Der Dekan fasste mein Lebenswerk zusammen, indem er den Titel meiner mit 24 Jahren eingereichten Doktorarbeit zitierte und dann meine ca. 200 Publikationen plus einem dicken Fachbuch (auf dem neuen Forschungsgebiet der Supersymmetrie), das ich zusammen mit einem meiner Doktoranden erarbeitet hatte, mit der Bemerkung ›und mehr als 100 Veröffentlichungen‹ ergänzte. Das war alles, was dieser Dekan über meine Lebensarbeit über einen Zeitraum von etwa 45 Jahren zu erzählen wusste.

Man vergleiche dieses Verhalten mit dem, was jeder Universitätsangehörige früher oder später beobachtet: Wird ein überwiegend hochschulpolitisch aktiv gewesener Professor verabschiedet (der also wenig Zeit für Forschung hatte, wobei anzuzweifeln ist, ob in so geringer Zeit Forschung überhaupt möglich ist), geht die Bewertung in die umgekehrte Richtung und dessen fachwissenschaftliche Forschungsleistungen, unabhängig von dessen Hochschulpolitik, werden groß und breit in bis zu stundenlangen Vorträgen gepriesen, wobei dessen Mitarbeiter, die diese Leistungen erbracht hatten, kaum Erwähnung finden. Dieses Verhalten, für das ich weiter unten konkrete Beispiele gebe, ist besonders an deutschen Universitäten ausgeprägt, so wenigstens meine Erfahrung. Und natürlich gibt es auch Schwergewichte, die ein ausgeprägtes Talent haben, andere für sich arbeiten zu lassen.

Offensichtlich, um sich von den Kollegen im unmittelbaren Umfeld (und nur diese meine ich im Folgenden), wie in einem Universitätsfachbereich mit etwa zwei Dutzend oder mehr Professoren, zu unterscheiden, die sich alle in einer analogen Situation befinden, muss man etwas unternehmen, was nicht so leicht zu bewerkstelligen ist, auch nicht mit Hilfe anderer, etwas, das die anderen wie beim Sport im Wettkampf – und eine Universität ist nach meinem Verständnis eine Konkurrenzgesellschaft – zurückwirft oder zu eigenen Mehrleistungen anfeuert. Eine Entdeckung oder dergleichen lässt sich nicht erzwingen. Und nach der offiziellen Versetzung in den Ruhestand eine weitere Veröffentlichung zu erarbeiten, nachdem schon vorherige ignoriert wurden, dürfte auch nicht das Richtige sein. Wer seine Leistungen verbessern will oder sich dafür anerkannt sehen will, strebt nach ›feedback‹. Je höher jemand auf der Karriereleiter sitzt, umso weniger braucht er ›feedback‹ und die Leute in seinem Umfeld scheuen sich ihren Boss zu kritisieren. Der Mensch weiter unten kann arbeiten, mehr arbeiten als die anderen, aber auch das genügt nicht, denn unter den anderen befinden sich welche, die das ebenfalls tun.

Die Antwort ist: Man muss sich in einer Sache wesentlich mehr anstrengen, viel, viel härter arbeiten als die Kollegen im Umfeld. Und die ein oder zwei Kollegen, die das Gleiche tun, ja sich noch mehr anstrengen als man selbst und auch mehr leisten, die kann man getrost hinnehmen, denn es geht nicht darum alle, sondern nur die große Masse zu überbieten, damit man nicht selbst der Unterste ist und auf der Strecke bleibt. Das ist vergleichbar mit Sport. Niemand, auch kein noch so mächtiger Gleichschaltungspolitiker oder Big Brother, kann das Individuum davon abhalten, seinen eigenen Überlegungen, seiner eigenen Kreativität nachzugehen und sich nach Kräften anzustrengen, um etwas zu erreichen, das ihm innere Befriedigung liefert und ihn von anderen unterscheidet. So etwas ist bei entsprechender Anstrengung möglich, z.B. durch langjährige Verfolgung eines bestimmten Ziels und durch besondere Ausnutzung von Kenntnissen über z.B. Computer und deren Gebrauchsmöglichkeiten. Dazu gehört zähe jahrelange Arbeit, während die anderen relaxen oder sich Urlaube gönnen oder sich anderen Tätigkeiten wie den in Gremien oder Hobbies widmen, um dort für ihr Selbstwertgefühl in ihrem Umfeld Bestätigung und Bewunderung von anderen zu erlangen. Positives ›feedback‹ stärkt das Selbstvertrauen, besonders wenn der Betreffende auch negativem ›feedback‹ sachlich und möglichst unemotional ins Auge blickt. Dies kann man auch in Psychologiebüchern als erwiesen nachlesen.

Nach meiner Pensionierung stürzte ich mich also in das über zwei Jahre währende Abenteuer, die wesentlichsten Einzelergebnisse meiner lebenslangen Forschungsarbeit zusammenzufassen und dabei insbesondere zu demonstrieren, wie der Einsatz der beiden oben genannten Methoden, aber auch noch eine weitere namens WKB-Methode, zu identischen Ergebnissen führen. Ich hatte schon vorher meine Vorlesungen über Elektrodynamik ausgearbeitet und als Buch publizieren können. Der Verlag hatte erwartet, dass ich das verlagseigene herunterladbare Computerprogramm benutzte, doch konnte ich mit diesem nichts anfangen, da es von Computerexperten ausgearbeitet worden und für mich unverständlich war. Da ich aber gelernt hatte, die Manuskripte meiner Forschungsarbeiten mit Formeln und Zeichnungen für Zeitschriften selbst auf dem Computer zu erstellen, war es für mich kein weiter Weg zu dem Gerüst eines Buchprogramms, das ich mir selbst erarbeitete. Dies war ein Vorteil gegenüber solchen Professoren, zumal alten Ordinarien, die die Wende weg von Schreibmaschinen (um ca. 1987) nicht selbst mit vollzogen hatten und von Sekretärinnen abhängig waren. Heute können zumindest im wissenschaftlich-technischem Bereich fast alle Professoren ihre Manuskripte eigenständig auf Computern erstellen.

Im Verlauf der mehr als zwei Jahre langen Arbeit an meinem Manuskript wurde mir klar, wie die vielen Einzelaspekte meiner lebenslangen Arbeit sich wie die Teile eines Puzzles zusammenfügten und ein einheitliches Bild ergaben. Dieses Ergebnis war für mich wesentlich wichtiger als mich mit der Arbeit an einer weiteren Zeitschriftenpublikation herumzuquälen. Ich betitelte das mehr als 800 Seiten umfassende Manuskript (der ersten Auflage, das Manuskript der sechs Jahre später erscheinenden zweiten Auflage hat mehr als 900 Seiten) ›Introduction to Quantum Mechanics: Schrödinger Equation and Path Integral‹ und reichte es beim gleichen Verlag World Scientific Singapore ein, der auch mein Elektrodynamik-Buch publiziert hatte und ein davor mit einem Ko-Autor verfasstes Buch über Supersymmetrie. Auf ein vorhergehendes Schreiben von mir hatte der Verlag reserviert reagiert. Nun hieß es: Mit mehr als 800 Seiten sei das Manuskript zu umfangreich. Aber man schickte es dennoch zur Begutachtung, und ich hörte lange Zeit nichts mehr. Schließlich erwiderte man mir auf eine Anfrage, man befinde sich noch in Konsultationen – und diese zogen sich nochmals über Monate hin.

Dann plötzlich erhielt ich die Nachricht: Die Entscheidung sei positiv, man gebe meinem Manuskript Top-Priorität und erwarte, dass es ein Erfolg werde. Knapp vier Monate nach Publikation im März 2006 wurde mir mitgeteilt, dass der ›Scientific American Book Club‹ (New York) insgesamt 550 Exemplare bestellt habe – und bis zum Ende des Jahres wurden noch weitere 500 Exemplare verkauft. Ferner teilte man mir mit, dass im Syllabus des Quantenmechanik-Kurses der New Yorker Universität CCNY-CUNY mein Buch zusammen mit sieben bekannten Standardtexten empfohlen wurde.

Indem ich also meine diversen detaillierten Forschungsergebnisse in einen breiteren Rahmen gestellt hatte, also in einem, der auch einer breiteren Leserschaft zugänglich und verständlich ist – ein wichtiger Aspekt – und dabei demonstrierte, wie die verschiedenen Teile miteinander verbunden sind, hatte meine lange Arbeit, zu der ein Gutachter einer Veröffentlichung einmal anmerkte, dass sie diese Forschungsrichtung überwiegend beende, schließlich Beachtung gefunden. Jede der vorhergehenden Publikationen, jahrzehntelang in zäher Arbeit errungen und zerstreut über viele Fachzeitschriften, war ein kleiner Schritt, um dieses zu erreichen. Ohne deren endgültigen Einbau in einen grundlegenden Text hätten alle diese nur dem Zweck der Verlängerung einer Publikationsliste gedient, die sich für Bewerbungen u.ä. gebrauchen lässt, denn niemand würde sich jemals die Mühe machen, diese zerstreuten Ergebnisse irgendwie zu sammeln außer in einigen Ausnahmefällen. Ohne Zusammenfassung in ein Buch wäre das, was ich als das Wesentlichste meiner lebenslangen Arbeit betrachte, für mich selbst verloren gewesen.

Die Buchbestellung des New Yorker Buchklubs gestattete eine interessante Beobachtung. Als ich diese einem Kollegen zeigte, lediglich mit der Aufforderung »Lesen Sie das!«, erwiderte dieser defätistisch, er würde sein in Vorbereitung befindliches Manuskript nicht an einen Verlag senden, sondern nur an das elektronische Archiv geben. Die Kollegen in meinem Umfeld reagierten, als ob ich – so die Beschreibung eines Humboldt-Stipendiaten – ihnen saure Trauben angeboten hätte. Ein Gast fragte, ob ich den Verlag ›bezahlt‹ hätte! Warum nicht gleich fragen, ob ich diesen bestochen hätte? Absurd, dieses von Neid und Niedertracht geleitete Denken der Leute! Man sieht, worum es an einer Universität letztlich geht: um knallharten Wettbewerb und um sichtbaren, messbaren ›Output‹. Wie man sagt: Spott erhält man kostenlos, Neid muss man sich verdienen. Man sieht daran auch die Empfindlichkeiten der Menschen, sobald ihr Selbstwertgefühl im Vergleich mit anderen berührt wird. Auf diese Thematik gehe ich im Folgenden noch detaillierter ein.

Das Manuskript meines o.g. Quantenmechanik-Buches entstand nicht aus dem Nichts, sondern aus den von mir vielfach revidierten Skripten zu einigen meiner Kurs- und Spezialvorlesungen, aber auch aus zahlreichen Veröffentlichungen, wobei letztere auf Grund ihrer Gestrafftheit und Kürze in den meisten Fällen nur als Richtlinien zu gebrauchen waren. Mein Buch enthält rechnerische und andere Details, die in den vorherigen Texten nicht erscheinen, ganz abgesehen davon, dass man nach Jahrzehnten – im gereifteren Alter – vieles anders sieht und wohl auch besser ausdrückt. Ähnlich verhält es sich mit meinen anderen Büchern, die ebenfalls auf Skripten meiner Vorlesungen basieren. Was habe ich mit meinen Büchern erzielt – also mit vier, die ich nach meiner Ruhestandsversetzung allein auf dem Computer erstellte, sowie der schon früher geschriebenen Monographie in Zusammenarbeit mit einem Ko-Author? Bis auf ein Buch erschienen alle in einer zweiten, überarbeiteten Auflage, und ich hatte an diesen (nach Ruhestandsversetzung) mehr als zehn Jahre gearbeitet.

Ich stellte fest, dass mich Kollegen nun auf meine Bücher hin ansprachen, dass der (neue) Dekan in seinem Schreiben zu meinem 75. Geburtstag jedes der fünf Bücher einzeln nannte, aber keine einzige Aufsatzveröffentlichung, während mir vorher ein Dekan zum 50. Geburtstag nur gratuliert hatte (vier Zeilen ohne irgendein Erwähnen meiner wissenschaftlichen Tätigkeit, und mein 60. Geburtstag wurde gänzlich ignoriert). Die Bücher hatten in den Köpfen meiner Kollegen alles andere über mich verdrängt, man kann sagen, man sah mich nun anders, mein Ansehen war gestiegen. Nun ist die Herausgabe von Büchern etwas ganz Normales in der Professorenschaft an Universitäten – überall sieht man Professoren, die umfangreiche Monographien, Lehrbücher oder sonstiges herausbringen – das gehört sozusagen zur normalen Berufsausübung. Jedoch beschränkt man den Blick auf einen kleineren Kreis, wie dem eines Fachbereichs mit ca. 25 Professoren, dann sieht das schon anders aus. Mehrere haben vielleicht ein Buch verfasst, wenige zwei oder drei, und ganz wenige viele. In meinem unmittelbaren Umfeld brachte es einer auf neun, überwiegend deutschsprachige Lehrbücher, und ist deshalb – wie man auch in Buchhandlungen sieht – der bekannteste im deutschen Sprachraum.

Blicke ich über mein unmittelbares Umfeld hinaus und auf andere Universitäten, auch international, sehe ich, wie sich durchweg Professoren mit Büchern – in denen sie ja meistens jahrzehntelang verfolgte Überlegungen aus Forschung und Lehre erläutern und in breiteren Kontexten darstellen – nicht nur einen Namen machten, sondern darüber hinaus – und das ist wesentlich – ihrem beruflichen Dasein einen Sinn gaben. Und dies umso mehr gegen Ende, ja zum Abschluss ihres Lebens – was ein weiterer wesentlicher Aspekt ist, sich dieser Mühe zu unterziehen. Dieser letztere Aspekt sei besonders bei Deutschen ausgeprägt, behauptete Bernard Nuss, der diesen als Faust-Syndrom bezeichnete. Aber es ist wohl auch so, dass manch einer auf dem ganzen Berufsweg bestrebt ist, eine vorzeigbare Biographie zu haben, eine ehrlich verfasste, versteht sich.

Kommen wir nun zur Frage nach der Bedeutung von Publikationen einer Person. Man hört Leute oft sagen, die Zahl der Veröffentlichungen eines Forschers sei ein sinnloses Maß. Diese Aussage kann richtig oder falsch sein und muss im Zusammenhang mit der gesamten wissenschaftlichen Leistung eines Menschen gesehen werden. Man erinnere sich aber auch an die häufig geäußerte Floskel: »Publish or perish!«, die auf die unbedingte Notwendigkeit von Publikationen hinweist, wenn man an einer Universität seinen Ruf nicht geschädigt sehen und dort überleben will. Der Satz sagt letztlich dasselbe aus wie Darwins »survival of the fittest«. Hat ein Forscher 135 Publikationen vorzuweisen, verglichen mit einem Kollegen, der 250 hat, dann sagen diese Zahlen nichts aus, eine Gegenüberstellung wäre lächerlich. Hat aber einer über einen Zeitraum von 40 Jahren 250 Publikationen erarbeitet, und der andere hat lediglich 10 über den selben Zeitraum vorzuweisen, dann sagen diese Zahlen durchaus etwas aus. Ich habe immer wieder beobachtet, wie im Fall einer unauffälligen, zurückhaltenden Person die Zahl ihrer Publikationen von einem Dekan oder einem anderen machthabenden oder vorpreschenden Menschen als bedeutungslos hingestellt oder einfach vom Tisch gefegt wurde, so als handle es sich dabei um eine irrelevante Angelegenheit. Bei Gesprächen und Unterhaltungen wird dieser Punkt häufig noch von elitärem Auftreten und mit abfälligen Bemerkungen begleitet. Da nur wenige Professoren eines Fachbereichs die Publikationen der anderen kennen, diese noch weniger verstehen oder schon aus Zeitgründen imstande sind sie zu bewerten, ist dieses Verhalten zahlreicher Professoren, z.B. in Sitzungen, eine einfache Art andere Menschen abzuqualifizieren, möglichst noch mit lauter Stimme und arrogantem Grinsen.

Als ich Postdoktorand an der Universität München war und meine Zukunft total ungewiss vor mir lag, habe ich mir immer gesagt: Du musst etwas vorweisen können als Beleg für das, was du getan, erarbeitet und geleistet hast – nur sagen, du hättest ein dickes Fachbuch durchgearbeitet, wird dir nicht helfen. In meinem Umfeld arbeiteten sich viele Mitarbeiter, Doktoranden und andere wie im Mittelalter die Mönche geruhsam in tiefgründige Theorien ein ohne etwas zu publizieren, und die Jahre flogen schnell vorbei. Ich habe deshalb immer die Augen offen gehalten für Möglichkeiten der Erarbeitung von Veröffentlichungen auf meinem Fachgebiet und habe demzufolge auch immer mehr publiziert als die Leute um mich herum. Ich glaube auch heute noch, dass diese Einstellung richtig war, denn die wenigen Chancen, die sich dem Menschen im Verlauf des Lebens bieten, wiederholen sich nicht.

Wenn ich mir die Biographien von Kollegen im Internet ansehe, stelle ich immer wieder fest, dass viele die Zahl ihrer Publikationen angeben. Offensichtlich hat diese für sie eine Bedeutung – das stimmt insofern, da sich hieraus notwendige und erwartete Aktivität erkennen läßt. Ich erwähnte schon die oft abfälligen Bemerkungen über Veröffentlichungen und ähnliches, die man im wissenschaftlichen Betrieb hört. Als einmal ein Kollege mir gegenüber einen anderen mit der Bemerkung abqualifizierte, dieser habe jahrelang nichts veröffentlicht, wies ich ihn darauf hin, er habe aber ein beachtliches Buch herausgebracht. Darauf mein Kollege, der selbst kein Buchautor war: Das sei alles irgendwo abgeschrieben. Man beachte diese simple Art einen anderen abzuqualifizieren, auch dessen Arbeit an einem Buch! Ähnlich, als ich in einem Gespräch die Lehrbuchreihe eines Kollegen erwähnte, erwiderte der Angesprochene, da seien Fehler drin! Als ich in Australien einem Professor gegenüber den sehr respektablen Betreuer meiner Doktorarbeit nannte, entgegnete der Professor sofort, er habe von diesem in Cambridge einen Vortrag gehört und da habe dieser behauptet, eine bestimmte Größe sei positiv, was ganz klar falsch sei. Mit dem Abwerten anderer will man sich selbst aufwerten.

Mein erstes Fachbuch erarbeitete ich zusammen mit einem Doktoranden. Wir reichten das Manuskript bei einem bekannten Verlag mit Sitz in Heidelberg ein. Nach einiger Zeit erhielten wir einen Brief mit dem Nein des zuständigen Referenten, einem Professor. Zwar sei ein Buch über unser mathematisch kompliziertes, hochaktuelles Thema (Supersymmetrie) sinnvoll, aber die detaillierten Herleitungen, wie bei uns, nicht; die Leser wollten nur die Ergebnisse sehen, hieß es in dem Schreiben. Wir baten um Rücksendung des Manuskriptes (damals in erster Fassung noch mit handeingetragenen Formeln). Nun rief der Professor mich persönlich an. Er benötige das Manuskript für ein Seminar, sagte er, könne er es behalten und einige Seiten für Teilnehmer kopieren? Dazu erübrigt sich wohl jeder Kommentar. Wir reichten daraufhin unser Manuskript bei dem Verlag World Scientific Singapore ein, dessen Gutachter die Publikation empfahlen. Das Buch wurde ein Bestseller, besonders in den USA, von wo wir eine Reihe sehr positiver Zuschriften erhielten.

Man lasse sich also von Äußerungen der Besserwisser nicht entmutigen oder einschüchtern! Nicht aufgeben! Weiter kämpfen! Nur so kommt man zum Erfolg! Und man sei vorsichtig! Wer da leichtsinnig äußert, in einem Paper einen kleinen Fehler gemacht zu haben, etwa ein Vorzeichen falsch, plus statt minus, der muss damit rechnen, dass die anderen dies aufgeblasen weitererzählen, etwa so: Der gibt selbst zu, dass seine Arbeit falsch ist!

Man sieht, wie Kollegen sofort Negatives über andere zu sagen wissen. Es hat wenig Sinn herum zu argumentieren. Das Verlangen, andere Menschen – auch deren Leistungen – abzuqualifizieren, auch akademische Grade des Auslands wie Bachelor und Master, ist eine indirekte Art die eigene beanspruchte Überlegenheit zu demonstrieren. Dieses Verhalten ist wiederum nichts anderes als Ausdruck des Selbstbehauptungswillens und damit des Selbsterhaltungstriebs, hier in einem wissenschaftlichen Umfeld. Dieses nennt man wohl Sozialdarwinismus. Im Bestreben, ja Ringen, diesem beruflichen Ehrgeiz zu genügen, sind dem Menschen je nach Selbstdisziplin und Erziehung x-beliebige Tricks und Argumente bis hin zu Lügen willkommen. Als mein drittes Buch herauskam, erklärte ein Kollege mir stolz, ohne jedwede Provokation, ja Äußerung von mir, er habe auch drei Bücher. Natürlich wusste ich Bescheid, sagte aber nichts. Nach einiger Zeit jedoch wendete er sich mir zu – seine Äußerung muss ihm wohl selbst zu denken gegeben haben – und sagte, zwei der Bücher seien Sommerschul-Proceedings, die er nur herausgegeben habe (ohne Texte von ihm selbst). Es gibt auch Leute, die sich mit einem Buch brüsten, obgleich sie darin nur einen von vielen Beiträgen verfasst haben.

Hier ein weiteres Beispiel, das wie das eben skizzierte das Selbstwertgefühl des Menschen entlarvt. Einer meiner Humboldt-Stipendiaten aus Indien, Autor eines in Delhi publizierten Fachbuchs, erzählte mir, er habe das Manuskript dem Verleger von World Scientific gezeigt, und dieser habe sofort zugestimmt, das Buch zu veröffentlichen. Nachdem mir der Inder die Geschichte zum dritten Mal erzählt hatte, antwortete ich ihm: »Ich bin das dreimal mit dem Verlag durchgegangen [später insgesamt fünfmal] und jedesmal wurde mein Manuskript an Gutachter geschickt. Es dauerte lange bis zu einer Entscheidung und Sie wollen mir erzählen, Sie geben dem Verleger ein Bündel handgetippter Blätter und der nimmt das Manuskript sofort an? Das glaube ich nicht!« Und warum hatte er es dann in Delhi drucken lassen? So reden die Leute, wenn andere etwas haben, was sie selbst nicht oder noch nicht haben. Sie wollen irgendwie gleichziehen, sehen sich abgewertet, sobald der andere etwas hat, was sie nicht haben. Wie in Gesprächen: Sagt der eine, er kenne den oder den wichtigen Typ, meint der andere entweder der Typ tauge nichts oder aber er kenne den besser, fast als Duzfreund, vielleicht auch noch dessen Frau.

Es ist das inflationäre egoistische Verlangen des Menschen sich selbst für so wichtig zu halten, dass er meint, andere herabsetzen zu müssen. Das ist auch ein Teil von Eitelkeit. An Universitäten kann man diese menschliche Eigenschaft an Statusbegriffen erkennen. Die meisten deutsche Hochschulgesetze der Länder, ausgenommen Bayern und Baden-Württemberg (soweit mir bekannt), haben die Begriffe Lehrstuhl und Emeritus etc. abgeschafft, aber überall wildern diese Begriffe herum! War der Begriff Lehrstuhl früher für die sog. ordentlichen, d.h. auf Gehaltsstufe C4 berufenen Professoren reserviert, bezeichnen sich heute auch die anderen als Lehrstuhlinhaber. Immer wieder hat man versucht die Habilitation abzuschaffen, ja man hat sie vielerorts abgeschafft, doch überall wird habilitiert! Hast du was, bist du was, hast du nichts, bist du nichts. Wer die Habilitation hat, hält sie für wichtig, wer sie nicht hat, hält sie für unwichtig. Das führt zu seltsamen Unterscheidungen. An der Technischen Universität Kaiserslautern kann man die hausberufenen Professoren daran erkennen, dass sie, anders als extern berufene habilitierte Professoren, nach dem Dr. das Kürzel ›habil.‹ führen.

Überall manipuliert der Mensch in seinem Drang nach oben, und das heißt nichts anderes als in seinem Bedürfnis über anderen Menschen zu stehen. Man lese dazu das Buch des amerikanischen Psychologen Oliver James, das den bezeichnenden Titel trägt ›Office Politics – How to thrive in a world of lying, backstabbing and dirty tricks‹. Einer weiß es dabei besser als der andere, wie in der Politik. Da hatten sich Hochschulpolitiker hierzulande die Professorenpyramide von H1 (Assistenzprofessor) bis H4 (ordentlicher Professor) ausgedacht. Man hätte sich denken können, was dann geschah, nämlich der Missbrauch des Systems gerade durch jene Professoren, die das Sagen hatten, hauptsächlich die auf C4, indem sie entgegen allen Beteuerungen ihre eigenen Günstlinge von einer Stufe nach der anderen (legal oder sogar illegal, d.h. unter Verletzung des Hochschulgesetzes) höher brachten, bis das System praktisch unsinnig wurde.

Günstlings- und Duzfreundberufungen sind ein tödliches Gift für eine Universität. Großspurig und herrisch hörte ich einen dieser Machtmenschen, einen Universitätspräsidenten, die H2-, H3-, H4-Stufen einfach mit den US-Stellen Assistant Professor, Associate Professor, Full Professor vergleichen, ungeachtet der Tatsache, dass es bei ihm selbst noch die H1-Stelle als Assistenzprofessur gab. Kein Wunder, dass dieses Rutschbahnsystem von der nächsten Politikergeneration abgeschafft und in ein Besoldungssystem mit Kennzeichnung C umgeändert wurde. Danach folgte dann das derzeitige System mit den Buchstaben W. So wird es weitergehen bei den deutschen Politikern und Professoren – es gibt ja noch genügend weitere Buchstaben im Alphabet, die darauf warten, von den Profilierungssüchtigen unter ihnen verwendet zu werden. Bei jeder Änderung wittern natürlich Menschen die Gelegenheit so oder so Gewinn zu machen, sei es mit gehaltlicher Höherstufung, mit Ausstattung oder einfach mit Macht (über andere, versteht sich), wie ja auch bei jeder Wende in der Politik.

Den Drang nach oben sieht man auch an der englischen Bezeichnung der deutschen Fachhochschulen, die sich heute im Ausland als ›University of Applied Sciences‹ oder ähnlich darstellen, ganz bewusst um Gleichstellung mit der deutschen Universität buhlend oder dies vortäuschend. Ich weiß aus eigener Erfahrung in China, dass dortige Kollegen dies genauso sahen, wo ein herumreisender Fachhochschulpräsident diesen den Unterschied natürlich nicht erklärte (übrigens auch so gewollt vom europäischen Bologna-Projekt). Und weil die Lehrenden an diesen Hochschulen auch Professoren heißen, sahen sich die Politiker genötigt zur Unterscheidung, die an Universitäten als Universitätsprofessoren zu benennen. Treffen sich zwei, die Professor heißen und rätseln, an welcher Hochschule der andere tätig war oder ist, gibt es einen einfachen Trick das herauszufinden: Frage den anderen, wie viele Doktoranden er hat oder hatte. Ist die Antwort null, weiß man: Fachhochschule! Die Leute sind nicht so dumm und finden das alles heraus, selbst im letzten Winkel der Erde. Meine chinesischen Humboldt-Stipendiaten wussten schon bevor sie wieder nach Deutschland kamen, dass die Universität, an der ich tätig war, die Technische Universität Kaiserslautern, keine Elite-Universität im Sinn der unter Kanzler Schröder eingeführten Förderung ist.

Es ist viel besser und überzeugender, man ist offen und ehrlich und versucht nicht im Trüben mehrdeutiger Begriffe sein Ansehen aufzupolieren. Die Menschen finden das alles sowieso heraus, auch wenn man versucht, das eine oder andere zu verschweigen (was Kant als Advokatenbeweis bezeichnete und Psychologen ›weiße Lügen‹ nennen). Ein weiteres Beispiel für den Drang des Menschen nach ›oben‹ im Universitätsbetrieb, zur Maximierung seiner Würde, kann man in selbsterstellten Biographien von Professoren finden, wenn diese einige Zeit in den USA verbrachten. Da geben manche die innegehabte Stelle mit der Abkürzung ›Ass. Prof.‹ an, spielen somit mit der Zweideutigkeit für Assistant Professor und Associate Professor und hoffen natürlich, dass der Leser dieses Kürzel als Associate Professor nimmt, obwohl in Wahrheit die Position die eines Assistant Professors war. Fallen Menschen auf diese Tricks rein? Wohl kaum. In den allermeisten Fällen, in denen diese Abkürzung gebraucht wird, dürfte klar sein, für was sie steht, nämlich für Assistant Professor, und wer Associate Professor war, schreibt dies auch so und nicht abgekürzt, eben weil er um die Mehrfachauslegung weiß. Als ich noch Postdoktorand in München war, wurden u.a. die Stellenbezeichnung ›Wiss. Rat u. Professor‹ eingeführt. Ich selbst wurde später an der Universität in Kaiserslautern zunächst auf eine solche H2-Stelle berufen. In München starb ein junger Mann auf einer solchen Stelle. In der Traueranzeige der Universität wurde dieser dann als ›Wiss. Rat.‹ bezeichnet, der Rest wurde einfach weggelassen. Je nach Wohlwollen gegenüber der Person wird der eine oder der andere Teil genannt oder weggelassen – so ist das.

Alle diese Kleinigkeiten sind Teil des Überlebenskampfes und unterscheiden sich nur wenig von dem Verhalten, das man in der Tierwelt bei der Futtersuche beobachtet. »Der Löwe muss schneller sein als die Antilope – und die Antilope muss schneller sein als der Löwe«, las ich einmal auf dem Bild, das ein Banker am Ende seines Vortrags auf der Leinwand kommentarlos stehen ließ. So ist der Überlebenskampf aller Kreaturen, auch wenn diese Feststellung sozialistischen Politikern nicht gefällt – das ist Darwins ›survival of the fittest‹ ebenso wie Schopenhauers ›Wille zum Leben‹ (beispielhaft erkennbar an einer sich zur Blüte durchkämpfenden Pflanze im Mörtel einer Mauer). Selbst Goethe erkannte das, wie man dem folgenden Vers entnehmen kann: »Hätt ich gezögert zu werden, bis man mir's Leben gegönnt, ich wär noch nicht auf Erden, wie ihr euch denken könnt« – auf Englisch: »If I had waited for others to grant me life and worth, as you can well imagine, I wouldn't be on earth.«

Ursprünglich, mit dem Mammut-Projekt meines mehr als 800 Seiten umfassenden Buches vor Augen, hatte ich die Idee dieses zusammen mit einem chinesischen Kollegen zu machen, mit dem ich Jahre vorher hervorragend hatte zusammenarbeiten können. Ich besprach dies auch mit ihm. Aber als nach sechs Monaten keine einzige Zeile von ihm erbracht worden war, entschied ich, alles alleine zu machen. Ich hatte mich mittlerweile auch in die Arbeit hineingefunden. In Anbetracht meiner lebenslangen Beschäftigung mit dem Thema und meiner eigenen Beiträge betrachte ich diese Entscheidung heute als eine der klügsten in meinem Leben. Wenn dies ein Gemeinschaftsprojekt geworden wäre, hätten die Menschen in meinem Umfeld die Arbeit dem chinesischen Kollegen zugeschrieben, und die Leute in dessen Umfeld mir – etwa mit der verächtlichen Bemerkung: Ach, das hat der andere gemacht.

So sind die Menschen, immerfort bestrebt über alles mitreden und urteilen zu können und dabei ihre eigene Wichtigkeit gegenüber dem anderen hervorzuheben. Dieses Bedürfnis sich hervorzutun, ja herauszuheben aus der Masse, kann man z.B. im Universitätsbetrieb auch daran erkennen, wie sehr manche bestrebt sind, in Gremien nicht nur dabei zu sein, nicht nur mitzureden, sondern dort eine herausragende Rolle zu spielen – etwa mit entschieden vorgetragenen Meinungen und kräftiger Stimme. Man achte dann auf die Nebenbemerkungen, mit denen sie narzisstisch die Bedeutung ihrer selbst zu erkennen geben, etwa mit der Floskel: »Ich habe dem Minister gesagt…« (aha, denkt man, so wichtig ist der, dass er mit dem Minister spricht), oder mit: »Als ich Herausgeber von… war« (wieder denkt man oho), oder mit: »Als ich Referent war…«, oder mit: »Ich sprach mit Witten…« (alle Achtung, denkt man, der verkehrt mit dem Topmathematiker Witten!), oder mit: »Meine Sekretärin….« (da weiß man, er ist ein Boss!).

Alle diese auf den ersten Blick unscheinbaren Nebenbemerkungen entlarven die tiefsitzende Eitelkeit des Menschen, sein Bedürfnis, dass andere, die er damit beeindrucken möchte, zu ihm emporschauen, in einem Wissenschaftsbetrieb mit Wettbewerb dies um so mehr, da die anderen in den meisten Fällen mit wissenschaftlichen Dingen mangels Kenntnissen nicht zu beeindrucken sind. Diese Eitelkeit erkennt man auch an Biographien, in denen Professoren ihre Publikationen als ›refereed‹ bezeichnen, so als ob diese anders als die ihrer Kollegen besonders strengen wissenschaftlichen Kriterien unterlagen.

Man erkennt das auch in völlig anderen Bereichen, beispielsweise in politischen Diskussionen, in denen ein Teilnehmer vom jüdisch-christlichen Abendland spricht oder von den demokratischen Parteien im Landtag, womit der Redner sich klar von politisch Inkorrekten abheben und sich selbst als besonders edel hinstellen möchte und mit derartigem Nachplappern der gleichgeschalteten Medienjournalisten zu punkten versucht.

Also gut, lieber Leser. Lassen wir diese Menschen sich in Gremien profilieren und dort ihre Zeit verbringen! Ich sah da für mich einen Vorteil, ohne mich meinen Pflichten zu versagen, und wo dies meine notwendige berufliche Pflicht ist, nicht nur mitzumachen, sondern mich auch zu engagieren, sofern man von anderen da nicht weggedrängt wird. Ich sah die Möglichkeit, mit harter Arbeit und Selbstdisziplin diese und weitere Schwächen der anderen zu meinem Vorteil auszunutzen, deren Erliegen diverser Versuchungen wie Urlaub, Hobbies und vielen anderen Ablenkungen. Ich erinnere mich noch heute lebhaft an ein Professorengespräch bald nach meiner Berufung, als ich hörte, dass der Kollege, über den ich noch nichts wusste, aber den ich von der Stelle her (fälschlicherweise) als Konkurrenten betrachtete, Dekan werden sollte. Mir schoss durch den Kopf: Der ist keine Gefahr für dich (in meiner Forschungsarbeit). Ich wusste damals noch nicht, dass dieser so wenig Leistungsevidenz erbringen würde, dass man sagen kann, er war zu Forschung unfähig – auch das kommt vor, auch an deutschen Universitäten. Jeder, der mal in Gremien saß, egal ob diese Entscheidungsbefugnisse hatten oder nicht, also nur Gesprächsrunden waren, weiß wie sich diese zeitlich hinziehen, weil sich immer wieder jemand findet, der meint noch einen weiteren Kommentar hinzufügen zu müssen und damit wieder eine neue Runde von Äußerungen lostritt. So machen sich Leute wichtig, so zeigen sie, dass sie diese Zeit erübrigen können.

Ich habe meine Kollegen, und schon während des Studiums meine Kommilitonen, immer als Konkurrenten und Rivalen betrachtet, wenn man will, als Feinde (jedenfalls nie als Freunde), die mich mit Erfolg in ihrer Arbeit bedrohten. So sieht man es doch auch in der Wirtschaft überall – oder glaubt jemand, dass die Topleute von Mercedes und BMW dicke Duzfreunde sind? Die defensive Strategie des menschlichen Gehirns in der Auseinandersetzung mit anderen lässt sich auch an folgendem Beispiel ablesen. Nach einem Seminar, so erzählte mir ein Besucher aus Indien, war dieser mit einem anderen Professor ins Gespräch gekommen und erwähnte diesem gegenüber beiläufig, dass ich fünf Bücher verfasst hätte. Wie reagierte der Professor? Was war der Output seines Gehirns auf diesen verbalen Input? Er erwiderte, dass sein Kollege Professor D. neun

Bücher erarbeitet habe. Man sieht: Dieses Übertrumpfen von fünf mit neun entlarvt dessen defensive Strategie. Er hätte natürlich auch sagen können, dass er selbst kein einziges Buch publiziert hat, aber eine solche Äußerung hätte seine Demütigung, ja seine Niederlage bedeutet.

Schon diese lapidaren Beobachtungen zeigen, wie sehr der Mensch primär auf seine Verteidigung gedrillt ist oder den Sieg über den anderen, und nicht auf eine selbstlose Suche nach Erkenntnissen oder Entdeckungen oder dergleichen. Allgemeiner gesprochen: Der Mensch muss recht haben in seiner Wechselwirkung mit anderen, jedes Rechthaben ist wie ein Sieg über den anderen, d.h. dessen Niederlage, alles andere ist dabei bedeutungslos. Aber auch hier kann man tricksen, den anderen überlisten. Statt seine genuine Meinung in einem Gespräch zu äußern, kann man zurückhaltend, abwartend, ja zögerlich bleiben, was der andere als Schwäche interpretiert und leichtfertig annimmt so-und-so sei dessen Standpunkt, den er natürlich, um recht zu haben, bekämpft. Man lasse ihn weiterreden. Dann gebe man seine eigene Meinung kund, und der andere wird sprachlos sein, d.h. er wurde besiegt.

Ein typisches Beispiel: Nehmen wir einmal an, lieber Leser, Ihnen sei das Schicksal der Palästinenser nicht gleichgültig und Sie werden in eine Diskussion involviert. Wie äußern Sie sich? Für die Palästinenser Partei ergreifen und etwa sagen: ›Die werden nun schon seit Jahrzehnten misshandelt‹ usw.? Auf keinen Fall! (Sie würden sowieso als Antisemit beschimpft werden). Nein, sagen Sie: ›Die armen Juden, immer verfolgt, haben aus einer Wüste eine blühende Landschaft geschaffen und werden nun von den palästinensischen Terroristen verfolgt!‹ Da die anderen recht haben wollen, werden diese Ihnen widersprechen und etwa sagen: ›Aber man kann doch den Palästinensern nicht das Menschsein absprechen‹ usw. – und schon sind diese Menschen auf Ihrer Seite. Das Schicksal der einen und der anderen ist den Leuten dabei völlig wurscht!

Rechthaberei, Besserwisserei, Schnellurteile über andere – das sind die Grundfähigkeiten des politischen Aktivisten. In einer Tagungspause in den USA hörte ich andere deutsche Teilnehmer fragen, wie ich meine Reise von der Deutschen Forschungsgemeinschaft finanziert bekommen hatte – so mit dem Hintergedanken: der ist doch nichts. Nun, sie hatten vorschnell gefolgert. Ich hatte keinen Antrag bei der DFG gestellt, sondern meine Reise selbst finanziert und an Vortragsbesuche an Universitäten gekoppelt. Ähnlich falsch dachte ein Ko-Autor von mir, dem ich nach Publikation unseres gemeinsamen Buches mitgeteilt hatte, ich hätte über unseren Verlag einem USA-Kollegen zwei Exemplare schicken lassen. Mein Ko-Autor bat daraufhin den Verlag einem seiner Freunde auf Verlagskosten ein Exemplar zu senden, doch der Verlag weigerte sich. Dass ich die zwei Exemplare auf meine Kosten hatte schicken lassen, war meinem Ko-Autor – empfindlich besorgt, mir wären Vorteile gewährt worden – nicht eingefallen. Ein weiteres Beispiel: Als Kollegen erfuhren, dass ich versuchte, einen osteuropäischen Wissenschaftler als Stipendiaten der Alexander von Humboldt-Stiftung zu gewinnen, empfahlen diese ihm, sich an Prof. T. zu wenden, der sei besser als ich. Gut, das tat dieser, doch erhielt er nie eine Antwort. So meinen viele Leute alles besser zu wissen und dementsprechend urteilen zu können – und fallen rein.

Manchmal werden Kriterien vorgeschlagen, nach denen ein Forscher beurteilt bzw. evaluiert werden kann oder sollte, auch im Vergleich mit anderen z.B. für Beförderungszwecke. Aber wer immer mit solchen Kriterien kommt, dem ist nicht zu trauen, es sei denn, er wendet diese Kriterien auch und zuerst auf sich selbst an. Man beobachte, wie schnell solche Kriterien sich in der Hand der Entscheidungsmacher mit den Kandidaten ändern, die diese Machthabenden favorisieren. Zum Beispiel: Hat ein favorisierter Kandidat bei einer Auswahl die akademische Qualifikation genannt Habilitation, dann zählt sie, hat er sie nicht, wird sie als irrelevant betrachtet. Die Anwendung von (irgendwie allgemein anerkannten) Kriterien auf sich selbst demonstriert die Redlichkeit, Ehrlichkeit, ja Integrität des Betreffenden – und somit dessen sittliche, moralische Qualität, wie dies auch Kants kategorischer Imperativ impliziert (der von Macht entgegen lauter Behauptungen vom Tisch gefegt wird).

Ob jemand in sich den Samen für außerordentliche Leistungen birgt, ist nicht leicht zu erkennen. Fehlentscheidungen von Gremien an Universitäten sind oftmals das Ergebnis von falscher Machtausübung, von Favorisierung von Freunden und somit von Korrumpierung des Charakters, wissentlich oder nicht. So kommt es an deutschen Universitäten zu Duzfreundberufungen (man erinnere sich, in alter Zeit, so wird erzählt, beriefen mächtige Ordinarien ihre Schwiegersöhne zu ihren Nachfolgern). Heute entdecken einige Professoren, Gelehrte, Publizisten ihre Überlegenheit gegenüber anderen darin, dass sie eben *nicht* wie manche andere in der Hitler-Ära oder im DDR-Kommunismus ihre Position einer Parteizugehörigkeit verdanken und geben und fühlen sich als edler. Dabei dürfte manch einer seine Position der – wie Kohl es ausdrückte – Gnade der späten Geburt verdanken und nicht einem selbstlosen oder gar heroischen Eintreten für hohe sittliche Werte, ganz abgesehen davon, dass es in der heutigen so hochwertigen Gesellschaft manch einer über Freunde, Gönner oder Seilschaften, auch Vitamin B (für Beziehungen) genannt, nach oben bringt oder brachte. Und es gibt auch heute Professoren, die ihre Stelle einer Parteizugehörigkeit verdanken. Gibt es keine Parteizugehörigkeit, die da hilft, dann sind es eben Duzfreunde. Andererseits lässt sich kaum bestreiten, dass es auch im Dienst des Staates unter Hitler und im Dienst des Kommunismus (und nicht nur hierzulande) hervorragende Wissenschaftler und Ingenieure, aber auch Sportler und Künstler gab – man denke nur an die Raketenentwicklung, Versuche an Nuklearreaktionen, an synthetische Brennstoffgewinnung, um nur wenige Wissenschaftsrichtungen zu nennen, die Namen von Braun, Heisenberg, von Weizsäcker deuten das an. Ähnlich war es z.B. in der bildenden Kunst, wofür Namen wie Breker, Thorak und Tübke stehen.

Erweist sich eine Berufung als Fehler, und lässt sich damit leben (an einer Universität), wird trotz Offensichtlichkeit kollegial darüber hinweggesehen – verantwortlich fühlt sich sowieso niemand für negative Folgen einer (falschen) demokratischen Mehrheitsentscheidung. Und was man an einer Universität als Günstlings- oder Duzfreundberufung bezeichnen kann, ist das, was in der Wirtschaft als Korruption bezeichnet wird und im Sport als Doping – die krumme Art vorwärts zu kommen. Das ist überall in der menschlichen Gesellschaft dasselbe: der Drang nach etwas Besserem (mit mehr Geld z.B. durch Steuerhinterziehung, also Betrug, einer sog. schwarzen Lüge), der Drang nach oben. Oft hört man deshalb den Satz: Die Ehrlichen sind die Dummen.

Eins kann man aber auf jeden Fall bei bzw. vor der Einstellung eines Bewerbers herausfinden: Ob er richtig arbeitet, ob er hart arbeitet, ob er über lange Zeit hinweg hartnäckig ein gesetztes Ziel verfolgt, auch über Jahre hinweg und sogenannte Durststrecken hindurch – und dies nicht in einschläfernden Sitzungen von Gremien oder in Politik oder einem sonstigen sozialen Umfeld, sondern in seiner eigenen speziellen beruflichen Tätigkeit oder Forschungsarbeit. Die Effizienz einer Maschine berechnet man aus deren Leistung, und diese ist gegeben durch das Verhältnis von Arbeit zu Zeit. Dies betrifft in gleicher Weise Forscher. Harte Arbeit an einem Forschungsthema oder einer -richtung über lange Zeitstrecken – dies ist die elementarste Forderung an einen Wissenschaftler, und dies zeigt sich unvermeidlich primär in seinen Veröffentlichungen, in deren kontinuierlichem Output über viele Jahre, und infolgedessen auch in deren Zahl. Publish or perish!

Selbst wenn die in einzelnen Publikationen erzielten Ergebnisse bescheiden sind, erforderte deren Veröffentlichung, abgesehen von der vorausgehenden harten Arbeit, das Einreichen bei einer wissenschaftlichen Zeitschrift, das Ringen mit kritischen Referenten, in vielen Fällen eine Überarbeitung und ein wiederholtes Einreichen, notfalls bei einer anderen Zeitschrift, und andere Mühen, von denen ein Außenseiter überhaupt keine Ahnung hat. Dieses Ringen über lange Zeiträume, das einem Hochschulpolitiker (z.B. Universitätspräsidenten) schon aus Zeitmangel verwehrt bleibt, ist aber das Fundament möglichen Erfolges, und expliziter Ausweis eines kontinuierlichen Forschens, und deshalb hat die Zahl an Veröffentlichungen eines Wissenschaftlers signifikante Bedeutung, dies ungeachtet aller Gegenargumente anderer. ›Sans travailler vous ne recevrez rien‹ – ohne Arbeit erreicht man nichts (auf ehrliche Weise, d.h. ohne Begünstigung).

Hauptwiderstand kommt gewöhnlich von Leuten, denen es an Durchhaltevermögen mangelt lange Zeitstrecken von wenig oder keinem Erfolg auszuhalten und durchzustehen, und die, vielleicht frustriert, den Weg in Gremienarbeit suchten oder sich von solcher einfangen ließen, und somit willentlich oder auch nicht ihre Forschungsarbeit vernachlässigten. Nicht wenige dieser Menschen behaupten dann, sie hätten ihr Forschungspotential zum Wohl der anderen geopfert. Dies führt auch dazu, dass argumentiert wird, solche Gremienarbeit müsste irgendwie belohnt oder ausgeglichen werden, etwa die Tätigkeit als Dekan mit Befreiung von Lehre für einige Zeit danach. Mit solchem Argument war mir einmal ein Sabbatical bzw. zustehendes Forschungssemester mit angebotener Gastprofessur in den USA verweigert worden – Vorrang habe, so sagte man mir, ein Kollege, dessen Dekantätigkeit gerade ablaufe. Nun, wenn man solcher Argumentation folgt, gäbe es einen Ausweg zum Ausgleich, nämlich den der Rotation, dass nach und nach jeder mal Dekan wird. Doch dies gefällt nicht allen, besonders nicht denen, für die das Dekanamt ein Machtinstrument ist – und da wären wir wieder bei dem üblichen menschlichen Problem.

Es gibt Menschen, die sich geradezu darum reißen, in Gremien mitzuwirken. Doch auch ein Soziologe, Prof. Dr. Alexander Schuller von der Freien Universität Berlin, warnt (*Welt am Sonntag*, 7.7.1997, S.7): »Wer ernsthaft forscht und lehrt, hat nämlich kaum Zeit für Gremientätigkeit, damit aber auch keinen Einfluss. Wer sich andererseits auf Gremienarbeit spezialisiert, hat zwar Einfluss, aber kaum noch Interesse für die Wissenschaft.«

Es ist eine Illusion zu glauben, man könne beides machen, Forschung und Politik, also Hochschul- oder Forschungspolitik, und es ist riskant, zumindest in den exakten Wissenschaften, zu argumentieren, man könne nach einer längeren Gremientätigkeit oder ähnlicher Beschäftigung in die reine Forschung zurückkehren. Ich weiß aus eigener Erfahrung, wie schwierig solch ein Wiedereinfinden ist, dabei hatte ich es noch nicht einmal mit Gremientätigkeit zu tun, sondern mit der Ausarbeitung einer neuen Vorlesung und begleitenden Übungen. Als das Semester vorbei war und ich Zeit hatte, an etwas anderes zu denken, stellte ich fest, dass mir die Forschungsarbeit wie Wasser aus den Händen geglitten war, ich musste mich erst wieder hineinfinden. Wem dies über noch längere Zeit passiert, der hat es noch schwerer, in die Forschung zurückzufinden.

Ein weiteres Beispiel: In einer Feier zur Ruhestandsversetzung eines Universitätspräsidenten, der über viele Jahre auch Vizepräsident gewesen war, wurde gesagt, dieser habe 500 Studienarbeiten betreut. Solch eine Behauptung ist nur glaubhaft, wenn die wirkliche Facharbeit von Untergebenen erbracht worden ist. (Solche Wissenschaftler sind abhängig von Assistenten und von Sekretärinnen.) Man vergesse nicht: Von einem Universitätspräsidenten erwartet man, dass dieser sich voll seinen Pflichten als Präsident widmet. Ein Professor, der sich einmal als Präsidentschaftskandidat damit zu qualifizieren versuchte, dass er behauptete, er wolle sogar trotz des Amtes Vorlesungen halten, fiel chancenlos durch. Ähnlich wenig glaubwürdig ist auch, was ich bei der Verabschiedung eines anderen Universitätspräsidenten vor mehr als zehn Jahren hörte, der neben zahlreichen Ämtern auch Vizepräsident der Deutschen Forschungsgemeinschaft war. Wenige Jahre vor seiner Emeritierung soll dieser noch seine Forschungsrichtung geändert haben – ein normalerweise unmögliches Vorhaben (aber vermutlich war dessen ursprüngliche Forschungsrichtung veraltet und ein Kollege half ihm – und natürlich erledigten andere die Arbeit in seinem Labor!).

Ist ein Universitätspräsident zur Zeit des Ausscheidens aus diesem Amt noch nicht alt genug für die Emeritierung, stürzt er ins Leere, um nicht zu sagen in ein schwarzes Loch, denn die Rückkehr in sein ursprüngliches Wissenschaftsgebiet dürfte für ihn physisch und psychisch unmöglich sein, wenigstens auf überzeugende Weise. Der weithin bekannte ehemalige Präsident der Deutschen Forschungsgemeinschaft, Professor Heinz Maier-Leibnitz, äußerte einmal öffentlich, dass er nach Beginn seiner Tätigkeit für die Deutsche Forschungsgemeinschaft keine Forschung mehr betrieben habe. So endet die wissenschaftliche Tätigkeit vieler Professoren durch anderweitige Pflichten, die diese dann häufig sehr erfolgreich ausüben. Und die, die viel über Forschung reden – und das sind die, die mit dem Minister bzw. dem Ministerium verhandeln (die echten Forscher sind diesen unbekannt) – betreiben in den meisten Fällen selbst keine (mehr). Der eben genannte und hochausgezeichnete Physikordinarius und Träger des Ordens ›Pour le Mérite‹ Heinz Maier-Leibnitz machte sich übrigens auch als Autor von Kochbüchern einen Namen. Wenn man erst einmal eine Professur hat, kann man seine Zeit offenbar solchen Hobbies widmen…

Viele Dozenten an Universitäten werden von derart vielerlei Kleinkramaktivität in Anspruch genommen, dass sie den Kontakt zur Wissenschaft verlieren – das habe ich immer wieder überall in der Welt an Universitäten festgestellt. Ehrliche Forschungsaktivität ist ein kontinuierliches mentales Ringen und Kämpfen – Tag und Nacht, Woche für Woche, Jahr für Jahr – das lässt sich nicht um 17 Uhr abschalten. Noch lässt sich Forschung betreiben, indem man am Ende des Tages das eigene Forschungslabor besucht und kurz mit seinen Mitarbeitern plaudert. Forschung erfordert fortwährende Wachsamkeit in bezug auf Entwicklungen neuer Ideen und Gedanken, vor allem aber auch die innere Bereitschaft dazu, außerdem Selbstdisziplin und Ausdauer. Forschung ist keine kontinuierlich erfolgreiche Tätigkeit; im Gegenteil. Viele Gedankengänge können in die Irre führen oder in eine Sackgasse. Forschung ist vergleichbar mit der Arbeit eines Goldgräbers, der wenige Augenblicke wirklichen Erfolges erlebt. Man denke z.B. an die großen Leistungen Werner Heisenbergs um 1925 mit seinen grundlegenden Überlegungen zur Quantenmechanik, aber auch an den Misserfolg seiner nichtlinearen Spinorfeldtheorie (in deutschen Medien hochtrabend als ›Weltformel‹ bezeichnet), mit der er sich von etwa 1955 an befasste, und dafür cine Anzahl Mitarbeiter beschäftigte (H.-P. Dürr, W. Heisenberg, H. Mitter, S. Schlieder, K. Yamazaki, Z. Naturforschung A14 (1959) 441).

Menschen, die ihre Forschungs- und Lehrtätigkeit ernst nehmen, können deshalb kaum Zeit für Hobbies haben. Universitätspolitiker, die behaupten, sie könnten dies alles zusammen tun, also Forschung, Lehre und Gremientätigkeit, gaukeln anderen etwas vor. Es liegt im Charakter jedes einzelnen Professors und Forschers, wie tief er sich in fachfremde Tätigkeit begibt oder ziehen lässt, aber auch wann er die Ergebnisse seiner Arbeit zur Publikation bei einer Zeitschrift einreicht. Wenn er die Veröffentlichung zu weit hinausschiebt, läuft er Gefahr, mangels ausreichend vorzeigbarer Publikationen von anderen zu wenig unterscheidbar zu sein. Ein echter Forscher steht somit ständig unter dem Druck etwas zu erreichen – und mehr als alles andere unter dem Druck seines eigenen Ehrgeizes, seiner eigenen

Ambitionen. Dies zeigt, dass das Leben eines Wissenschaftlers nicht einfach ist, wenn er seine Reputation nicht beschädigen will.

Eine Universität oder ein Forschungsinstitut ist keine sozialistische Einrichtung oder Kibbuz, in dem alle gleichrangig sind und gleichen Lohn erhalten – ob in der Sonne liegend oder in der Fabrik arbeitend. Vielmehr ist eine Universität – oder sollte dies sein – eine Wettbewerbsgesellschaft von individuell motivierten Menschen, die einem Forschungsdrang nachgehend versuchen Fachkollegen zu übertreffen, was sich im Laufe der Zeit an den Erzeugnissen oder zumindest Forschungsberichten ablesen lässt. Spätestens dann werden die anderen (zumindest anfangs im kleinen Kreis) unter sich anfangen zu schwätzen und mit Fingern zeigen, und Negatives zu berichten wissen, denn es ist eine Illusion zu glauben, die anderen sähen nicht, worin sie am empfindlichsten sind, nämlich in ihrem Vergleich mit anderen. Die Leute sehen oder hören oder finden sonstwie heraus: Professor A hat seit drei Jahren nichts mehr veröffentlicht, Professor B wurde mit nur einer einzigen erbärmlichen Publikation berufen – machen wir uns doch nichts vor, so denken die Leute. Wenn Universitätspräsidenten, Dekane und andere Mut hätten, und dem Kollegialität nicht entgegenstünde, könnten sie spätestens bei Emeritierung, bzw. Ruhestandsversetzung, die Leistungen der Professoren vergleichen und sagen, welche Berufungen Erfolge waren und welche nicht oder gar Katastrophen. Die wissenschaftlich Schwächsten unter diesen sterben oder verschwinden ohne ehrlichen Nachruf an der eigenen Universität.

Redliche Forschungsbewerter müssten alarmiert sein, wenn ihnen Unterstützungsanträge vorliegen, in denen sich die Antragsteller rühmen, in zahlreichen Gremien, wichtiger oder unwichtiger Art, involviert zu sein, denn ganz offensichtlich erwarten diese, dass die eigentliche harte Arbeit von anderen, von Untergebenen, erbracht wird. Egal wie das wirtschaftliche, soziale oder private Umfeld eines Forschers beschaffen ist: Der Einzelne wird immer von seinem eigenen Lebenswillen getrieben werden, von seinem Überlebenskampf, seinen eigenen Ambitionen etwas zu erreichen, was ihn über andere hinaushebt. Und da dieses Ringen nach Außen drängt, führt es unweigerlich zu Reibung mit anderen, den Kollegen, Konkurrenten im Umfeld. Jeder Versuch, eine solche Reibung zu unterbinden, misslingt. Keine Reibung gibt es hingegen mit jenen, die kaum oder keine erkennbare Leistung erbringen, und ein Professor dieser Art erweist sich als ›the nicest guy in town‹, der rundum beliebteste Kollege, da dieser das Kampfgebiet den anderen überlässt, und mit kaum jemand eine Reibung erzeugt – ja, ganz im Gegenteil, dieser Mr. Nice Guy ist eher besorgt, seine Untätigkeit könnte offen angesprochen werden, wenn Kollegialität ihn nicht davor schützt. Gerade letzteres flößt ihm Furcht ein, denn sollte er einen der anderen Kollegen verletzen, muss er damit rechnen, dass dieser es ihm heimzahlt mit der Frage: Wer sind Sie, was haben Sie erreicht?

Millionen Wissenschaftler wuchsen in China und in der Sowjetunion und anderswo auf und waren systembewahrender Gehirnwäsche ausgesetzt, um nicht sich selbst, sondern dem System zu dienen. Aber wie jeder, der mit Kollegen von dort Kontakt hatte, weiß, dass es dem Kommunismus nirgends gelungen ist, die natürliche Selbstbehauptungsregung im Menschen zu unterdrücken, sein Verlangen, in erster Linie für sich selbst zu kämpfen und nicht für andere oder für die Gesellschaft. Im persönlichen wissenschaftlichen Kontakt verhielten sich diese Menschen genauso wie die in den USA oder andernorts. Doch unterschätze man dabei nicht die Empfindlichkeiten und den Stolz der Leute in den ehemals unterdrückten und ausgebeuteten Völkern wie im britischen Kolonialreich. Ein DAAD-unterstützter Kollege aus Kairo erzählte mir einmal, dass er versucht hatte, den pakistanischen Nobelpreisträger Abdus Salam zu einem Besuch an sein Institut in Kairo einzuladen. Dieser herausragende Mann erklärte meinem Kollegen, zu welchen Bedingungen er kommen würde: Er wollte u.a. vom Staatspräsidenten empfangen (damals Mubarak, den man heute als Diktator bezeichnet) und vom Fernsehen interviewt werden. Diese maßlos übertriebenen Forderungen waren natürlich unerfüllbar, und der Besuch blieb aus. Man sieht daran aber auch die außerordentliche Geringschätzung gegenüber dem anderen, ebenfalls (zumindest ehedem) britisch dominierten Land. Dieser Nobelpreisträger hätte nie gewagt, dieselben Forderungen bei Kollegen in den USA zu stellen.

Aber auch Deutsche benehmen sich so. Einer meiner Kollegen

aus einem anderen Land der Region erzählte mir folgendes. Er hatte einen deutschen Ordinarius, also älterer Generation, zu einem Besuch an seine Universität eingeladen. In dessen Verlauf wurde der Gast von meinem Kollegen diversen Universitäts- und Regierungspersönlichkeiten vorgestellt. Nach Abflug des Deutschen erhielt mein Kollege eine Vorladung in sein Ministerium. Dort machte man ihm den Vorwurf: Wie konnten Sie solch einen Nazi einladen! Mit Politik hatte das nichts zu tun. Es war das Auftreten des Deutschen – wie er voller Geringschätzung auf seine Gastgeber herabblickte, was bei diesen Zorn erregt hatte. Das Wort Nazi ist ja ohnehin in aller Welt zu einem Synonym für den unsympathischen, arroganten Deutschen geworden; die Briten bedienen sich dazu gern des Begriffs Hunnen (*hun*).

Ich kann hier auch den Fall eines Kollegen erwähnen, der mit Hilfe machthabender Freunde (der Psychologe Oliver James bezeichnet dies in seinem Buch ›Office Politics‹, als »snake-oil salesmanship«) sich Schritt für Schritt in eine Professur emporgearbeitet hatte. Dort angekommen ging er zum Minister, erklärte dem, er sei besser als die anderen um ihn herum (das nennt man heute Mobbing) und verlangte weitere Beförderung. Der Minister, offensichtlich ziemlich naiv, entsprach seinen Wünschen und beauftragte die Universität, die entsprechende Berufung durchzuführen, die Bereitstellung der Stelle im Haushalt hatte er auch sofort gelöst. Doch Pech für beide, den Professor und den Minister, an der Universität genügte die Unterstützung der Freunde des Professors nicht, und dessen Selbsterhöhungsbemühungen scheiterten. Peinlich, peinlich auch für den Minister, der wohl besser erst die Universität konsultiert hätte!

Das bringt uns zu dem Thema, wie glaubwürdig Ehrungen und ähnliches sind, die einem Wissenschaftler zugesprochen werden. Der eben genannte Professor hatte dem Minister, sozusagen als Trümpfe, drei Stellenangebote aus den USA vorgelegt. Auf dem rückseitigen Deckel eines Buches über Elektrodynamik las ich, dass der Autor nach seiner Promotion in Deutschland zwei Jahre lang ›Ass. Prof.‹ (siehe oben!) an der Universität in den USA gewesen war und im Anschluss auf die Topprofessur an der Universität einer großen Stadt in Deutschland berufen wurde. Ich las weiter, dass ihm mehrere

Ehrendoktortitel verliehen worden waren (er also zum Dr. mult. wurde), auch Medaillen und Preise, und er Mitglied vieler Akademien ist. Zum Anfang des Buches blätternd erfahre ich, dass die erste Auflage des Werkes von (ich zählte und überprüfte meine Zählung) 17 Mitarbeitern (in Worten: siebzehn) ›erstellt‹ worden war (Namen angegeben) plus drei Damen (vermutlich Sekretärinnen) und einem weiteren Herrn (vermutlich Zeichner), von denen letztere mit ›technischer Hilfe‹ betraut gewesen waren. Zählt man den Professor hinzu, ergibt sich ein Team von insgesamt 22 Leuten, deren Namen er nun von einer Auflage in die andere mitschleppen muss (mit weiteren Namen in späteren Auflagen).

Offensichtlich hat dieser Professor ein Talent andere für sich arbeiten zu lassen, und – da die Zuträger nicht für nichts gearbeitet haben werden – darüber hinaus ein Talent finanzielle Mittel zu beantragen und bewilligt zu bekommen. Bewundernswert! Aber wahrscheinlich wäre es einfacher gewesen, er hätte das Buch allein geschrieben. Ich habe selbst ein Buch über Elektrodynamik verfasst, auch selbst auf dem Computer getippt inklusive Zeichnungen, aber ich kann mir nicht vorstellen, wie ich auch nur eine einzige Person hätte gewinnen können für mich daran zu arbeiten. Für mich schwer vorstellbar, wie solch ein Werk, das schließlich im Text viele Hinweise kreuz und quer erfordert, um verständlich zu sein, ein Erfolg sein kann. Aber bei anderen ticken die Uhren anders! Hat oder hatte ein Professor mit so vielen Mitarbeitern Zeit sich zu sammeln, über sein Forschungsthema nicht nur nachzudenken, sondern zu meditieren und dies nicht nur mal heute und morgen, sondern wie oben erwähnt über lange, lange Zeitstrecken hinweg?

Ich erwähnte zu Beginn das Desinteresse eines Dekans, mit dem dieser meine lebenslange Forschungsarbeit, Arbeit von über 40 Jahren, praktisch mit einem Satz erledigte. Zeigt dies nicht, wie wenig, wenn überhaupt etwas, solche Arbeit, auch Leistung, an einer Universität zählt? Sind wir offen und ehrlich: In vielen Bereichen kann eine Professur, zumindest wie ich beobachtete, der beste Job in der Welt sein, ausgenommen z.B. eine Professur auf hochverantwortlichen Gebieten wie Medizin und anderen.

Nicht jeder wird mir zustimmen, aber zu einem großen Teil stimmt folgendes. Eine Professur impliziert in vielen Fällen: (a) Berufung in einem relativ frühen Alter mit dementsprechend magerer Qualifikation (Berufungen kurz nach der Promotion sind unseriös), mit (b) lebenslanger Sicherheit und (c) einem beträchtlichen garantierten Gehalt auf der Basis von (d) einer geringen Auflage von Lehrverpflichtungen (von denen viele ebenso gut von Postdoktoranden erbracht werden könnten), und zu alledem gibt es noch (e) den Titel Professor. Man vergleiche das mit den knallharten Regeln, denen jeder normale Fabrikarbeiter oder Büroangestellte unterliegt. Zum Beispiel sagt Oliver James in ›Office Politics‹: » … anyone who runs a small business is forced to prioritise survival far more than in most corporations.« Kein Wunder, dass der ehemalige Präsident der Universität, an der ich tätig war, der auch Vorsitzender der Deutschen Universitätsrektorenkonferenz war, Professor Dr. Klaus Landfried, Schlagzeilen machte mit seiner Äußerung: »Faule Professoren sollen fliegen« (*Darmstädter Echo*, 27.07.1999, siehe auch: »Kontroverse unter Professoren«, a.a.O., 28.07.1999).

Wie wenige die wesentlichen, also absolut unvermeidbaren, Verpflichtungen eines Professors sind, sieht man an folgenden Beispielen. Als die Person, die den Vorlesungsplan eines Fachbereichs festlegt, einen Professor fragte, warum er auf so sonderbare Zeiten seiner Vorlesungen bestand, antwortete ihr dieser, die Termine seien durch den Fahrplan der Bahn bestimmt, mit der er komme und gehe. Dies zeigt: Dieser Professor kam, um seine Pflichten zu erfüllen, und dann war er weg. Solch ein Verhalten ist nicht unbedingt eine Ausnahme. An deutschen Universitäten ist es nicht ungewöhnlich, dass Professoren ihren Wohnsitz in einer anderen Stadt haben und nur an zwei oder drei Tagen in der Woche zur Erledigung ihrer Pflichten an der Universität erscheinen – was offensichtlich genügt. Das ist der ›Drei-Tage-Professor‹. Einige Kollegen sind intensiv mit Hobbies beschäftigt, wie einer, der nebenher im Landtag saß, oder ein Mathematiker an einer nahegelegenen Universität, der ein Orchester leitete und als dessen Dirigent weithin applaudierte Konzerte zustande brachte. Ich erwähnte oben bereits den Hobbykoch Professor Heinz Maier-Leibnitz. Natürlich gibt es auch Kollegen, die Tag und Nacht arbeiten, sich in ihre Forschungsprojekte geradezu hineinfressen, aber das ändert nichts an der Tatsache, dass das an diesen Beispielen gezeigte Verhalten möglich ist.

Man lasse sich auch nicht beeindrucken von vielfachen Beteuerungen mancher Leute, dass sie zu Hause oder nachts, gar nach Mitternacht, arbeiten, oder dort wo sie niemand sieht, es sei denn, sie liefern konkrete Beweise dafür, Ergebnisse wie z.B. ein dickes selbstverfasstes, selbstgetipptes Fachbuch von vielen hundert Seiten oder dergleichen. Sonst ist alles Bluff, wie vieles an einer Universität und im täglichen Leben. Oh, ich vergaß oben (f) Forschung? Ja, die wird in vielen Fällen als Hobby betrachtet – mach's oder lass es bleiben, wen kümmert das schon! Ein Kollege, an den mein Fachbereich mich ausstattungsmäßig gekoppelt hatte (Haushaltsmittel, Mitarbeiterstellenanteile), hat in drei Jahrzehnten keine Forschungsaktivität entwickelt und wurde mit Hilfe von Freunden lange vor mir auf C3 befördert, dies sogar auch ohne die im Hochschulgesetz vorgeschriebene Ausschreibung. Dieser Professor war jedoch der populärste im Fachbereich und darüber hinaus, wurde immer in den Fachbereichsrat gewählt (von Professoren), und wurde wiederholt wegen seiner besonders guten Vorlesungen gelobt. In dessen begleitenden Klausuren schlossen die meisten Studierenden mit ›sehr gut‹ ab. Dieser Professor war viele Jahre hindurch Vorsitzender des Prüfungsausschusses und – wen wundert es – ein populärer Prüfer. Kollegen, Dekane u.a. hofierten und überhäuften ihn mit Freundlichkeit bis hin zu Geschenken zu seinem 60. Geburtstag und zu seiner Verabschiedung in den Ruhestand, zu der sie alle in Massen kamen. Er spielte die Rolle des Igels, ich die des dummen Hasen in dem bekannten Bechsteinschen Märchen von deren Wettlauf.

Dies lenkt meine Erinnerung auch an unseren Anfang zurück – denn ich war nur kurze Zeit nach ihm an denselben Fachbereich berufen worden. Da sollten und wollten sich die jungen und neuberufenen Professoren ihre Forschungsgebiete mit Vorträgen gegenseitig vorstellen und bekanntmachen – zumindest vordergründig ging es darum, im Grunde aber um eine Höherstufung bzw. Beförderung entweder dieses Kollegen oder mir. Die meisten waren Experimentalphysiker, vorwiegend auf dem Gebiet von Atomphysik mit Anwendung von Lasern tätig. Mein Kollege wählte als Thema, zu dem er nichts selbst erforscht oder publiziert hatte, etwas aus der Quantenelektrodynamik (wenn ich mich richtig erinnere im Hinblick auf den rätselhaften Massenunterschied zwischen Elektron und Müon). Mit permanentem Grinsen im Gesicht, Witzeln und anderen Nettigkeiten war er schnell bei dem komplizierten Aspekt der Renormalisierung (Erklärung von mathematischen Problemen) der Theorie (den jeder Theoretiker mal durchgearbeitet hat), schrieb die entsprechende Formel (genannt Schwinger-Dyson-Gleichung) an die Tafel und erklärte diese mit den Worten: »Grau ist alle Theorie.« Die Leute lächelten zufrieden, fühlten sich happy. Alles nicht so ernst zu nehmen, war die Botschaft des Redners (der damit sicher auch sein eigenes sehr begrenztes Verständnis kaschierte, aber sich nach außen als Experte verkaufte). Das Publikum jubelte und applaudierte wohlgesonnen seinem Vortrag (sicher ohne irgendetwas verstanden zu haben).

Als nächster war ich dran. Ich hatte mir Gedanken gemacht und mir gesagt, du musst verständlich sein und eigene Forschungsleistungen zu erkennen geben. Also plante ich ausgehend vom Coulomb-Potential zu den sog. Regge-Polen zu kommen, und von da zu einem Modell zur Erklärung der neuesten Messdaten für die Erzeugung positiv-geladener Pi-Mesonen – alles auf eigenen Publikationen beruhend. Der heute für seine deutschsprachigen Physiklehrbücher bekannte Professor W. D. setzte sich in die erste Reihe, dicht neben den Overhead-Projektor für meine Folien. Ich begann mit dem Coulomb-Potential bzw. Wasserstoffproblem der Quantenmechanik. Ich hatte den Ausdruck für die Coulomb-Streuphase auf der Folie und erklärte diesen. Barsch unterbrach mich der Professor D. und fragte: »Woher kommt der Ausdruck?« Ich wusste sofort, ich war erledigt. Mir wollte dieser Atomphysiker noch nicht einmal einen Ausdruck abnehmen, den fast jeder in der Vorlesung über Quantenmechanik kennen lernt. Und so kam es: Mr. Nice Guy machte das Rennen und wurde befördert!

Dieser Vorfall zeigt beispielhaft, wie sehr es auf das Verkaufen seiner selbst ankommt und nicht auf Leistung, auch an einer Universität. Sehen wir uns an, was ein Psychologe zu solcherlei Phänomen zu sagen hat. In seinem Buch ›Office Politics‹ sagt der Verfasser und

Psychologe Oliver James, dass es für jedermann nützlich sei, sich darüber Gedanken zu machen, welchen Eindruck er bei seinen Kollegen macht, »whatever your line of business«. Er beschreibt dann unter der Überschrift ›The actor takes the stage‹ das Verhalten eines Bankkaufmanns namens Charlie und sagt: »One way for Charlie to play upon his star image was by taking people subtly beyond where they were comfortable and familiar using technobabble to get them to cede authority to him. ... They had to endure three hour-long presentations which he knew would confuse them but which no one would dare challenge to avoid seeming stupid or out of touch. That would build up his mystique and create a world in which he was master. It would wrap him in an aura. Indeed his audience did pretend to understand what he was saying even though some of it was close to gibberish. He took great care in preparing the language he used in these talks... Charlie acknowledged to the audience that he quite appreciated these words were somewhat arcane and to ›help‹ he explained them using other jargon that was even more abstruse ... The presentations worked a treat. Not only did they result in instantly sealing his reputation as a whizz, they created for him a unique niche, a domain in which nobody ever dared to challenge him...«

Und weiter im Text heißt es: »There were so many people who felt deeply about their position and what they were doing, and had a lot of fear. Charlie felt it was all ridiculous ... it was all politics for him, the acting out of a role.« Und auf S. 182 seines Buches sagt der Psychologe Oliver James: »There are studies showing that those who want to be true to themselves but also have more to offer are less likely to be promoted than relatively untalented chameleons. This suggests strongly that chameleonism undermines meritocracy, that it is a major means by which the relatively untalented progress.« Diese Leute sind ›good actors‹.

Ich habe viele Vorträge von Professoren gehört bzw. erlebt. Da waren nicht wenige darunter, für die nicht das Sachthema wichtig war, sondern der Eindruck, den sie mit ihrem Vortrag bzw. ihrer Show machten. Einmal war ein Professor aus Aachen eingeladen worden. Thema seines Vortrages war, wie man die Fragen in der Stringtheorie richtig stellt (seiner Meinung nach). Der Vortrag bestand aus – selbst für eingefleischte Theoretiker – völlig unverständlicher, abgehobener, arrogant vorgetragener Mathematik. Dem koreanischen Gastprofessor neben mir schob ich einen Zettel zu mit der Frage: »Do you understand what's going on?« Er schob mir den Zettel zurück mit dem Vermerk: »No, nothing.« Drei Professoren, die am Ende Fragen stellten, entblößten mit diesen ihr totales Nichtverstehen des Vortrags.

Viel Bluff! Je unverständlicher, desto gelehrter! Kein Wunder, dass der verständlich schreibende habilitierte Arthur Schopenhauer nie Professor war – anders als der unverständliche Heidegger. Ich frage: Ist da nicht etwas faul? Sicher, das mag oder muss auch am Charakter der Leute liegen – ich war offensichtlich unpopulär (wie mir ein Universitätspräsident direkt ins Gesicht sagte). Ich konnte damit leben, sagt man doch: »Viel Feind, viel Ehr.« Zu meiner Verabschiedung in den Ruhestand, zu der ich mich auch noch (im Gegensatz zu dem oben genannten Kollegen, der nur wenige Getränke angeboten hatte) für Speisen schwer verausgabt hatte, kamen so wenige, dass diese bequem auf den wenigen Stühlen sitzen konnten; mir erging es wie dem Mann im Gleichnis der Bibel, der eine Party geben wollte und nur Absagen erhielt und daraufhin die Leute von der Straße holte; seltsamerweise war der ASTA-Vorsitzende gekommen, der mir wohlgesonnen war, aber meine Bitte, er möge doch Studenten zu dem Essen hereinholen, blieb dennoch ergebnislos – ich habe anschließend selbst säckeweise Brötchen u.a. zur Mülltonne gebracht.

Das deutsche System der Verbeamtung von Professoren, darüber hinaus meistens gleich auf höchster Position, ist die gravierendste Einbruchstelle für Qualitätsverlust an der Universität. Wer noch nicht ›oben‹ ist, wo er gern hin will, der strengt sich in seiner Arbeit viel mehr an, auch unbewusst und selbst dann, wenn er für einen Aufstieg keine Chance hat. Wer den Gipfel erreicht hat, der setzt sich hin und blickt um sich, der steigt nicht gleich ab, um andere Gipfel zu erstürmen. Diesen Qualitätsverlust an Forschungsleistung derer, die ›ganz oben‹ sind, kann jeder an den deutschen Universitäten erkennen. Oft werden sich die ganz oben ihres Leistungsverlusts gar nicht bewusst, denn dieser schleicht sich unmerklich ein und wird noch schlimmer, wenn sie von sie vergötternden Vasallen umgeben sind. In seinem Buch ›The Great Degeneration‹ schreibt der britische Historiker Niall Ferguson (siehe S. 124): »Not technology, but the state – with its seductive promise of ›security from the cradle to the grave‹ – was the real enemy of civil society.« Die privatfinanzierten amerikanischen Universitäten (entgegen staatlichen, wie hierzulande) sind wie die Harvard University die besten in der Welt, wie auch Ferguson ausführt (S. 127). Das – durchaus verständliche – elementare Bedürfnis des Menschen, sein Leben und das seiner Familie abzusichern gegen Krankheit, Arbeitsverlust und Armut, macht den Menschen geradezu süchtig nach einer Position, die dies alles verspricht. Um dieses Ziel zu erreichen, nutzt man Freundschaften und vieles andere, und nicht wenige werden denken: Wenn ich erstmal die Sicherheit habe, dann kann ich mich anstrengen, dann werde ich arbeiten und Leistung erbringen.

Aber vom Gipfel gesehen, sieht die Welt anders aus. Ich habe in meinem Umfeld akademische Mitarbeiter erlebt, die mit allen möglichen Mitteln versuchten, eine Dauerstelle an der Universität zu bekommen – sei es mit gerichtlichem Prozess, mit der Bereitschaft jede gewünschte Lehrtätigkeit oder Laboraufgabe zu übernehmen, sich an Machthabende oder Freunde zu wenden, sich anderen unterzuordnen oder sonst etwas zu unternehmen. Denn mehr Leistung als andere zu erbringen nützt da nichts. Vielleicht entgegnen manche Leser, die Professoren seien ja aufgrund nachgewiesener Leistung, aufgrund von Gutachten auswärtiger Experten berufen worden. Das stimmt zwar, aber die meisten Gutachten sind Gefälligkeitsgutachten – niemand erbittet ein negatives Zeugnis. Und welcher Dekan holt schon ein altes Gutachten heraus, um bei Ruhestandsversetzung eines Professors oder sogar früher dessen Richtigkeit zu überprüfen? Da werden manche hochgelobt verabschiedet, die sich mehr schlecht als recht durchgeschlagen und nichts Besonderes oder Bleibendes erbracht haben, wenn überhaupt.

Kehren wir noch einmal zum Thema Publikationen zurück, zu ›Publish or perish!‹ Eines Tages muss jeder von uns die Bühne beruflicher Aktivität verlassen, und wir blicken auf das, was wir erbracht und vielleicht geleistet haben zurück. Selbst bei den Erfolgreichsten wird das, was bis dahin blieb, nicht besonders viel sein. Die Zeit fegt früher oder später alles hinweg. Aber wie wir uns selbst nach Ruhestandsversetzung, gegen Ende des Lebens, sehen, ist nicht wie andere uns sehen. Jeder von uns ist selbst viel zu eng mit seinen eigenen Erlebnissen, Erfahrungen, Erfolgen, Misserfolgen, Freuden und Leiden verbunden – heute würde man sagen vernetzt – , um einen neutralen Blick haben zu können. Aber versuch es: Schlüpf in die Haut deines aggressivsten Rivalen und frage dich: Was sieht der von deinen Leistungen, sofern er davon überhaupt etwas wahrnehmen will und dich nicht sofort mit einer Handbewegung abtut? Um sich nicht blind zu stellen, wird er sehen, was er nicht übersehen kann oder darf, weil dies auch andere sehen. Was sieht er von deinen Publikationen? Eine Veröffentlichung in einer Zeitschrift ist im Grunde anderen gegenüber unsichtbar, die drei oder vier Menschen in deinem Umfeld, die da hineinblicken und etwas davon verstehen, kann man getrost vergessen – deren Sicht ist völlig bedeutungslos. Auch sind die anderen nicht begierig deine Leistungen, so du welche erbracht hast, ohne Gegenleistung zu würdigen, zu zitieren oder zu honorieren. Ganz im Gegenteil, wenn du ihnen nichts bedeutest, werden sie versuchen dich und deine Arbeiten abzuqualifizieren.

Daraus folgt: Deine Publikationen bedeuten deinem Rivalen nichts, egal wie hart du daran dein Leben lang gearbeitet hast. Was bleibt ist nur das, was die anderen sehen können – sofern sie es sehen *wollen*! Normalerweise werden deine Konkurrenten deine echten Leistungen überhaupt nicht sehen wollen, da sie sich selbst davon erniedrigt sehen, so wie du selbst, wenn du ehrlich bist, von deren Leistungen. Aber was sind schon Leistungen? ›Bits and pieces‹ in einem Labyrinth oder Wirrwarr von Redewendungen? In dem kleinen Umfeld einer mittleren Universität in der westlichen Welt mögen es maximal ein paar hundert Leute sein, die das Geschehen periphär verfolgen, abgesehen von aufgeweckten Studierenden, die sich für die Leistungen speziell jener Professoren interessieren, denen sie sich zur beruflichen Ausbildung ausgeliefert haben. Aber wer glaubt, dass diese jungen Leute immer sachlich urteilen, dürfte sich irren. Auch da gibt es Irrungen und Verwirrungen, lassen sich Menschen von Großmäulern beeindrucken oder von finanziellen Unterstützungszusagen oder anderem – ein Glücksspiel wie überall auf der Welt. Mit einer meiner Vorlesungen über Elektrodynamik war ich in der Bewertungsumfrage der Studierenden total durchgefallen. Ich stellte mich deren Kritik eine Stunde lang – sachlich und unemotional. Zwei Tage später kam mein Mitarbeiter zu mir und brachte mir ein von vielen Teilnehmern unterzeichnetes Papier mit dem Vermerk, meine Vorlesung sei in Ordnung gewesen.

Aber meine Erfahrung ist immer die gleiche: Ohne Arbeit geht nichts (auf redliche Art und auf längere Zeit und an dem eigenen Ziel, versteht sich). Schließen wir die Genies aus, die ihren Weg zu Anerkennung, ja Ruhm und Ehren, von selbst finden, weil deren Zahl gering ist, was bleibt uns normalen Menschen, oder z.B. einer Generation Professoren an einem Fachbereich einer Universität? Wer keinerlei Leistung erbracht hat – dem bleibt wohl nur, sich zu verstecken.

Was sehen die anderen und nicht autorisierte, parteiische Forschungsgutachter oder Gremienmitglieder, was erlaubt diesen anderen diese zu unterscheiden? Sie sehen z.B., dass ein machtbewusster Professor ein ganzes Institut samt Gebäude und Personal ins Leben gerufen hat (das gibt es und erfordert Arbeit, Talent, Ausdauer um andere zu überzeugen, speziell die Geldgeber in der Regierung), oder dass ein Professor sich in kontinuierlicher Gremienarbeit zum Universitätspräsidenten emporgearbeitet hat (was ebenfalls Vernachlässigung seiner wissenschaftlichen Tätigkeit impliziert). Auf einem niedrigeren Level, etwa im Blick von Studierenden, kann ein Professor sich mit weitverbreiteten, anerkannten Fachbüchern profilieren – immer noch mehr als irgendein Paper in einem wissenschaftlichen Journal oder ein Vortrag oder dergleichen irgendwo auf der Welt. Wer nur letzteres hat, versinkt nur etwas früher als die anderen im Dunkel der Zeit. Auch hier gilt: Was es umsonst gibt, wie ein vom Verlag zum kostenlosen Herunterladen im Internet freigegebenes Buch, ist wenig wert. Das ist meine Erfahrung: Erst meine Bücher haben mir das Minimum an Anerkennung eingebracht, das man zu seiner Unterscheidung von den anderen im unmittelbaren Umfeld benötigt, und da war es insbesondere mein eingangs erwähntes 900 Seiten starkes Buch zur Quantenmechanik, in das ich wesentliche Teile meiner lebenslangen Forschungsarbeit eingebaut habe, aber auch das mit einem Doktoranden gemeinsam erarbeitete und 1987 publizierte Buch auf dem erst seit 1974 anerkannten Gebiet der Supersymmetrie. Ich kann sagen, meine Bücher sind mein Trumpf in der Konkurrenz mit Kollegen in meinem Umfeld, gröber formuliert, sie sind meine Bomben. Einmal erhielt ich eine schriftliche Aufforderung vom Leiter der Poststelle der Universität – ich möge mir meine Bücher (es handelte sich um Verfasserfreiexemplare) an meine Privatanschrift schicken lassen (sie seien zu schwer). Schreib keine Bücher und du hast ein Problem weniger an der Universität!

Sich wie viele andere an anderen Universitäten auf diese Weise zu profilieren ist zumindest eine Möglichkeit, und dies ist schließlich auch Sinn und Ziel des erwarteten Wettstrebens der Wissenschaftler an einer Universität oder an einer ähnlichen Forschungsinstitution und ist das, was letztlich deren Qualität und die der Institution mitbestimmt. Letzteres zeigt sich unter anderem in der Rangposition der Universität in veröffentlichten Ranking-Untersuchungen diverser Unternehmen. Jeder verantwortungsbewusste Professor muss sich sagen, seine Universität ist nur so gut wie seine eigene Forschungsleistung (ja, seine eigene, und nicht die seiner Untergebenen). Er muss sich auch sagen, dass die Studierenden an seiner Universität, wenn sie diese verlassen, nicht nur mit der Vorstellung, sondern mit der Überzeugung ihren Beruf anderswo antreten, ihr Studium an einer guten, wissenschaftlich hervorragenden Institution absolviert zu haben. Wer dies aus dem Blick lässt und leichtfertig gute Noten vergibt, schadet seiner eigenen Universität. Es ist für die zu erbringende Leistung besser, die Professoren sind untereinander eher verfeindet als befreundet, denn dort wo freundliche Eintracht herrscht, herrscht oft auch Mittelmäßigkeit oder weniger. Nicht ohne Grund sagt man: »Viel Feind, viel Ehr.«

Wer die Universität anders sieht als eine wissenschaftliche Wettbewerbsgesellschaft und sich selbst dem Konkurrenzkampf nicht stellt, ist dort fehl am Platz. Wenige Professoren werden ihre ganze Laufbahn hindurch aktive Forscher sein können. Besonders an Universitäten werden die meisten früher oder später von vielen anderen Aufgaben absorbiert, hinzu kommt, dass sich der Forschungsdrang langsam und unmerklich davonschleicht. Umso wichtiger ist es für jemand, der Wert auf seinen Ruf als Wissenschaftler legt, in jungen Jahren etwas Sinnvolles, wenn möglich, etwas Bleibendes und auf jeden Fall Authentisches (das sein Merkmal ist) zu erreichen. Dann wissen die anderen: Der hat dies und/oder das gemacht. Von wem es nur heißt ›außer Spesen nichts gewesen‹, der hat seinen Beruf verfehlt und seine berufliche Zeit vergeudet. Auf solche Professoren, die nichts erbringen oder erbracht haben, hätte eine Universität verzichten können. Es ist wohl besser, das Leben mit einem guten Ruf auf einer niedrigeren Professur verbracht zu haben als mit einem schlechten Ruf auf einer höheren. Man sollte also darauf achten, welchen Ruf man der Nachwelt von sich hinterlässt.

Die öffentlich einsehbaren Biographien der Professoren einer Universität, die ja, wie es heißt, ihr Fach nach außen (also in die Öffentlichkeit) zu vertreten haben, bestimmen die letzte Runde in deren Leistungswettkampf. Dabei lasse man sich nicht von Kurzbiographien pensionierter Professoren täuschen, in denen die Verfasser lediglich ihr Arbeitsgebiet, und nicht die im Leben erbrachte wissenschaftliche Leistung, nennen (ein weiterer menschlicher Trick!) – ein Arbeitsgebiet nennen kann jeder, auch der, der nichts erbracht hat!

Es ist ratsam, eine selbstverfasste Kurzbiographie zu hinterlassen, denn man glaube nicht, dass andere dies besser können, zumal auf einem heute komplizierten wissenschaftlichen Gebiet. Es ist gar nicht so leicht, seine eigenen Lebensleistungen rückblickend auf etwa einem halben Blatt Papier zusammenzufassen und darin das hervorzuheben, was man selbst als das Wesentliche erachtet. Sollten andere das besser können? Wohl kaum!

Bei vielen Nachrufen muss man sich fragen: Wieviel ist davon wahr? Es gibt Ehrungen, die einem Wissenschaftler nach außen Anerkennung verleihen (oder verleihen sollen), aber nicht alle solche Auszeichnungen sind wissenschaftlich verdient. Viele Mitgliedschaften, besonders in deutschen Akademien, sind Anerkennung für hochschulpolitische Aktivität, als Hochschulpräsidenten, Präsidenten wichtiger Gesellschaften, wie die Deutsche Physikalische Gesellschaft, oder anderen. Eine sachliche Leistungsbewertung irgend eines Wissenschaftlers und dazu der Vergleich mit den Leistungen anderer ist ja ohnehin nahezu unmöglich – wer verfügt schon über das dafür erforderliche Detailwissen in der heute komplexen Wissenschaft? Wahrscheinlich niemand, sodass es da wie bei den oben diskutierten Berufungen zugeht. Ein Doktorand eines Akademiemitglieds antwortete mir auf die Frage, wie häufig er mit seinem Betreuer gesprochen habe, folgendermaßen: »Genau zweimal – als ich das Thema erhielt, und als ich die Arbeit ablieferte.« Hingegen besitzen die britische Royal Society und die Russische Akademie der Wissenschaften weltweit den besten Ruf. In der deutschen Landschaft gibt es nichts Vergleichbares.

Opferstatus der Frauen

Zu den vielen angeblich diskriminierten Gruppen in der heutigen Gesellschaft gehören nach Aussagen von Medien und Politik auch die Frauen. Im deutschen Fernsehen wurde einmal vorgerechnet, wieviel ein Bankkaufmann in seinem Arbeitsleben verdient. Damit wurde der Verdienst einer Bankkauffrau in ihrem Arbeitsleben verglichen – und siehe da: Es war deutlich weniger. Warum? Weil sie Kinder hatte. Also, so wurde argumentiert, die Frau werde benachteiligt – die Geburt ihrer Kinder wurde als negativer Geldbetrag berechnet. Diese Sichtweise, die die natürlichen unterschiedlichen Rollen von Mann und Frau zu eliminieren versucht, also Gendergleichheit (nach engl. *gender* = Geschlecht) anstrebt, wird in der heute forcierten Modernisierung der Gesellschaft immer populärer. Kinder haben bei dieser Sicht keinen Wert an sich, sondern werden in Geldwert umgerechnet. Die Frau, benachteiligt, durch Gewinn- und Herrschsucht der Männer, gewinnt in dieser Betrachtungsweise Opferstatus. Immer wieder ist in den Medien zu hören oder zu lesen: Jede dritte Frau wird vom Mann verprügelt, gedemütigt oder sonstwie schlecht behandelt, und wird natürlich minderwertig besoldet (was oft ungerechterweise stimmt). Schlimm genug, dass die Frau obendrein – angeblich – auf vielen anderen Gebieten des Daseins diskriminiert wird, so auch auf dem Arbeitsmarkt. Da befassen sich ganze Institutionen wie die EU z.B. mit der Frage einer Frauenquote für das Topmanagement, da solche Positionen derzeit von Männern beherrscht werden. Zahllose Professuren wurden zur Erforschung von Genderproblemen geschaffen. Auffällig ist, dass es nur um hohe Positionen geht, nicht um niedrige, und auf keinen Fall um Jobs gewöhnlicher Art wie in Büros, Fabriken, Geschäften oder auf Baustellen. Angeblich – so hat man der Männerwelt eingetrichtert – sehnt sich die Frau nach Emanzipation, d.h. nach Selbstbestimmung, nach Befreiung von der Bevormundung durch Männer, nach selbständiger Tätigkeit und Anerkennung.

Nun ist es unmöglich, dass alle die so beseelten Frauen Posten im Management erlangen können. Der großen Mehrheit, und nur deren Schicksal macht es Sinn zu diskutieren, bleibt nur die Arbeit in Büros, Fabriken, Geschäften oder anderswo, wo viele, viele andere arbeiten – übrigens auch Männer. Doch ist diese Arbeit, sagen wir mal am Fließband einer Fabrik, wirklich so attraktiv für eine Frau? Ich habe mal in einer Fabrik gearbeitet, in Sydney (unweit Redfern), in einer Weberei namens ›Alexandria Spinning Mills‹, da standen fast hundert ratternde Webstühle in der großen Halle, zumeist bedient von Frauen, die sich alle auf den Gong zum Ende der Tagesarbeit freuten. Oder ist es als Sekretärin in einem Büro besser? Ich habe vielfach beobachtet, wie eintönig die Sekretärinnen an einer Universität ihr vergleichsweise besseres Dasein fristen. Wie also sieht die Realität aus?

Wenn ich mich in meinem Umfeld umsehe, stelle ich folgendes fest. Es gibt keinerlei Behinderungen für Frauen Physik, Mathematik oder ein Ingenieurfach zu studieren, im Gegenteil, es gibt sogar Ermutigungen, dennoch ist die Zahl weiblicher Absolventen und Professoren auf diesen Gebieten sehr klein. Warum? Liegen diese Fächer der weiblichen Natur nicht? Etwas in dieser Richtung dürfte der Fall sein. In Medizin, Biologie, Chemie ist die Zahl weiblicher Absolventen viel, viel größer, vermutlich sogar vergleichbar mit der männlicher Absolventen. Die Vorstellung, dass die große Mehrzahl der Frauen das Arbeitsleben z.B. an einem Fließband dem einer Hausfrau vorzieht, dürfte schlichtweg falsch sein. Eine Frau, deren Ehemann eine vergleichsweise lukrative und gehobene Position erklommen hat, sei dies in der Wirtschaft, im Kulturbereich, an einer Universität, oder vielleicht in der Politik, erreicht dadurch eine höhere gesellschaftliche Stellung – mit besserer Versorgung, höherer Anerkennung und automatisch zufließenden Privilegien. Die heutige, und besonders die deutsche, Publizistik versucht solches Dasein als Hausfrau mit dem entwertenden, verächtlichen Hinweis auf Herd bzw. Küche, Kind und Kirche, den Frauen auszutreiben. Doch eine Frau, der sich solche Möglichkeit bietet und die schlau ist, hat ein viel sorgenfreieres, befriedigenderes Leben als eine Fabrikarbeiterin, die täglich zu ihrer Arbeitsstelle hetzen muss, dort den Tag in häufig unangenehmer Atmosphäre verbringt und dessen Ende herbeisehnt – und dann kommt der Blick in die Lohntüte und das Nachrechnen des spärlichen Entgelts für die mit Schweiß und Zeitdruck erbrachte Leistung.

Ich habe selbst in einer Fabrik gearbeitet, in der o.g. Weberei, auch in einer Post und in einem staatlichen Chemielabor, wo viele wenig gebildete Leute angestellt waren, die besonders gegenüber Frauen ungehobeltes Benehmen zu erkennen gaben. Aber ich habe auch andere Beobachtungen gemacht. Ich habe gesehen, wie die Ehefrauen anderer deutscher Wissenschaftler, die wie wir nach dem Krieg nach Australien kamen, beim Aufbau einer neuen Existenz in einem fernen Land ihre Aufgabe sahen – sozusagen also bei einem wirtschaftlichen Neuanfang. In diesem Umfeld war meine Mutter die einzige mit akademischer Ausbildung (abgeschlossenes Medizinstudium). Anders als die anderen Ehefrauen arbeitete meine Mutter freiwillig vier Jahre lang in einer Fabrik – nicht aus Spaß oder aus emanzipatorischen Gründen, sondern aus Verantwortung ihrer Familie gegenüber. Die anderen Frauen, obgleich in vergleichbarer Situation – und nach damaliger Redekonvention durch Heirat zu ›Frau Dr.‹ aufgestiegen – wollten von Fabrikarbeit zur Aufstockung des Familienbudgets nichts wissen. Eine äußerte sogar, bevor sie in einer Fabrik arbeiten würde, sei es selbstverständlich, dass ihr Sohn die Schule verlasse und arbeiten gehe. Diese Frauen waren vor ihrer Heirat Sekretärinnen (damals Stenotypistinnen genannt) oder ähnliches gewesen.

Eine weitere Frau, allerdings mit Haushaltsschulausbildung, deren Ehemann als Akademiker außerordentlich praktisch veranlagt war, dachte sogar dann nicht daran arbeiten zu gehen, als sie und ihr Mann sich entschieden hatten, ein Grundstück auf Pump zu kaufen, um darauf das Familienhaus zu errichten; die fünfköpfige Familie hauste bis zu dessen Fertigstellung in einer kleinen Holzhütte – ohne irgendwelche sanitären Einrichtungen. Die Erledigung der Notdurft erfolgte im Gebüsch des Grundstücks (im sogenannten Busch), dies in einem weiträumigen, aber noblen Vorort von Sydney.

Das zeigt, dass eine von ihrem Ehemann respektierte Frau in einer sicheren Ehe ein wesentlich besseres Leben hat als eine, die sich selbständig durchschlagen muss oder einem Flegel von Ehemann, der sich als ›sugar daddy‹ gibt, die Pantoffel an den Fernsehsessel bringen muss. Die bekannte deutsche Feministin Alice Schwarzer dürfte mit ihren zahllosen Fernsehauftritten vielen deutschen Frauen Unsinn eingeredet und nicht wenigen das Leben damit verpfuscht haben, ohne selbst wohl kaum jemals richtig, also z.B. am Fließband einer Fabrik, gearbeitet zu haben.

Machen wir uns nichts vor, wie schon der Volksmund sagt: Es gibt viele falsche Propheten und – natürlich auch – Prophetinnen. Wie überall im menschlichen Leben steckt mit Sicherheit auch in einer Frau der Drang ›nach oben‹, nach einer möglichst guten Lebenssituation, daher ja auch das Gerede über Frauenquoten nur für Spitzenpositionen. Man denke als Beispiel an die dritte Ehefrau des ehemaligen Bundeskanzlers Willy Brandt, die sich nach dessen Tod den ehemaligen Vorstandssprecher der Deutschen Bank schnappte! Sehr präzise sagt der Diplomsoziologe T. Rettig in einem Artikel über Geschlechterrollen und Frauenpolitik (*Junge Freiheit*, Nr. 10 / 2014, Seite 20): »Dass ein Kandidat genügend Geld verdient, ist für die Damenwelt eine notwendige, wenn auch keine hinreichende Bedingung. Die Frauen wollen ›eine gute Partie machen‹, folglich müssen die Männer ihnen ›etwas bieten‹. Wenn sie die Dinge nicht aus der männlichen Brille betrachten, haben sie mit diesem Arrangement keinerlei Probleme. Denn während der Mann sein Prestige durch berufliche Erfolge erarbeiten muss, ist die gesellschaftliche Stellung der Frau mehr oder weniger vorgegeben – auch heute noch. Ihren Status erhält die Frau überwiegend per Zuschreibung: Für sie ist nicht das selbstverdiente Geld entscheidend, sondern ihre Herkunft (der Status ihrer Eltern), das Einkommen des Mannes, ihre körperliche Attraktivität, ihr Charme, und ob sie Kinder hat und ihnen eine gute Mutter ist. Die Frau hat daher wenig Veranlassung, im Berufsleben aufzusteigen, ist aber auch vor einem tiefen Absturz gefeit.«

Und weiter liest man bei Rettig: »Selbst Karrierefrauen suchen auf dem Heiratsmarkt nach einem Versorger …. Ein Arzt heiratet eine Krankenschwester, das war und ist ein gängiges Muster, bis heute … Wenn aber eine Ärztin einen Pfleger heiratet, ist das überraschend … weil es nicht der Norm entspricht.« So ist es: Wie jeder auf seine Weise, so will auch die Frau ›nach oben‹ und heiratet wenn möglich ›nach oben‹ und nicht nach unten, was auch viel eher schief geht. Auch die frivolen ›Bachelor‹-Sendungen im Fernsehen bestätigen diese Sicht, oder ein Blick in die Klatschspalten von Illustrierten. Ist ein Typ reich und Mann von Welt, da ist es egal wie viele Ehen er hinter sich hat, wie viele Kinder er aus wie vielen Beziehungen hat usw. Die Damenwelt steht Schlange, um geheiratet zu werden, denn wenn es schief geht, erhält ›frau‹ immer noch eine Abfindung von mehreren Millionen.

Noch in der Generation meiner Großeltern hatten die Frauen – also meine Großmütter, Tanten und Bekannte – keinen Beruf erlernt und waren praktisch darauf angewiesen geheiratet zu werden oder sich ihren dürftigen Lebensunterhalt durch Betreiben eines Schülerpensionats oder dergleichen zu erwirtschaften. Ohne Zweifel ist es richtig, den Frauen alle Berufs- und Aufstiegsmöglichkeiten zu bieten wie den Männern – nur hat die Natur da mit dem Kinderkriegen Grenzen gesetzt, ja Hürden, die zumindest zum Wohl der Kinder eben von verantwortungsbewussten Eltern beachtet werden müssen und sich nicht aus der Welt diskutieren lassen. Wie oben erklärt, sind solche Lösungen in ›Versorgungsehen‹ wie sie von deutschen Fernsehjournalisten verächtlich bezeichnet werden (weil die meisten dieser Leute in kaputten Beziehungen leben; einmal hörte ich einen TV-Journalisten eine lebenslänglich haltende Ehe sogar als ›Nazi-Ehe‹ beschreiben), für viele Frauen auch die besten. Ich habe in meinem Umfeld beobachtet, dass Väter von vier Kindern mit ihrer Familie voll ausgelastet sind – da bleibt keine Zeit für weitere berufliche Arbeit zu Hause oder für Hobbies.

Man sehe sich im eigenen Umfeld um und betrachte, welchen Frauen und Familien es am besten geht. Wer ehrlich ist, wird feststellen: Das sind die, die der traditionellen Rolle folgen und nicht irgendwelchen emanzipatorischen Träumen oder hohen Ämtern nachjagen. Das Fernsehen zeigt uns, in welchen kaputten Beziehungen die Leute im Mode- oder Showbusiness leben: eine Beziehung nach der anderen, mal hier ein Kind, mal da oder auch nicht. Und immer beschwören diese Menschen die Wichtigkeit der Familie. Alles Geschwätz – sie haben das eigene Leben zerstört und das ihrer Kinder. Das gesündeste Gruppenelement der Gesellschaft ist die intakte Familie – Frau, Mann, Kind(er) und nichts anderes, keine andere Kombination, auch nicht die von Egoismus bestimmte Version einer alleinerziehenden Person, dann vielleicht noch mit Retortenbaby einer Leihmutter. Wer letzteres gern sieht, sollte sich mal das Schicksal der Kriegswitwen ansehen, die plötzlich allein dastanden mit ihren Kindern, vielleicht noch mit Flucht und Vertreibung. Emanzipatorinnen von heute mangelt es an Selbstdisziplin und Verantwortungsbewusstsein. Wie Arthur Schopenhauer sagte: Der Mensch bedarf der Züchtigung durch Maximen.

Wege und Irrwege zum Doktortitel

Inmitten der Griechenland-Schuldenkrise 2010 bis 2012 beschäftigte ein anderes Thema die deutsche Öffentlichkeit: der Doktortitel des rasant zum Verteidigungsminister aufgestiegenen jungen CSU-Politikers Karl-Theodor zu Guttenberg. Die Bayreuther Doktorarbeit des Senkrechtstarters, der von den Medien sogar schon als möglicher späterer Kanzlerkandidat gehandelt wurde, wurde als Plagiat mit Täuschungsabsicht gewertet, der Titel wurde ihm entzogen. Es folgten eine Reihe anderer Fälle, im Detail vielleicht unähnlich, aber mit gleichem Ende: Entzug des Doktortitels. Am bekanntesten sind die Fälle der Veronica Sass (Tochter des bayerischen Ministerpräsidenten Edmund Stoiber), der Bundesministerin für Forschung Annette Schavan (die daraufhin ebenfalls zurücktreten musste und freiwillig ihre Honorarprofessur an der FU Berlin aufgab; mit einem Prozess gegen den Titelentzug hatte sie keinen Erfolg, erhielt aber einen Doktor ehrenhalber von der wenig bekannten Universität Lübeck), und der zwei FDP-Politiker Silvana Koch-Mehrin und Jorgo Chatzimarkakis. Auch anderen, nicht in der Öffentlichkeit stehenden Menschen wurde der Titel entzogen – so z.B. zwei Ärzten.

Wie man in der Zeitung las, habe zu Guttenberg bei seinem Rücktritt eingeräumt, dass ihm im Laufe der Arbeit an seiner Dissertation ›die Zeit davongelaufen sei‹ und er sich überfordert gefühlt habe. Politik-Karriere, junge Familie und dabei wissenschaftlich korrekt denken und arbeiten – das war zuviel. Der Chirurg Ferdinand Sauerbruch schreibt in seiner Biographie ›Das war mein Leben‹, dass er grundsätzlich die Meinung vertrat, ein angehender Wissenschaftler, in seinem Fall ein Arzt, sollte sich erst voll und ganz der Wissenschaft widmen. Einem seiner Assistenten, der ihm seine Heiratsanzeige geschickt hatte, erwiderte er, als er diesen wiedersah: »Ich wusste nicht, dass Sie uns verlassen wollen.« Der Mann war seinen Job bei Sauerbruch los! Die im Internet aktiven Plagiatsjäger, deren Plattform in Anlehnung an Veronika Sass ›VroniPlag‹ heißt, agieren selbständig, wenn sie nach plagiierten Dissertationen suchen. Es ist ziemlich offensichtlich, dass sich die meisten solcher Fälle in den

›Plaudereifächern‹ finden lassen, also politische Wissenschaften, Soziologie und dergleichen. Im deutschen System spielt der Dr.med. dabei eine besondere Rolle, da die Erfordernisse in dessen Fall überdurchschnittlich selten internationalem Niveau entsprechen sollen, wie man liest (d.h. dieser Dr. ist in wenigen Monaten zu erreichen, also mit dementsprechend wenig Arbeit und Leistung im Verlauf der ärztlichen Ausbildung). Etwa ein dreiviertel Jahr benötigte die Medizinische Hochschule Hannover, um die Dissertation der Bundesverteidigungsministerin Ursula von der Leyen (sieben Kinder, Vater Ministerpräsident, Ehemann Professor) auf vorgeworfene Plagiate zu überprüfen. Konkret wurden ihr 27 Plagiate in der Arbeit von 62 Seiten vorgeworfen. Das Ergebnis der Überprüfung, am 9.3.2016 vom Präsidenten der Hochschule, Professor Christopher Baum, verkündet, lautete: »… dass das Muster der Plagiate nicht für eine Täuschungsabsicht spricht…« Die Ministerin war noch einmal glimpflich davongekommen und konnte den Titel behalten.

Eine von Gutachtern positiv bewertete Dissertation ist damit noch nicht veröffentlicht. Es gibt noch die sog. Veröffentlichungspflicht. Normalerweise, also wenn die Arbeit an der Dissertation mehrere Jahre erfordert, werden Teilergebnisse bereits vor Beendigung der Arbeit in Form eines Aufsatzes bei einer Fachzeitschrift eingereicht. Die Herausgeber holen dann ihrerseits Gutachten ein und wenn diese positiv sind, wird der Aufsatz veröffentlicht, oft nach Änderungen. Da sich diese Veröffentlichung allerdings sehr verzögern kann, liegen nicht immer zur Zeit der Promotion Veröffentlichungen vor, und deshalb geschieht dies häufig erst danach. Ist eine Doktorarbeit jedoch schwach oder wurde in kurzer Zeit erstellt, hilft – wie häufig – eine Ausnahmeregelung. In früheren Zeiten musste je ein Exemplar der gedruckten Dissertation an jede deutsche Universität verschickt werden. Diese Regelung besteht auch heute noch an vielen Universitäten und erlaubt es, wenig gehaltvolle Dissertationen auf diese Art – also ohne zweite Begutachtung der Leistungen – zu veröffentlichen. Man sieht auch hier: Keine Regel ohne Ausnahme bzw. Schlupfloch. Erst die Veröffentlichung erlaubt Plagiatsjägern Dissertationen einzusehen.

In einer Fernsehsendung (3SAT, 18.09.2014) über ›Lügen und

Betrügen‹ an deutschen Schulen und Universitäten wurde berichtet, dass an einem einzigen ›Lehrstuhl‹, d.h. bei einem einzigen Professor, an der Universität Münster 23 Plagiate festgestellt worden seien. In dem Bericht wurde behauptet, dass Schwindeln an Schulen und Universitäten hierzulande etwas ziemlich Normales sei (besonders in heutiger Zeit mit Hilfe diverser elektronischer Mittel). Dem widerspreche ich. Bei den von mir abgehaltenen Klausuren an der Technischen Universität Kaiserslautern achtete ich selbst darauf, dass schon Verdächtigungsmöglichkeiten ausgeschlossen wurden, z.B. dadurch, dass bei schriftlichen Prüfungen Taschen zwar in Sicht-, aber nicht in Reichweite stehen durften. Dass man hierzulande im Verlauf von Klausuren sogar die Toilette besuchen darf, auch essen und trinken kann, ist mir von Australien total unbekannt, wie auch folgendes.

Die Arroganz einiger deutscher Professoren, mit der sie meinen, höchstes Lehrniveau zu vertreten, ist manchmal peinlich. In meinem Studium in Australien, auf das sie meistens herabblicken, wurde für den Bachelor am Ende des dritten Jahres, also des 6. Semesters, auch das gefürchtete Thema Statistische Physik geprüft – schriftlich. Hierzulande kann sich praktisch jeder Diplomand diesem Thema in der mündlichen Diplomprüfung entziehen, so meine Erfahrung. Und auf den Bachelor-Grad blickt man arrogant herab. Einmal kam ein Student zu mir zu einem Gespräch; hinterher fragte ich mich warum – das einzige, was er mir zu verkünden hatte war, der Bachelor-Grad (und er meinte sicher meinen) entspräche dem deutschen Vordiplom. Ich fragte ihn, woher er das wisse, ob er im Ausland studiert habe. Nein, war die Antwort, das wisse man so. Aha.

Ein anderes Mal hörte ich von einem deutschen Professor, dass der Bachelor-Grad einem gehobenen Abitur entspräche. Ja, was man nicht alles weiß, ohne sich informiert zu haben! Alles runtermachen, abwerten, das ist die Verhaltensweise der arroganten deutschen Besserwisser und Professoren. Zur Ergänzung noch folgendes. Glaubt man den Plagiatsjägern der o.g. Internetplattform ›Vroniplag‹ (*Junge Freiheit* 39/2014, S.11) wurden bei 21 medizinischen Promotions- und Habilitationsverfahren an der Berliner Charité Plagiatssünden festgestellt, mit einem hohen Migrationsanteil unter den Beteiligten.

Wenn dem so ist, sollte man sich im Ausland fragen, ob deutsche Universitätsabschlüsse dort ungeprüft anerkannt werden können – ähnlich wie die Deutschen mit den Abschlüssen ausländischer Akademiker verfahren.

Man hört es heute hier sicher nicht gern, dass früher Kindern in der deutschen Grundschule das Gedicht von Robert Reinick eingeimpft wurde, in dem es heißt: »Vor allem eins, mein Kind: Sei treu und wahr. Lass nie die Lüge deinen Mund entweihn… Noch bist du jung, noch ist es nicht so schwer … Sprich ja und nein und dreh und deutle nicht; was du berichtest sage kurz und schlicht; … dein Wort sei heilig, drum verschwend es nicht! Leicht schleicht die Lüge sich ans Herz heran, zuerst ein Zwerg, ein Riese hinternach; doch dein Gewissen zeigt den Feind dir an, und eine Stimme ruft in dir: Sei wach! Dann wach und kämpf. Es ist ein Feind bereit, die Lüg in dir, sie drohet dir Gefahr…« Die ehedem hochgehaltenen Tugenden, auch als preußisch bezeichnet, werden heute besonders von deutschen Politikern und Journalisten verächtlich gemacht, wie z.B. von dem ehemaligen Bundesminister und SPD-Vorsitzenden Oskar Lafontaine, der sie als »Sekundärtugenden« bezeichnete, mit »denen man ein Konzentrationslager leiten kann«, eine weithin bekannte Äußerung dieses deutschen Spitzenpolitikers. Wer das Gedicht Reinicks als nazistisch betrachtet, sollte sich umsehen.

Im Englischen gibt es ganz ähnliche erzieherische Gedichte wie insbesondere das sehr bekannte Gedicht ›If‹ von Rudyard Kipling (einem Deutschenhasser). Dieses beginnt so: »If you can keep your head when all about you /Are losing their's and blaming it on you, / If you can trust yourself when all men doubt you, / But make allowance for their doubting too, / If you can wait and not be tired by waiting, / Or being lied about, don't deal in lies, … / If you can bear to hear the truth you've spoken / Twisted by knaves to make a trap for fools, … you'll be a man, my son.« Natürlich ist Ehrlichkeit eine Universaltugend, die kein Land oder Volk anderen absprechen kann, auch wenn die US-Regierung heute als besonders unredlich auftritt (man denke an deren Schwindeleien zu ihrem Überfall auf den Irak) und dennoch deren Präsident sich arrogant anmaßt, sein Land von den ›unamerican values‹ anderer zu distanzieren. Schwindelei ist für diesen Präsidenten vermutlich kein ›unamerican value‹. Zudem vergisst der US-Präsident, dass sein Land das einzige ist, das sich des nuklearen Völkermords bediente, sogar zweimal, und dies straflos. Ich füge noch hinzu, was einer der erfahrensten Politiker unserer Zeit einmal sagte – der Europa-Politiker und luxemburgische Ministerpräsident Jean-Claude Juncker: »Wenn es ernst wird, wird gelogen.« Das sollte man bei Äußerungen von Politikern (aber auch von anderen) immer vor Augen haben.

Aber man sollte auch bedenken, was der Psychologe Dan Ariely in seinem Buch ›The (Honest) Truth About Dishonesty‹ sagt, nämlich dass wir uns besonders selbst belügen. Nachdem diverse Plagiatsfälle wie die oben genannten weithin bekannt wurden, versuchen Universitäten diese möglichst unauffällig zu erledigen. Wie der *Tagesspiegel* vom 12. Juni 2015 berichtete, hatten zwei Ingenieure ihre Promotionsurkunden an die Technische Universität Berlin zurückgegeben, da ihnen im Internetportal VroniPlag-Wiki Plagiatieren vorgeworfen worden war. Aber so einfach geht das nicht. Bei Plagiaten muss die Universität den verliehenen Titel aberkennen, wie Juristen in dem Artikel erklären. Da eine Dissertation der Veröffentlichungspflicht unterliegt, besteht an ihr ein gesteigertes öffentliches Interesse, darum dürfen die Universitäten Plagiatsfälle nicht geheim halten.

Wer sich intensiv mit dem Thema seiner Doktorarbeit befasst, und das sage ich aus eigener Erfahrung, dem dringt der Stoff förmlich in Fleisch und Blut ein wie kaum eine andere wissenschaftliche Tätigkeit später im Leben, erst recht, wenn man noch ein junger Mensch ist. Da kennt man jedes Wort, jede Floskel, die man gebraucht, da gibt es praktisch keine Vergesslichkeit, auf die man sich berufen könnte. Dass Gewissenhaftigkeit bei der Erarbeitung der Dissertation höchste Voraussetzung ist, versteht sich von selbst. Da ist schon verwunderlich, dass die mit Plagiatsvorwürfen versehene Dissertation der Bundesforschungsministerin Annette Schavan ausgerechnet das Thema ›Person und Gewissen‹ hatte. Wo war da ihr Gewissen? Jede Promotionsordnung in der Welt enthält einen Passus, der absolut unmissverständlich sagt, dass alle Hilfsquellen und fremden Leistungen klar genannt oder gekennzeichnet werden müssen. Als ich das Vorwort zu meiner Dissertation verfasste, sagte ich mir: Genau angeben, was Leistung meines Betreuers war – wenn meine eigene Leistung den Gutachtern nicht genügt, egal, dann sei der Dr. eben dahin. Und in der Tat sprang der kompetenteste der drei auswärtigen Gutachter sofort darauf und schrieb: Die genannten Abschnitte könne man mir nicht zu Gute halten. Hingegen war mein englischer Betreuer (hier Doktorvater genannt), wie ich Grund habe anzunehmen, über meine Gewissenhaftigkeit erstaunt. Nicht jeder Doktorand wird von solcher Gewissenhaftigkeit geplagt. Bedenkt man, dass viele Dissertationen nicht mehr sind als Fleißarbeiten zu einer bestimmten Thematik, also nichts wesentlich Neues enthalten, könnte man sich über den Stolz mancher Kandidaten wundern, mit dem diese ihre geringe Originalität verteidigen, ginge es nicht um einen Titel, eine öffentliche Auszeichnung sozusagen. Jetzt, mehr als 50 Jahre nach Erstellung meiner eigenen Doktorarbeit habe ich ein paar Details vergessen. Aber mir kann kein junger Promovierter erzählen, dass sich schon während seiner Arbeit an der Dissertation die Vergesslichkeit seiner bemächtigte. Das ist unglaubwürdig, ist Unsinn.

Wie oben gesagt: Mit keiner anderen Arbeit befasst man sich so intensiv wie mit der Doktorarbeit, sodass jedes Wort förmlich in Fleisch und Blut des Doktoranden eindringt. Wer sich da bei Verfehlungen auf Vergesslichkeit beruft, ist m.E. unredlich. Ich gebe zwei Beispiele aus meinem Erleben. Im ersten Fall war ich Vorsitzender der Promotionskommission. Am Tag der Aussprache wurde mir die Akte mit der Bitte gebracht, die Kommission möge feststellen, dass die beiliegende Veröffentlichung der vorgeschriebenen Publikationspflicht genüge. Ich blätterte in der Publikation herum und stellte fest, dass der Kandidat Kollegen in Boulder, USA, dankte, die die rechnerische Auswertung seiner Experimente ausgeführt hatten. In der Dissertation, die ich daraufhin prüfte, stand allerdings nichts davon. Die Dissertation hatte die Prüfung von zwei Gutachtern durchlaufen, ohne dass diese wesentliche Hilfe genannt wurde. Nun waren diese zwei Gutachter Personen mit Macht. Es war mir unmöglich, mich mit diesen anzulegen. Ich beanstandete dennoch das Fehlen der Angabe und der Kandidat musste seine Dissertation daraufhin ergänzen. Hätte ich allein zu entscheiden gehabt, hätte ich zumindest die Note reduziert. Das war kein Vergessen, sondern Trickserei und Absicht – die Absicht, die Arbeit ohne die genannte Hilfsangabe die Benotung durchlaufen zu lassen. Und selbst wenn es tatsächliches Vergessen gewesen sein sollte, wäre dies keine Entschuldigung. Der Doktorand oblag einer redlichen Sorgfaltspflicht.

Im zweiten Fall ging es um Unwesentliches – aber mit Folgen. Wie üblich war die Einsichtsmöglichkeit der Dissertation durch Anschlag bekannt gegeben worden, und ich machte davon Gebrauch. Ich monierte, dass in der Dissertation in dem eingangs gemachten Gesamtüberblick des Themas der Hinweis auf eine relevante Publikation (keine von mir) fehlte – ansonsten eine für die Bewertung der Leistung der Arbeit unwesentliche Referenz. Dennoch fühlten sich die zwei Prüfer angegriffen und erstellten zusammen mit dem Vorsitzenden, der zugleich Dekan war, ein von allen unterzeichnetes Papier, das sie mir schickten. In diesem Papier sagten sie, dass der Doktorand ihnen glaubwürdig versichert habe, dass die Zitierung beim Umgestalten der Literaturangaben von Fußnoten- in Listenform verloren gegangen sei. Wie gesagt: Es handelte sich um eine unbedeutende Sache. Aber was nun geschah, sollte jeden, der meint, ein wenig Schummeln schade nicht, ins Nachdenken bringen. Ich erzählte die Geschichte beim Essen in der Mensa meinem Mitarbeiter. Dieser sagte: Das können wir überprüfen. Der Doktorand, ein Ausländer, hatte ihm zum Abgleich des Deutschen eine Kopie gegeben. Diese sahen wir uns an. Richtig: Die Referenzen wurden in Fußnoten angegeben – aber: Die beanstandete Referenz war nicht dabei. Niemand hätte wohl solch ein Vorkommnis für möglich gehalten. Ich fotokopierte die Arbeit und steckte die Kopie mit Herkunftsvermerk von mir ohne weiteren Kommentar in das Postfach des Vorsitzenden. Dass der nun erbost war, erübrigt sich zu erwähnen.

Dieses Beispiel zeigt auch das Verhalten der Prüfer. Diese sind schnell erregt, sehen sich sofort selbst angegriffen und reagieren äußerst gereizt auf jede Kritik an ihrem Kandidaten, insbesondere dessen Betreuer. Dies dürfte auch im Fall der eingangs erwähnten prominenten Personen nicht anders gewesen sein, deren Betreuer (hierzulande Doktorvater genannt) und Prüfer mussten sich angesprochen sehen, auch andere ihrer Fachbereiche – nur erfuhr die Öffentlichkeit davon nichts. Die Lehre aus meiner Erfahrung: Ich rate jedem ab, sich unaufgefordert zu einer ausgelegten Dissertation zu äußern, denn was man dann erlebt, steht in keinem Verhältnis zu einer sachlichen Kritik. »Honesty is the best policy!«

Es gibt Professoren, die in ihrem Umfeld damit prahlen, die eigentliche Leistung an der Dissertation eines Doktoranden selbst erbracht zu haben. In einem solchen Fall war ich einmal vom Ausland aus als Gutachter bestellt worden. Da ich in der Promotionsordnung von dessen Universität das Übliche las, dass fremde Leistungen genannt werden müssten, dieses aber fehlte, erbat ich über den dortigen Dekan eine entsprechende schriftliche Äußerung des Doktoranden. Doch das nächste, das ich dann nach langer Zeit hörte, war, dass man mich durch einen anderen Gutachter ersetzt hatte. So läuft das.

In Deutschland gibt es proportional zur Bevölkerungszahl viel mehr Promotionen als z.B. in Großbritannien. Allerdings sind hier die Studierenden auch bereit, eine beträchtlich längere Zeit an der Universität zu verbringen (meiner Meinung nach zu lange). Wer selbst Doktorarbeiten betreut hat und ehrlich ist, dazu auch noch offen, gibt zu, dass ein Betreuer keineswegs immer über erfolgversprechende Themen verfügt. Ganz im Gegenteil: Wirklich fruchtbare Problemstellungen sind selten – auch bei den herausragendsten Forscherpersönlichkeiten. Die Folge ist, dass viele Dissertationen in der Hauptsache Fleißarbeiten sind, die eine Thematik ziemlich gründlich eruieren, ohne wesentlich Neues beizutragen. Hinzu kommt, dass die Themenstellung dem Doktoranden liegen muss, außerdem sollten sich Doktorand und Betreuer gegenseitig akzeptabel finden, um jahrelang miteinander auskommen zu können (was nicht immer der Fall ist). Nicht wenige Doktoranden lassen sich vom äußeren Auftreten eines Professors verleiten. War früher der hochstehende Ordinarientyp gefragt, so ist es heute eher der kumpelhafte Professor, der sich schnell mit dem Doktoranden duzt. Im Gegensatz zum Englischen ist die Unterscheidung zwischen Du und Sie ein Vorteil der deutschen Sprache, der Distanzierung erlaubt. Es kommt vor, dass sich ein Professor mit seiner Sekretärin duzt – das erachte ich für hochproblematisch, denn da fallen zumindest scheinbar alle Schranken.

Viele angehende Doktoranden versuchen bei dem bekanntesten Professor in ihrem Fachbereich anzukommen, wobei der Ruf des Betreffenden bei dem Doktoranden wohl eher auf dessen Auftreten oder Hörensagen beruht, denn eine fachliche Bewertung des Professors dürfte bei Studierenden noch nicht möglich sein. Ist der Professor Nobelpreisträger, so kann er sich kaum eines Andrängens von selbstbewusst auftretenden Studierenden erwehren. Das habe ich u.a. in München erlebt, wo der Versuch sich dem Nobelpreisträger Werner Heisenberg zu nähern, gewöhnlich schon an dessen vorgeschobener Vertrauensperson Hans-Peter Dürr, scheiterte, der später als Empfänger des Alternativen Nobelpreises bekannt wurde. Ich habe jahrelang die Seminare bei Heisenberg am Max-Planck-Institut in München besucht, auch zwei semesterlange Vorlesungen von ihm, aber nie ein Wort mit ihm gewechselt. Wo liegt der Vorteil, von solch einer Persönlichkeit auf dem Gipfel wissenschaftlichen Erfolges als Doktorand oder Mitarbeiter angenommen zu werden, wo der Gewinn »to worm one's way under the protection of a powerful patron« (Oiver James, ›Office Politics‹)?

Wissenschaftlich haben diese Persönlichkeiten doch kaum große Errungenschaften zu verteilen. Wer auf dem Gipfel steht, ist von Tälern oder von kleinen Hügeln umgeben. Der Gewinn dürfte anderer Art sein – nämlich sich später gegenüber anderen der Bekanntschaft mit dem Genie rühmen, also etwas von dessen Glamour auf sich selbst übertragen zu können. In vielen Fällen hilft die Beziehung dann mit entsprechenden Empfehlungsschreiben zu guter Position anderswo, wenn der Betreffende einen Job braucht. Dies ist in vielen Fällen das Ergebnis. Meine Erfahrung lehrte mich, dass wissenschaftlicher Gewinn am ehesten von solchen Betreuern zu erwarten ist, die selbst noch um Anerkennung ringen, die noch nicht ganz oben, aber dicht dran sind. So sehe ich auch mein Verhältnis zu dem Betreuer meiner Doktorarbeit, R.B. Dingle, einem Engländer. Dieser war – wie ich rückblickend sagen kann – auf dem Gipfel seiner Kreativität, erhielt dann eine hohe Professur an der University of St. Andrews und verfasste sein Lebenswerk, ein dickes Fachbuch.

Danach kamen organisatorische Aufgaben und Lehraufgaben hinzu – der zweite Band zu seinem Lebenswerk, in dessen Vorwort angekündigt, wurde nie realisiert. Dieses Beispiel zeigt, dass auch dort, wo die Forschungsleistung keinen Nobelpreis einbringt, das menschliche Leistungsvermögen – wenn der Druck nachlässt oder andere Aufgaben den Kopf beanspruchen – unweigerlich nach unten geht.

Ich gehe noch weiter: Die Betreffenden merken selbst kaum, dass sich ihre Kreativität langsam davonschleicht, obgleich man sich vormacht, alles noch im Griff zu haben. Dies ist das Schicksal des Wissenschaftlers. Der Betreuer meiner Doktorarbeit hatte, als ich zu ihm kam, in seiner Forschung einen Alleingang eingeschlagen, er wollte der divergenten asymptotischen Reihe einer Funktion deren exakten Wert entnehmen können und griff dazu auf alte, von anderen ignorierte mathematische Untersuchungen zurück. Er hatte Erfolg, was beweist, dass eine exakte Wissenschaft wie die mathematische Physik von ständiger Revision lebt; jede Sackgasse kann zum Ausgangspunkt neuer Forschung führen, ein Ende ist nicht in Sicht. Die deutsche Max-Planck-Gesellschaft sieht ihr Erfolgsrezept darin, dass sie Institute um Spitzenforscher etabliert und nicht umgekehrt. Das ist überzeugend, sofern diese Spitzenforscher noch nicht ganz oben sind, also selbst noch um Anerkennung ringen müssen.

Um einen Nobelpreisträger herum, der nur noch zu Ehrungen fährt, Vorträge absagt und von Lakaien umgeben ist, ein Institut zu gründen macht keinen Sinn. Der englische Historiker Niall Ferguson sieht in seinem Buch ›The Great Degeneration‹ in Elitenbildung sogar den Grund dafür, dass die europäische Kultur mit nur einem Fünftel der Menschheit die Welt dominiert, wie er sagt »led by England«. Er sagt: »… a country has to develop institutional arrangements that enable elites to create the possibility of impersonal intra-elite relationships… Elites transform their personal privileges into impersonal rights…«

Das Wichtigste im Verlauf der Ausbildung eines Akademikers zu einem Doktorgrad ist dessen fortschreitende Entwicklung hin zu einem immer unabhängigeren, eigenständigeren Denken. Ein guter Doktorand geht nach einiger Einarbeitung in das Thema seiner Arbeit bald selbständige Wege – testet anderes als das, was ihm sein

Betreuer empfahl, er blättert, ja wühlt, in der Literatur herum, auch wenn er nicht alles versteht, um das, was zum Thema gehört, zumindest wahrzunehmen und gesichtet zu haben. Auf keinen Fall geht ein guter Doktorand zu seinem Betreuer, sofern dieser normal respektiert und anerkannt ist, und macht diesem Vorwürfe, dass das was er empfohlen hat, Unsinn ist. Im Verlauf dieses Selbständigwerdens wird das Verhältnis des Doktoranden zu seinem Betreuer normalerweise kollegialer – also weg von dem eines untergeordneten Studierenden. Dies ist m.E. die normale, im breiten Mittel gegebene Situation gemäß meinen Beobachtungen.

Ich selbst hatte ein gutes Verhältnis zu meinem Betreuer – dieser war Cambridge-Absolvent, hatte beträchtliche Forschungsleistung erbracht und wurde allseits respektiert. Er hatte mich schnell indirekt, also ohne Worte, merken lassen, dass ich auftretende Schwierigkeiten etwa rechnerischer Art selbst bewältigen müsse statt zu ihm zu kommen, obgleich er gegebenenfalls zu helfen bereit war. Da ich ein Stipendium hatte und verpflichtet war, vierteljährlich einen Fortschrittsbericht einzureichen und ihm diesen vorher vorzulegen, kam es spätestens vierteljährlich zu einem eingehenden fachlichen Gespräch mit ihm, was auch mir half. So konnte er mir schließlich auch klar sagen, wann ich für die Dissertation ausreichend Stoff erarbeitet hatte. Meine eigenen Doktoranden fanden (wie ich in meiner Dissertation) eigene Richtungen und Wege – und am Ende waren sie mir (wie man sagt) über den Kopf gewachsen. Ich glaube, so muss es sein. Ich bin später Kollegen begegnet, die sich sehr unzufrieden über ihre Betreuer äußerten – darunter waren anerkannte Professoren, aber auch solche, die selbst wissenschaftlich nichts erbrachten.

Ich hörte auch von Doktoranden, die nur am Anfang und am Ende ihres Studiums ihrem Betreuer begegneten – und diesen natürlich nicht sehr positiv bewerteten. Ein Doktorand eines Experimentalphysikprofessors (auch Akademiemitglied) sagte mir, er habe genau zweimal mit seinem Betreuer gesprochen: nämlich als er das Thema erhielt und als er seine Dissertation abgab. Offensichtlich ist er seinem sog. Doktorvater in dessen eigenem Forschungslabor auch nie begegnet. Das sind Extremfälle. Aber man täusche sich nicht –

vielenorts wird die Suppe mit Wasser gekocht. Ich habe im Umfeld meines Fachs Dissertationen gesehen, die inhaltlich wenig zu bieten hatten. Es ist nicht so, dass jeder Professor großartige, Erfolg garantierende Themen zu vergeben hat. Niemand verschenkt Gold. Auch ein Professor, der eine geniale Idee hat, wird diese zunächst zu seinem eigenen Nutzen, seinem eigenem Image, versuchen auszubeuten, bevor er sie weitergibt. Hat der Professor viel Anderweitiges zu tun, z.B. in Gremien, oder ist er an einer großen Universität beschäftigt und es laufen ihm viele Studenten zu, so ist er viel zu beschäftigt, sich um Details eines Dissertationsthemas kümmern zu können. Dies habe ich in München beobachtet, wo sich Doktoranden u.a. lange im Voraus bei der Sekretärin einen Termin beschaffen mussten, statt einfach beim Professor anzuklopfen und hineinzuspazieren.

Wenn sich jemand in ein Thema eingearbeitet, Seminarvorträge dazu gehalten und vieles andere versucht hat, aber nur in Sackgassen landet – was dann? Das kommt vor, zumindest z.B. in Physik, wo es nicht so leicht ist, Nebel zu verbreiten. Das Ergebnis sind wenig gehaltvolle Doktorarbeiten. Es gibt auch Irrwege. Einer meiner Kollegen hatte als Dissertationsthema die Aufgabe erhalten, einen unerwarteten Buckel (ein kleines Maximum) in einer experimentellen Messung zu erklären. Er fabrizierte eine Theorie zur Erklärung und erhielt seinen Doktortitel. Danach wurde die Messung wiederholt und siehe da – der Buckel war weg! Der Doktor blieb. Auch das kommt vor.

Manche ehemalige Doktoranden äußern sich verbittert und klagen, sie hätten sich selbst durchkämpfen müssen – als ob andere ihre Leistung geschenkt bekommen hätten. Ja, sicher, sich selbst durchkämpfen soll es letztlich ja auch sein – so entsteht die Selbständigkeit. Augen auf, dies und jenes versuchen, arbeiten, arbeiten, arbeiten, ohne aufzugeben – irgendwann kommt das Licht am Ende des Tunnels. Da bleibt keine Zeit hat für Vergnügungen, für Ferien, für Sport und anderes. Eine gehaltvolle Dissertation lässt sich nicht einfach nebenher, neben Politik, Familie usw. erarbeiten – das war das Problem der eingangs genannten Personen. Als Vorsitzender einer Promotionskommission las ich in einer Doktorarbeit, dass der Doktorand bereits eine geschiedene Ehe mit zwei Kindern hinter sich hatte und beide Eltern verstorben waren. Dann gibt es andere, die längst auf einer Dauerstelle an der Universität sitzen, z.B. als Laborleiter oder dergleichen, bevor sie mit ihrer Dissertation fertig werden, die also nur nebenher entsteht.

Überhaupt gibt es nicht wenige Doktoranden, für die die Dissertation der Weg in eine Dauerstellung an der Universität ist, besonders dann, wenn sie die Unterstützung ihres Professors genießen – dann kann sogar der ganze Weg bis hin zum Ruhestand geebnet sein, allerdings nicht immer auf einer Professur. Ich habe diverse solche Berufswege beobachtet. Manche schaffen es, vom Studium bis zur Pensionierung ihr Leben an ein und demselben Ort zu verbringen. Ein Fall ist mir besonders lebendig im Gedächtnis geblieben. Der Betreffende schwänzelte wie ein Hund um den Professor herum und trug diesem sogar den Koffer zum Bahnhof, wie ich gemeinsam mit einem anderen vom Fenster aus amüsiert beobachtet habe. Ein solches Benehmen ist peinlich. Dass dieser dem Professor unentbehrlich wurde, braucht nicht zu verwundern, allerdings kam er nicht weit – diesen Preis ist manch einer bereit zu bezahlen, wenn er zu alt wird, um andernorts eine Stelle zu ergattern. Das Ergebnis ist akademische Inzucht an der Universität, und diese ist, so meine Beobachtung, in den meisten Fällen für die Universität schädlich, weil dann nur altbewährte Schritte in allem, sei es Forschung oder Lehre, eingeschlagen werden.

Zwei Fälle sind mir bekannt, in denen es die Betreffenden in Deutschland geschafft haben, den ganzen Weg vom Studenten bis zum Universitätspräsidenten an der selben Universität durchzulaufen – auf solche Karrieren komme ich im Kapitel ›Der Drang nach oben‹ noch zu sprechen. Ich habe auch mehrfach beobachtet, dass eine erfolgte Promotion keine Garantie dafür ist, dass der Betreffende fähig ist, als Professor Forschungsleistung zu erbringen, also Stoff zu erarbeiten, danach als Publikation zusammenzufassen, bei einer Fachzeitschrift einzureichen, und diese nach Begutachtung durch unabhängige Beurteiler angenommen und publiziert zu bekommen. Das deutsche Habilitationsverfahren erfüllt durchaus einen sinnvollen Zweck, nämlich den, dass sich der Promovierte mit Forschungsleistung noch weiter qualifiziert. Die heutige Sucht, möglichst schnell an der Universität eine Lehrveranstaltung übernehmen zu können (weil Lehrerfahrung bei Berufungen häufig gewünscht oder gar verlangt wird), hat den entscheidenden Nachteil, die Wissenschaftler von ihrer Forschung abzuhalten – wenn diese sich dann noch als besonders populäre (was nicht unbedingt heißt gute) Lehrkräfte erweisen, erhalten sie noch weitere Lehrverpflichtungen und rutschen in eine Richtung, die ein böses Ende haben kann – nämlich Arbeitslosigkeit, denn man glaube nicht, dass deren Forschungsqualifikation den machthabenden Professoren besonders am Herzen liegt. Ich habe mich wissenschaftlicher Zusammenarbeit mit ausländischen Kollegen nie verschlossen, darunter waren zwei, die unfähig waren eigenständig Publikationen zu erarbeiten. Beide waren begierig, in ihren Ländern möglichst schnell hohe Positionen zu erringen, aber benötigten dazu vorzeigbare Veröffentlichungen. Ungeplant und unausgesprochen ließ ich mich auf den Deal ein, diese an Publikationen von mir zu beteiligen; im Gegenzug wurde ich mehrmals in deren Länder eingeladen und habe neue Kulturen kennen gelernt. Kein Schaden für mich! Die Karrieren der beiden Kollegen endeten allerdings vorzeitig an ihren Universitäten, denn ohne Unterstützung von einflußreichen Personen mussten sie dort scheitern.

Als Doktorand betrachtete ich das Thema meiner eigenen Dissertation als ausgefallen, als exotisch, als am Rande von Interesse anderer. Später jedoch erkannte ich allmählich – in Schritten – Möglichkeiten das Thema auszuweiten und dessen Methode anderswo anzuwenden. Mein ganzes Leben hindurch steckte meine Dissertation in meinem Kopf, hielt ich überall Ausschau nach Verwandtem, nach Anwendung, nach Ausweitung – und in der Tat fanden sich immer wieder Möglichkeiten. Am Ende meiner aktiven Forschungstätigkeit, nach meiner Versetzung in den Ruhestand, erkannte ich, wie sich diese diversen Anwendungen wie die Teile eines Puzzles zusammenfügten, gegenseitig ergänzten und ein einheitliches Bild ergaben, das ich in meinem über 900 Seiten dicken Buch über Quantenmechanik beschreibe. Vielleicht ist dies meine sehr persönliche, sehr befangene, parteiische Sicht zurück auf das Wesentlichste meiner lebenslangen Forschungsarbeit, eine Sicht im Alter, die das vergehende Leben nicht negativ verbuchen will. Meinem Doktorvater, dessen Anregung und Start ich diese Forschungsrichtung verdanke, bin ich heute mehr denn je zuvor dankbar. Allerdings, ohne Arbeit, ohne Eigeninitiative, ohne Beharrlichkeit und Durchhaltevermögen geht nichts, und Momente der Aussichtslosigkeit sind unvermeidbar.

Harte Arbeit ist wichtiger als überdurchschnittliche Intelligenz – denn was nützt dem Menschen ein Einstein-IQ, wenn er faul ist und nichts aus sich herausholt, oder die Interessen eher im Sportbereich oder woanders liegen? In meiner Zeit als Habilitand an der Universität München wurde der Sohn eines am Max-Planck-Institut beschäftigten Physikprofessors als ungewöhnlich intelligent bekannt. Mit Sondererlaubnis der bayerischen Staatsregierung durfte dieser mit 13 oder 14 Jahren das Abitur machen und das Physikstudium an der Universität beginnen. Ich erinnere mich, dass seine Kommilitonen in Klassischer Mechanik sich von ihm Autogramme geben ließen – der junge Mann galt als das große kommende Genie. Aber hat die Welt später von ihm gehört? Ist solch vorweggenommener Ruhm nicht eher schädlich?

So wie es Menschen mit ungewöhnlicher Intelligenz gibt, finden sich auch solche mit ungewöhnlichem Selbstvertrauen und ungewöhnlichem Mut, ja ungewöhnlicher Risikobereitschaft, die in klassischen Kriegen z.B. hervorragende Kampfflieger stellten – egal auf welcher Seite. In der Physik wurde der spätere Theorieprofessor Harald Fritzsch (LMU München) mit seiner gewagten und extrem gefährlichen Flucht aus der DDR im Juli 1968 über das Schwarze Meer und die Türkei bekannt, von der selbst die Bild-Zeitung berichtete. Dieses Selbstvertrauen zeigte er auch in der Physik in seinem Drang nach ›oben‹. Die Fortsetzung seines Studiums in München beschreibt Wikipedia so: »…wo er mit Werner Heisenberg zusammenarbeitete und 1971 unter Anleitung von Heinrich Mitter … promovierte.« Wie oben angemerkt weiß ich aus eigener Beobachtung, dass es keineswegs leicht war, an den berühmten, damals etwa 70jährigen Heisenberg heranzukommen – außerdem war dieser kein Vertreter der Theorie der Quarks. Im Gegenteil, der genannte Heinrich Mitter gehörte mit H.-P. Dürr und dem Japaner Yamazaki u.a. (s. oben) zu den Mitverfassern von Heisenbergs ›Nichtlinearer Feldtheorie‹, die von deutschen Journalisten zur ›Weltformel‹ aufgeblasen wurde, aber eine Sackgasse war. Professor Fritzschs enger Mentor und Kollege, der Quarktheorie-Nobelpreisträger Murray Gell-Mann besuchte um 1969 oder 1971 das Institut Heisenbergs in München und hielt dort einen Vortrag, den ich auch besuchte.

Wikipedia weiter: »Fritzsch und Gell-Mann führten 1971 die Farbquantenzahl ein, wobei die Farbsymmetrie als eine exakte Symmetrie angenommen wurde… Ein Jahr später schlugen Fritzsch und Gell-Mann für die starke Wechselwirkung eine Eichtheorie vor, die heute als Quantenchromodynamik bezeichnet wird und als die richtige Theorie der starken Wechselwirkung angesehen wird.« Soso. Diesen Anspruch wiederholte Fritzsch etwas vorsichtiger ausgedrückt in einem CERN-Courier Artikel vom Oktober 2012 (mit einem Foto von sich und Gell-Mann). Dem folgte sofort als Replik ein CERN-Courier Artikel von Januar/Februar 2013 der zwei amerikanischen Nobelpreisträger David Gross und Frank Wilczek (mit Foto von beiden), in dem diese die entscheidenden Forschungspublikationen von Fritzsch und Gell-Mann aus den Jahren 1972, 1973 erst an vorvorletzter (25.) und vorletzter (26.) Stelle ihrer zitierten Literatur nennen. Sie sagen in ihrem Artikel: »Two contributions involving Gell-Mann and collaborators are sometimes cited as sources of QCD.« Das klingt schon mal kritisch. Nach Erläuterung der Beiträge dieser zwei Quellen sagen sie: »As events unfolded, the most profound and most fruitful aspects of QCD and asymptotic freedom proved to be their embodiment in a rigorously defined, quantitatively precise quantum field theory, which could be tested through its prediction of deviations from scaling. Yet just those aspects are what the authors (gemeint sind ›Gell-Mann and collaborators‹) hesitated to accept, even after they had been analysed.« Man sieht: Der Erfolg will viele Väter haben …

Offensichtlich sehen die Herren Gross und Wilczek die Gewichtung ihrer Nobelpreisleistungen anders als Herr Fritzsch, der sie zu dieser Replik herausgefordert hatte. Zu der o.g. Farbsymmetrie lese ich in einem Nachruf auf den Nobelpreisträger Yōichirō Nambu von L. N. Chang, Virginia Tech, USA (World Scientific Newsletter Nr.

40): »Along with M.Y. Han, Nambu proposed adding the color degree of freedom to quark dynamics. The idea led to the establishment of quantum chromodynamics ...« Auch diese Bewertung ist parteiisch, ignoriert sie doch einen wichtigen Beitrag der Herren Fritzsch und Gell-Mann: »In the model of Han and Nambu quarks carry integer charges, which we now know is incorrect. Fritzsch and Gell-Mann wrote down the model with correct charge assignments and proposed that only colour singlets occur in the spectrum, which would ensure that fractionally charged quarks remain unobserved« (S.R. Das and S.R. Wadia, CERN-Courier, December 2015, p. 29).

Ehrgeiz und Entdeckergier treiben die Forschung voran, wie im Sport der Kampf um eine Medaille oder ehedem die Sucht, als erster den Südpol zu erreichen oder den Mount Everest zu erstürmen. Und mit dem Namen Heisenberg schmückt sich wer nur kann, wie heute oft auch mit dem Namen des Mathematikers Edward Witten – etwa in der häufig zu hörenden Weise: »I talked to Witten.« Der Mensch möchte in seiner Eitelkeit etwas von dem Glamour solcher Heroen auf sich übertragen. Es gehört viel Mut und ein ungewöhnlich starkes Selbstbewusstsein dazu, so vorzupreschen wie der o.g. Professor Fritzsch. Letztlich entscheidet aber die Fachwelt und zwar mit sehr langem Atem – auch darüber, ob sich ein Streit oder ein Prioritätengerangel überhaupt lohnt.

Es gibt Wissenschaftler, zumeist sind dies sehr junge, oft kurz vor oder nach ihrer Promotion, die sich aufregen, wenn eine ihrer Publikationen von anderen Wissenschaftlern, die das gleiche Feld bearbeiten, nicht oder nicht gebührend zitiert wird. Da werden sogar zornige Briefe geschrieben. Zumeist handelt es sich bei solchen Streitigkeiten um für andere ziemlich bedeutungslose Punkte, mit denen, wie man sagt, kein Blumentopf zu gewinnen wäre. Natürlich kommt vor, dass anderen wie mir selbst Publikationen unbekannt sind; dann kann man aber den Kollegen höflich informieren – was in den meisten Fällen für Berücksichtigung zu spät ist. Dabei sollte man sich selbst nicht überbewerten und bedenken, dass andere einen anders sehen, als man sich selbst sieht. Das lässt sich nicht ändern. Da ist ›take it easy‹ vielleicht der beste Rat.

Wer in die Politik geht, strebt Macht an, und das heißt Macht über andere – das gilt auch in der Hochschulpolitik. Hin und wieder liest man in der Zeitung, dass sich ein Politiker fälschlich mit einem Doktortitel schmückt. Schaden tut dies wenig bekannten Politikern nicht – die Sache ist meist schnell vergessen. Anders ist dies bei Politikern wie weiter oben – und das ist, wo die von unten noch hinwollen, wie wir an den genannten Beispielen sahen. Auch mit diesem Problem haben sich Psychologen bzw. Sozialwissenschaftler befasst. In dem Buch von Dan Ariely, ›The (Honest) Truth About Dishonesty‹ wird auf S. 138 der Gebrauch fälschlich erworbener akademischer Grade berührt und auf die Konsequenzen hingewiesen. Dort heißt es: »For example, if an executive holding a fake graduate degree puts constant reminders of his fake degree on his letterhead, business cards, résumé, and website, it's not much of a stretch to imagine that he could also start cheating on expense reports, misrepresenting billable hours, or misusing corporate funds.... one initial act of cheating... would give rise to further fraud.« Fälschung »can bring about a looser moral standard and a higher tendency to cheat elsewhere.« Auf S. 137 heißt es noch: »...the first dishonest act is the most important one to prevent.« Man sieht aber das Verlangen nach dem Titel, um auf der Leiter zur Macht damit zu punkten. Der Akademiegründer Gottfried Wilhelm Leibniz soll sich sogar selbst einen Adelstitel zugelegt haben, um in damaliger Zeit in herrschende Kreise hineinzukommen. Ähnliches wird von Voltaire behauptet.

Politik gibt es auch auf niedrigeren Ebenen, insbesondere an Universitäten. Für nichts gibt es nichts, auch an der Universität gilt das. Wer da Macht anstrebt, muss daran arbeiten und vernachlässigt dabei seine wissenschaftliche Arbeit. Geht es mit der Macht hoch, geht es mit der Wissenschaft runter, und die Betreffenden reagieren gereizt, wenn sie sich nicht (mehr) auf oberster oder auf einigermaßen hoher Stufe im Wissenschaftsbetrieb sehen. Ich selbst hatte keine Möglichkeit zu Machtausübung, vielleicht auch weil ich diese nicht anstrebte, und kann heute feststellen, dass mir dies wissenschaftlich genutzt hat. Natürlich bei Inkaufnahme von Nachteilen im Machtbetrieb.

Der Drang nach oben

Sicher haben Sie, verehrte Leserin und verehrter Leser, auch schon festgestellt: Jeder will nach oben, in höhere Gehaltsstufen (d.h. zu mehr Geld), in höhere Ämter (d.h. zu höheren Würden), in höhere Befugnisse (d.h. zu mehr Macht) und so weiter – Sie und ich wollen das vermutlich auch, wenn wir ehrlich sind. Niemand will unten bleiben, sozusagen als Underdog. Das ganze Leben ist ein Streben nach oben, irgendwie höher, wie auch das Bedürfnis nach einem Doktortitel, wie wir weiter oben sahen. Der junge Mensch greift nach den Sternen, aber mit Glück fängt er gerade mal eine Fliege. Offensichtlich liegt dieses Streben nach dem, was ich hier als ›oben‹ bezeichne, im Wesen des Menschen – den anderen zu überbieten, zu übertrumpfen, zu überfliegen, irgendwie besser dazustehen als der andere – oder anders und weniger fein gesagt, die anderen nach unten zu drücken, runter zu machen. Da dieser natürliche Drang, anders als beim Hund, manchen Menschen (vornehmlich denen ganz unten) nicht gefällt, argumentieren sie dagegen, wollen dies ändern, z.B. über politische Tätigkeit, wollen alle Menschen gleichstellen, gleich machen, egalisieren. Das geht so weit, dass z.B. behinderte Kinder zusammen mit nichtbehinderten eingeschult werden oder werden sollen, um die Benachteiligten mit den anderen gleich zu stellen, die Behinderung wegzudenken. Und es geht soweit, die Geschlechter gleich zu stellen, Genderunabhängigkeit anzustreben.

Der Psychologe Oliver James schreibt in seinem Buch ›Office Politics. How to thrive in a world of lying, backstabbing and dirty tricks‹ auf S. 116: »Most of us were brought up to believe that if you work hard and are talented, this will be directly reflected in your pay and level of promotion. Once we get into the workplace, it rapidly becomes obvious that matters are not so simple. You start to notice some very untalented people are in positions senior to you. You feel deep resentment if peers get promoted who have contributed far less than you. What is more, it is soon apparent that the system by which employees are recruited is often deeply flawed…« Und auf der selben Seite sagt James noch: »…you do need people who will get work done, rather than devote most of their energies to politicking. There is more money to be saved by sacking expensive senior figures.«

Nun ist ein Streben nach oben (wo immer das sein mag) auch ein Streben nach Leistung, nach Mehrkönnen, Mehrerbringen als andere im Umfeld – und dieses Streben muss legitim sein – haben wir diesem doch den ganzen zivilisatorischen Fortschritt zu verdanken (Negatives ist natürlich auch dabei, Waffenerfindung, Bombenproduktion, Kriege usw.). Frauen werden Politikerinnen, Ingenieurinnen, Pfarrerinnen usw. und drängen ins Priesteramt der katholischen Kirche, und zweifellos will man auch Päpstin werden können (aber nicht Müllsammlerin, Straßenbauarbeiterin oder dergleichen). Argumente dagegen sind schwach. Wie kommt man nach oben – auf redliche Weise, versteht sich? Ohne Arbeit geht nichts, ohne ehrliche Arbeit erreicht man nichts. Diese Binsenweisheit kann man nicht oft genug wiederholen, denn die menschliche Natur wie die aller Kreatur ist so geschaffen, dass der Mensch in allem, was er tut, versucht seinen Erfolg zu maximieren, dabei aber seinen eigenen Arbeitsaufwand, seinen eigenen Verschleiß an Energie, zu minimalisieren, also den einfachsten Weg zum Ziel zu finden.

Dies ist im Grunde gar nicht verwunderlich, wissen wir doch aus der Physik, dass sich alle Bewegungsgleichungen aus einem Extremumprinzip herleiten lassen, dem Hamiltonschen Prinzip. Wir sehen es im Freien: Erfordert der gepflasterte Weg von A nach B den Umweg um eine Rasenecke R, der die Wegstrecke verlängert, sieht man in kürzester Zeit einen direkten Weg der Fußgänger quer über den Rasen, den sogenannten Trampelpfad. Dieser Trampelpfad ist der kürzeste Weg von A nach B. Nichts anderes drücken die korsischen Bauern aus, wenn sie den zum Zweck eines Straßenbaus aus Paris herangerückten Geländevermessungsleuten sagen, sie würden eine Ziege den Hang hochschicken und wo diese entlangläuft, die Straße planen. Machthaber, auch Universitätsprofessoren, suchen den einfachsten, den unbeschwerlichsten Weg zu einem sich selbst vorgegebenen Ziel, in vielen Fällen – wie man sagt – den Weg des geringsten Widerstandes (da haben wir wieder das Extremumprinzip).

Wir beobachten dieses Verhalten auch im Kleinen, wenn wir im

Supermarkt an die Kasse gehen. Da gibt es mehrere Kassen, Sie und ich gehen ohne Überlegen zu der mit der kürzesten Schlange. Öffnet eine weitere Kasse, stürzen die Leute gleich dahin, ich auch, obgleich ich, wie vermutlich die anderen auch, viel Zeit habe. Warum benehmen wir uns so? Liegt dies in unserer Natur? Wir sehen auch an Straßenrändern und Parkplätzen überall Pfosten oder Steinblöcke oder dergleichen, um den Menschen auf einen vorgeschriebenen Weg zu zwingen wie von A nach B um die Ecke R. Am Bankschalter und im Gemüsegeschäft erlebt man Ähnliches. Da steht eine Kundenschlange vor zwei Bedienungen und wartet geduldig, nach Reißverschlussmethode bedient zu werden. Doch plötzlich schiebt sich jemand von hinten nach ganz vorn mit der Behauptung, die Leute warteten alle auf Bedienung links, er selbst könne sofort rechts bedient werden. Vergleichbares sah ich in einem Straßencafé: Da kommt ein Mann einen Airport-Koffer hinter sich herziehend und zwängt sich mit diesem zwischen Eiskremgenießenden Leuten an Tischen und Stühlen mitten hindurch, weil das für ihn der kürzeste Weg ist.

Offenbar sucht der Mensch allerorten einen ›short cut‹. Das macht oft auch Sinn. Als an den Universitäten etwa 1986 E-Mail-Versand möglich wurde, musste man dessen Handhabung erst erlernen. Ein Doktorand, der für seine Computerkenntnisse bekannt war, wurde beauftragt, den sechs Professoren in Theoretischer Physik eine Einweisung zu geben. Der Vortrag dauerte etwa zwei Stunden, in denen alles Mögliche erläutert wurde, wo man was für welche Zwecke hinspeichern könne und tausend andere Möglichkeiten mehr. Verstanden hatte am Ende keiner etwas. Der Vortragende hatte viel zu viele Wege aufgezeigt, wie man von A nach B kommt, aber den einen direkten Weg von A nach B nicht hervorgehoben. Ich brachte mir alles dann selbst ›by trial and error‹ bei und erstellte ein Blatt mit 18 Punkten, beginnend mit ›kriech unter den Tisch und schalte den Computer mit dem Kippschalter ein‹. Dieses Blatt gab ich später einem indischen Gastwissenschaftler, damit dieser seine E-Mail-Korrespondenz schneller betreiben konnte. Ähnliche Erfahrung machte ich mit dem Verlag meiner wissenschaftlichen Bücher. Dieser Verlag hat ein vorgefertigtes Computerprogramm, in das Autoren ihre Texte einbauen können. Ich kam damit aber nicht zurecht. Es war für mich einfacher, das von mir für Zeitschriftenpublikationen selbst entwickelte Programm für eine Bucherstellung zu erweitern und damit dann zu arbeiten. Mein Programm war so einfach, dass ich es für alle meine Bücher benutzen konnte – mit nur einem einzigen ›filename‹, während Experten für jedes Kapitel eines Buches einen neuen ›filename‹ anlegen, also vieles aufteilen und am Ende die Teile zusammenfassen.

»Das kann der Herr X machen«, sagt manch einer, ein Bosstyp, »der kennt sich in der Sache aus.« Doch wenn der Herr X von ihm nicht abhängt und den Professor zu nichts braucht, wird er diesem kaum behilflich sein. ›Do it yourself‹, wird Herr X denken. Anders ist es bei Abhängigkeiten. Ein Freund von mir, Grand-Chef in seiner Position, lässt sich von seiner Frau durch die Welt chauffieren und von dieser auch für seine Dienstreisen den Koffer packen. Es versteht sich von selbst, dass er für seine dienstlichen Aufgaben die Hilfe seiner Sekretärin in Anspruch nimmt. Solche Abhängigkeiten sind jedoch auf Dauer problematisch. Zum Beispiel wird sich der Professor schnell selbst nicht mehr in seinen eigenen Akten auskennen und wird nicht wissen, wie ein Brief auf dem Computer getippt wird und vieles andere mehr.

Ich kannte einen Mitarbeiter in München – dieser war im fortgeschrittenen Alter, weil er vor Physik schon ein anderes Fach mit Abschluss studiert hatte. Wie oder wo sollte dieser arbeitstechnisch unterkommen? Er war sehr gesprächig, wusste scheinbar alles, und bediente den Professor, den Chef, trug diesem sogar den Koffer zum Bahnhof. Beide wurden voneinander abhängig – der Mitarbeiter erhielt eine Stelle auf Lebenszeit! Wenigstens so hochkommen wie möglich und notwendig zur Sicherung des Lebens, auch wenn das nicht sehr hoch ist, nicht ›oben‹ an einer Universität, so denkt man dann.

Dieses Beispiel illustriert bereits das Sprichwort »eine Hand wäscht die andere«, oder – wie Adenauer gesagt haben soll – »man kennt sich, man hilft sich«. Von solcher Hilfe ist es nur ein kurzer Weg in den Sumpf von menschlichem Fehlverhalten und Korruption. Dazu gibt es Untersuchungen von Psychologen. Oliver James gab seinem bereits erwähnten Buch ›Office Politics‹ den bezeichnenden Untertitel ›How to thrive in a world of lying, backstabbing and dirty tricks‹. Nun, ganz so schlimm geht es normalerweise wohl nicht zu, auch wenn in der Geschäftswelt sicher rauere Sitten herrschen als an Universitäten und ähnlichen Instituten, die ich hier vorrangig im Auge habe auf Grund meiner eigenen Lebenserfahrung. Dennoch sind dem Buch wertvolle Einsichten zu entnehmen. Wie der Untertitel schon vermuten lässt, hat der Psychologe James zum Thema dieses Kapitels, mit welcher Taktik man nach ›oben‹ kommt, einiges zu sagen. Er hat vornehmlich den angelsächischen Raum im Visier und sagt (S.98): »The technical term for tactics is Impression Management… On the whole, people in America who act tough (hard tactics) and are often disliked by colleagues, actually rise higher than likeable folk who use soft methods. The opposite is true in Denmark and Japan.« Auf der folgenden Seite sagte er: »…Win Friends And Influence People. This is a snake-oil salesmanship. There is no best way…« Am Ende seines Buches verrät er die Kernaussage seines Buches, des Pudels Kern, wie man im Deutschen sagt: »Authenticity is at the heart of emotionally healthy office politics, and the nub of this book's argument.«

Der authentische Mensch weiß, wo die Trennlinie ist zwischen dem, was man sich in der Gier nach Erfolg erlauben darf und was nicht. Authentische Menschen »have a rock-solid sense of who they are and what really matters«. Authentizität ist ein sicherer, stabiler Anker im Umgang mit anderen – man hört sich andere Meinungen gelassener an und ist offen für Verbesserung seiner eigenen. ›Authentisch‹ heißt echt, original, aufrichtig, ehrlich; der authentische Mensch leugnet seine negative Seite nicht im Unterschied zum Opportunisten oder Hochstapler, oder jenen, die ihr Vorwärtskommen dem Einschmeicheln bei Gönnern verdanken.

Wie entscheidend der Einfluss des Elternhauses auf die Entwicklung der Kinder hin zu einem befriedigenden und hinreichend erfolgreichen Leben ist, kann man in dem Buch ›Outliers‹ des Amerikaners Malcolm Gladwell nachlesen, der sich auf wesentliche Forschungsergebnisse von Psychologen beruft. Statt Gladwell sofort zu zitieren, illustriere ich dies zunächst an den Erfahrungen und Beobachtungen in meiner eigenen Familie und meinem eigenen Elternhaus. Mein Vater war Dr. Wilhelm M., sein Fachgebiet Kläranlagen und Abwasserwirtschaft, sein Bruder Dr. Walter M. hatte als Fachgebiet Chemie und Milchwirtschaft. Beide wurden nach Kriegsende als Wissenschaftler durch die englische Regierung für Australien rekrutiert wie insgesamt 127 deutsche Wissenschaftler. Man kann sagen, sie dienten als Siegestrophäen. Diese Wissenschaftler (darunter Dr. Walther Müller, bekannt vom Geiger-Müller-Zählrohr) fingen in Australien auf einer unteren Ebene an, jedoch auf ihren Fachgebieten. Alle wurden natürlich von ihren Familien begleitet und der Empfang in Australien war außerordentlich freundlich. Für beide Familien M. mit je drei Kindern – wir in Sydney, die anderen in bzw. bei Adelaide – waren die Bedingungen für den Neustart in Australien nahezu identisch, auch dem Alter nach.

Doch wie entwickelten sich beide Familien? Wir in Sydney erkannten schnell: ein schönes Land mit angenehmen Klima, mit Wohlstand und mit verführerischen Stränden, die zum Verweilen einluden. Doch wir waren mit nur fünf Koffern gekommen, wir waren arm und sahen die herrlichen Einfamilienhäuser mit den gepflegten Gärten darum. Wir hatten nichts, wohnten zunächst in einer einfachen, möblierten Unterkunft, Wohnung einer deutschstämmigen Sekretärin. Viele, viele Bücher gab es da, aus denen ich viel über die Antike und die Renaissance lernte. Es bedurfte keiner Erkenntnis oder Ermahnung – uns war unbewusst klar: Sprache lernen und arbeiten, arbeiten, arbeiten, um höher, d.h. irgendwie ›nach oben‹, also in eine bessere Position zu kommen. Meine Geschwister und ich waren bald an der Spitze bei den schulischen Leistungen unserer jeweiligen Schulen und Jahrgänge, unsere Mutter (mit abgeschlossenem Medizinstudium in Halle/Saale) arbeitete in einer Fabrik, und unser Vater wollte sich mit harter Arbeit neben der ihm vorgeschriebenen Tätigkeit an einem Fachbuch auf Englisch beruflich profilieren und arbeitete daran an Abenden, Wochenenden und selbst nachts. Der Erfolg kam nicht über Nacht, sondern allmählich nach Jahren. Wir drei Kinder erhielten Stipendien zum Studium an der Universität – nach fünf Jahren bekam unser Vater eine sehr gute Stelle in Perth, wir drei studierten dort (weiter), jeder bis hin zum Ph.D. Das Buch unseres Vaters wurde ein Erfolg, und er erhielt eine ordentliche Professur an der Technischen Universität Darmstadt.

Wir hatten die außerordentlich günstigen Chancen, die sich uns in Australien geboten hatten, voll ausgenutzt – für das Studium hatten wir Kinder immer Stipendien bekommen aufgrund der Jahresabschlussprüfungsergebnisse. Unser Vater hatte seinem Mentor in Deutschland gegenüber immer betont, wie wichtig ihm unsere Ausbildung sei, hatte sogar einige Zeit versucht uns selbst Latein beizubringen.

Wie entwickelte sich nun die andere Familie M. mit exakt den gleichen Chancen zur gleichen Zeit? Unser Onkel wechselte auch zu einer besseren Position in Adelaide, unsere Tante, ursprünglich Sekretärin, suchte sich keine Arbeitsstelle. Bald hörten wir, dass der Sohn die Schule verlassen hatte und in einem Molkereigeschäft arbeitete – wie er mir später erzählte, hatte ein Lehrer sogar seine Eltern zu Hause aufgesucht, um ihn in der Schule zu behalten, aber sein Vater hatte abgelehnt. Später unzufrieden mit der harten Arbeit im Milchgeschäft auf dem Land wurde mein Vetter über den zweiten Bildungsweg Grundschullehrer, wie seine zwei Schwestern. Unser Onkel sah sich als Wissenschaftler, hat auch später versucht sich weiter zu verbessern und sogar an der Universität Anstellung zu finden, aber ohne Erfolg. Letztlich wollte er seine Ruhe haben und liebte es, in seinem Garten Blumen und Gemüse zu züchten.

Man sieht hier deutlich, wie der Ehrgeiz und das Vorwärtsstreben der Eltern und deren Bemühen, den Kindern den Weg ›nach oben‹ zu ermöglichen, sich auf deren Entwicklung auswirkt. Das Elternhaus bestimmt zu einem wesentlichen Teil den späteren Erfolg der Kinder. Als ich 55 Jahre später mehr Zeit hatte und mir ein paar Tage Aufenthalt in einem Hotel mit Blick über die Manly Beach in Sydney gönnen konnte, beobachtete ich die sportlichen Jungs, die sich Tag für Tag in den Wellen tummelten, und die ich in meiner Jugend so sehr um solche Möglichkeit beneidet hatte. Und ich sah, wie sie mit der Fähre von Circular Quai, der City, ankamen, mit Freunden und Freundinnen und ein scheinbar unbeschwertes Leben führten. Aber wie kann man beruflich vorankommen, wie eine Position zur Sicherung zumindest des täglichen Lebens erlangen, wenn man bereits in der Jugend zu viel seiner Zeit am Strand verbringt? Die können es nicht weit bringen, sagte ich mir. Ohne Arbeit kommt man nicht weiter.

In dem o.g. Buch ›Outliers‹ von Malcolm Gladwell lese ich auf S. 43 und gebe dies im Originaltext wieder (da ich diesen für so wichtig halte): »...That's it. And what's more, the people at the very top don't work just harder or even much harder than everyone else. They work much, MUCH harder.« Und auf S. 175 heißt es: »Hard work is a prison sentence only if it does not have meaning. Once it does, it becomes the kind of thing that makes you grab your wife around the waist and dance a jig.« Dass praktisch jeder normale Mensch (abhängig vom Elternhaus) durch Arbeit die Chance zum Vorwärtskommen hat, wenn er sich anstrengt, geht unmissverständlich aus den Überlegungen des Verfassers hervor. Er erläutert dies an einer Person, die schlechthin als Paradebeispiel eines Genies weltbekannt ist – an Wolfgang Amadeus Mozart. Sicher, dessen Elternhaus und Umfeld waren von Musik geprägt (wie auch das von Bach), aber dass Mozart schon mit sechs Jahren Kompositionen von genialer Qualität erbrachte, sei Mythos. Diese Stücke seien teils entlehnt von anderen Zeitgenossen und dann mit Hilfe seines Vaters umgearbeitet worden. Im Grunde hätte auch Mozart es erst im Alter von 20 Jahren zur Genialität geschafft – davor lagen viele tausend Stunden Übungen in fünfstelliger Zahl wie auch bei anderen Genies wie Bach und Bill Gates. Ohne Arbeit geht eben nichts!

Die harte Arbeit in Schule und Studium und danach, das kreative Ringen mit einem Stoff, der zum Lebensinhalt wird, macht Sinn. Anders ist die Situation für eine Sekretärin, die Briefe für ihren Chef tippt – sie sehnt bald das Ende des Tages herbei, während der von seinem Arbeitsthema faszinierte, ja besessene, ehrgeizige Wissenschaftler seine Papiere schließlich noch zu später Stunde mit nach Hause nimmt, da sie ihn nicht loslassen. Mir wurde von einer Frau (ausgebildete Krankenschwester, die einen Akademiker mit Doktortitel geheiratet hatte) gesagt, Bildung/Ausbildung sei nicht wichtig – auf Familie komme es an. Es ist sinnlos, mit solchen Leuten zu argumentieren. Man könnte entgegnen: Frauen bringen Kinder auf die Welt, aber kein Geld nach Hause! Normalerweise freuen sich Eltern, wenn ihre Kinder in der Schulausbildung und im Beruf weiter bzw. höher kommen. Eine Familie muss schließlich ernährt werden, und eine Familie auf dem untersten Level der Gesellschaft zu erhalten ist riskant, da schnell das Abrutschen in Arbeitslosigkeit droht.

Ohne Bildung/Ausbildung droht den jungen Menschen der Absturz in die Arbeitslosigkeit – das ist eine offenkundige Tatsache in allen westlichen, also hochentwickelten, Ländern. Man sieht und liest und hört es doch überall, auch und gerade in vergleichsweise unterentwickelten Ländern wie Afrika, wie wichtig Bildung/Ausbildung für das Wohl der Menschen ist. Wenn das noch eines Beweises bedurfte, dann liefern diesen Plakate, die ich auf der Straße sehe mit Aufschriften: ›Bildung ändert alles. Kindernothilfe‹, darunter das Bild armer Kinder, und ›Erfolg durch Weiterbildung‹. Man sieht auch hier, dass Widerspruch bei vielen Menschen wichtiger ist als eine Binsenweisheit anzuerkennen.

Ich zitiere noch einmal Malcom Gladwell aus seinem Buch ›Outliers‹ (S. 313): »It is not the brightest who succeed. Nor is success simply the sum of the decisions and efforts we make on our own behalf. It is, rather, a gift. Outliers are those who have been given opportunities – and who have had the strength and presence of mind to seize them.« Kurz gesagt: ›Carpe diem‹ ist die Empfehlung (das Motto meiner Schule in Sydney) – Augen auf und nach Chancen auf dem eingeschlagenen, vom familiären Hintergrund und Schicksal vorgegebenen Weg Ausschau halten und dann handeln, arbeiten, schwer arbeiten, schwerer als andere, ja viel schwerer. Chancen wiederholen sich nicht.

Mit meiner australischen Schul- und Universitätsausbildung war ich mein Leben lang hierzulande der Frage ausgesetzt: »Wird das hier anerkannt?« Selbst im Alter von über 79 Jahren wurde ich noch mit dieser Frage konfrontiert. Und man kann sich denken, mein Leben lang musste ich dagegen kämpfen. Geradezu kurios: Als ich schon Professor war und einer Tante zum 85. Geburtstag gratulierte, erhielt ich eine nette Antwort mit der Frage, wann ich wohl endlich mit dem Studium fertig werden würde. Ich ignorierte diese (wohl liebevoll gemeinte) Bemerkung, aber mein Vater schickte seiner Cousine daraufhin einen Brief, worauf diese sich dann bei mir entschuldigte. Einem entsprechend selbstbewußt auftretenden Menschen, der durch sein Verhalten signalisiert, alles im Griff zu haben, vielleicht auch noch Witze erzählt, würde dies wohl kaum passieren.

Da wir in Sydney arme Einwanderer waren, standen mir und meinen zwei Geschwistern nur öffentliche Schulen zur Verfügung, ›Public High Schools‹. Aber ich erkannte schon an der ›school uniform‹ anderer Schüler auf der Straße, dass es andere, auch private Schulen gab, die zumindest dem Anschein nach anspruchsvoller waren. Aber alle Schüler und Schülerinnen im Staat NSW mussten für das Abitur (damals ›Leaving Certificate‹ genannt) durch dasselbe einheitliche staatliche Prüfungsverfahren, da hatte kein Lehrer mehr Einfluss oder ein Wort mitzureden, egal von welcher Schule. Selbst das Aufsichtspersonal, i.A. pensionierte Lehrer, war völlig fremd, und die Praktikumshefte mussten mit den Namen verdeckendem Einschlag und zugeteilter Nummer darauf eingereicht werden. Hier waren alle Schüler gleich, egal von welcher Schule sie kamen und ohne Bonus für irgendjemanden. Da alle Examensergebnisse, also aller Schüler und aller Schulen, mit vollem Namen und ›grade‹, d.h. Note, in der größten Tageszeitung, dem *Sydney Morning Herald*, veröffentlicht wurden, konnte ich später feststellen, von welcher Schule und mit welcher Note andere kamen, die z.B. in der Mathematikvorlesung an der University of Sydney neben mir saßen. Es war ein System der Auslese, des Aussortierens – und das ging an der Universität knallhart weiter.

Malcolm Gladwell zitiert in seinem internationalem Bestseller ›David and Goliath‹ (S. 80-81) den Psychologen Herbert Marsh, der ihm gegenüber äußerte: »When I was living in Sydney, there were a small number of selective public schools that were even more prestigious than the elite private schools. The tests to get into them were incredibly competitive. So the ›Sydney Morning Herald‹ – the big newspaper there – would always call me up whenever they were holding their entrance examinations… there was always this pressure…« Nach den Prüfungen am Ende des ersten Jahres an der Universität verschwanden mehr als ein Drittel der Studierenden. Dies ist das Ergebnis von schriftlichen Prüfungen, hierzulande genannt Klausuren, die einem ganzen Jahrgang von Schülern oder Studierenden abverlangt werden, denen sich niemand entziehen kann.

Die hierzulande üblichen Individualprüfungen, oft sogar ohne

Protokollführer oder Zeugen, verhindern ein derart krasses Durchfallen. Das weiß ich selbst aus eigener Erfahrung und Praxis – in meinem Umfeld hier in Deutschland kam es sehr selten vor, dass ein Prüfling durchfiel. Da muss man schon außerordentlich schwach sein, wie in einem tragischen Fall, an den ich mich erinnere. Ein Prüfling im Vordiplom war bei einem Kollegen durchgefallen, und wurde zur Wiederholung des Examens zu mir geschickt. Der Protokollführer und ich warteten auf ihn, aber er erschien nicht. Am nächsten Tag hörte ich, dass er gegen einen Baum gefahren war und Selbstmord begangen hatte.

Ich habe mich immer auf jede Prüfung vorbereitet. Einmal hatte ich zusammen mit dem Universitätspräsidenten eine Einzel-Diplomprüfung durchzuführen. Danach machte der Universitätspräsident eine Bemerkung zu meinen vorbereiteten Fragen: Man sollte diese aus dem Stegreif stellen können! Dem widerspreche ich. Gerade ein Universitätspräsident, der sich mit ganz anderen Themen als fachlichen befasst, ja befassen muss, hätte es nötig sich vorzubereiten, statt einfach aus einer Sitzung in eine Prüfung zu wandern! Er hatte lediglich Standardfragen gestellt, die in der Fachschaft der Studierenden für jeden Prüfling einsehbar in einem Aktenhefter gesammelt vorlagen.

Unter den Studierenden an der University of Sydney erzählte man sich, dass Psychologie das einfachste Fach war, das damals diejenigen wählten, die an der Universität eher einen Lebenspartner als ein akademisches Diplom suchten. Malcolm Gladwell machte ähnliche Beobachtungen in den USA und schreibt in ›David and Goliath‹ (S. 81): »More than half of all American students who start out in science, technology and math programs drop out after their first or second year… large numbers … end up switching into the arts…« Innerlich sehr aufwühlend ist der Wechsel von einer Universität zur anderen. Das hatte ich mit dem Umzug unserer Familie nach Perth erfahren müssen. Da wollte man mir an der University of Western Australia nicht erlauben, Angewandte Mathematik II zu belegen, da in Sydney im ersten Jahr Angewandte Mathematik und Mathematik in Mathematik I zusammengefasst waren. Ich wurde zwischen dem Dekan und den Mathematikdozenten hin- und hergeschickt. Schließlich gab der Dekan, ein Botanikprofessor, nach und sagte, es gäbe ja Prüfungen und die würden entscheiden. So kam es auch. Ich bestand alle Examen mit Auszeichnung (*distinction*), und erhielt sogar zusammen mit einem Chemiestudenten einen Preis für den besten Absolventen im zweiten Jahr in der Faculty of Science, und die Angelegenheit war soweit vergessen. Aber nun konnte man aus meinen Prüfungsergebnissen möglichenfalls schließen, dass das Studium an der University of Western Australia leichter war als in Sydney (wo ich auch alle verlangten Prüfungen bestanden hatte, aber nicht so blendend)! Andererseits war ein sehr positiver Effekt dieses Erfolgs, dass ich damit in dem vorher unbekannten Umfeld bekannt wurde – nicht nur bei den Studierenden sondern auch bei den Dozenten. Dadurch öffnete sich mir die Tür zu einem Stipendium im folgenden Jahr und ich bekam die Chance von dem brillantesten Kopf am Ort, meinem späteren Doktorvater, als Forschungsstudent angenommen zu werden, was ich jedoch alles erst später erkannte.

Die Universität ist eine Wettbewerbsgesellschaft – auch für Studenten. Nicht alle Universitäten haben das gleiche akademische Niveau, was man am besten beim Wechsel von einer Universität zu einer anderen erkennt. Der Schriftsteller Malcolm Gladwell behandelt genau dieses Thema in seinem Buch ›David and Goliath‹. Er sagt auf S. 68: »We strive for the best and attach great importance to getting into the finest institutions we can. But rarely do we stop and consider … whether the most prestigious of institutions is always in our best interest. There are many examples of this, but few more telling than the way we think about where to attend university.« Er behandelt dann die Erfahrungen einer Chemiestudentin, die sich an einer ›Ivy League‹ (also Top-)Universität hatte in Chemie einschreiben lassen statt an einer weniger bedeutenden und dann feststellen mußte (S. 77): »Wow, other people are mastering this, even people who were as clueless as I was in the beginning, and I just can't seem to learn to think in this manner.« Die Studentin erlebte das von Psychologen so bezeichnete Phänomen von ›relative deprivation‹, das ich als Minderwertigkeitskomplex bezeichnen würde.

Als ein Professor in München einem Angebot aus Kiel folgte, sagten die Leute in seinem Umfeld: Lieber der erste dort, als der zweite im großen München! Malcolm Gladwell nennt dies: »… the Big Fish Little Pond Effect. The more elite an educational institution is, the worse students feel about their own academic abilities…And that feeling… matters… It's a crucial element in your motivation and confidence.« Je elitärer eine Ausbildungsinstitution, um so unglücklicher der Studierende mit seinen eigenen akademischen Fähigkeiten – dies selbst wahrzunehmen, darauf kommt es an, und ist ein wesentliches Element unserer Motivation und unseres Selbstvertrauens. Es ist eher möglich, ein kleiner Fisch in einem großen Teich zu sein als ein großer Fisch in einem kleinen Teich. Wer es als Student an einer guten Universität nach ganz oben schafft, kann an einer besseren Universität leicht nach unten absinken, wie auch Gladwell in seinem Buch feststellt.

Zugegeben, an der University of Western Australia war in meinem Umfeld nicht viel Konkurrenz. Das änderte sich für mich schlagartig, als ich nach Abschluss des Doktorgrades in Perth, aber noch ohne Urkunde, als Postdoktorand nach München kam. Die Begutachtung einer Doktorarbeit durch internationale Fachleute, in meinem Fall von je einem Professor aus Großbritannien, Deutschland und Australien, dauert in Australien etwa ein Jahr und länger, sodass man zunächst ohne Urkunde dasitzt. In meinem Fall bedeutete dies, dass ich als Urkunde zunächst nur die des B.Sc. (First Class Honours) vorlegen konnte – und das sagt fast nichts aus. Man schickte mich zum Ministerium, wo ein dortiger Referent mir sagte, ich solle erstmal das deutsche Abitur machen – fertig. Das Problem löste ich durch Aussitzen – und arbeiten, arbeiten, Teile meiner Dissertation veröffentlichen, Literatur lesen und nach Möglichkeiten Ausschau halten, in Anlehnung an meine Doktorarbeit neue Probleme bearbeiten zu können.

Am Ende hatte sich mein Vorgehen zwar nicht finanziell, aber wissenschaftlich gelohnt. Andere sahen das nicht so und blickten auf mich herab. Aber ich hatte nach etlichen Jahren mehr Veröffentlichungen als diese, und der Chefprofessor empfahl mich zur Habilitation. Hätte dieser Professor von mir nicht wie auch von allen anderen in seinem Institut erwartet, dass ich an seinen Ideen arbeitete und mir (bei ohnehin geringer Besoldung) mehr freie Hand gelassen, hätte ich mich eher freischwimmen können. Ich habe später erkannt, dass es außerordentlich schwer, wenn nicht unmöglich, ist, einen anderen für das eigene Forschungsprojekt zu begeistern – dem anderen fehlt das Hintergrundwissen, die Erfahrung, Vertrautheit, Einfühlung usw. Mir ginge es mit anderen genauso: Ich könnte mich auch nicht in deren Innenwelt hineinfinden. Diese Erfahrung führt nicht selten zu einem Zerwürfnis zwischen Professoren und Mitarbeitern/Studenten.

Als ich als Stipendiat an zwei große, erstklassige Forschungsinstitutionen in den USA kam, nämlich dem Lawrence Radiation Laboratory der University of California in Berkeley (heute Lawrence Berkeley Laboratory genannt) und dem Stanford Linear Accelerator Center (SLAC) an der University of Stanford, fühlte ich mich zunächst wieder deprimiert. Da diskutierten und argumentierten alle so klug, wussten jegliche Kleinigkeiten von Theorie und Experiment, kannten sozusagen alles und jeden, und ich hatte das Gefühl: Da kommst du nicht mit! Ich erlebte nun selbst das Phänomen von ›relative deprivation‹. Und wie Malcom Gladwell weiter oben betonte, ist dies ist ein wichtiges Element im Lern- und Erfahrungsprozess. Genau deshalb sind Ausbildungs- bzw. Weiterbildungsphasen in den USA für einen Wissenschaftler außerordentlich wichtig. Ich wurde mir eines neuen, noch strengeren Maßstabs wissenschaftlicher Konkurrenz bewusst.

Ich bin froh, diesen Erfahrungen ausgesetzt gewesen zu sein und den Mut zu dieser Auseinandersetzung gehabt zu haben. Andere in meinem Umfeld in Deutschland haben das nicht gewagt. Und ich sage offen: Auch mir verlangten die Entscheidungen zwecks weiterer beruflicher Qualifikation für längere Zeit in die USA zu gehen innere Überwindung ab. Äußerlich, also in meinem Umfeld, erreichte ich nichts damit – den meisten anderen waren solche Erfahrungen, über die sie selbst nicht verfügten, ein Dorn im Auge und sie wollten davon nichts wissen – innerlich aber war es für mich Ansporn in meiner eigenen wissenschaftlichen Arbeit. Letztlich geht es immer wieder um Wettbewerb, Konkurrenz, Drang nach oben und um andere zu überflügeln.

Bei Ruhestandsversetzungen von Professoren habe ich immer wieder festgestellt, wie diese mit Stolz auf ihre in den USA verbrachte Zeit zurückblickten, selbst wenn sie dort nur kurze Zeit an einer kleinen Provinzuniversität gewesen waren. Der Drang nach oben endet nicht mit der Berufsausbildung oder mit einer lebenslang sicheren Position. Es gilt dann die Konkurrenten zu überbieten, der Kampf im Leben geht immer weiter…

Nochmal zum Thema ›relative deprivation‹. Nach der Graduation weiter an der University of Western Australia als Doktorand verbleibend, erhielt ich Briefe von Studiengefährten, die stattdessen sofort den Weg nach ›overseas‹ gesucht hatten – nach USA, Großbritannien, Kanada. Einer schrieb verbittert über seinen Start an der Harvard University – ich weiß nicht, was aus ihm geworden ist. Ein anderer, der an die University of Maryland gegangen war, klagte über Desinteresse seines Doktorvaters, nahm dies aber mutig in Kauf und wurde später Professor in Canberra, wie ein weiterer, der Ähnliches über viele Jahre an der Oxford University erreichte. Nicht allein die Universität ist für Erfolg ausschlaggebend – eine günstige Konstellation von Doktorvater und Doktorand wie in meinem Fall ist ein großer Vorteil, aber auch die notwendige Eigeninitiative, ohne die es nicht geht. Ein anderer Deutscher hatte es mir nachgemacht und war nach erfolgreicher Bewerbung an das o.g. SLAC (Stanford University) gegangen. Doch der Betrieb da, der ihm angebotene Arbeitsplatz und vieles andere mehr behagten ihm nicht, und er saß seinen US-Aufenthalt zu Hause arbeitend ab.

An vielen Universitäten überall in der Welt gibt es das Problem der Inzucht. Manchen Leuten gelingt es, ihre ganze Karriere vom ersten Tag des Studiums bis zur Ruhestandsversetzung an ein und derselben Universität zu verbringen – nur zwischendurch mal kurz woanders mit einem halben Jahr in Kanada oder sonstwo. Solche Leute kennen zwar den Betrieb, sind für vieles deshalb nützlich, dürften aber insgesamt für die Universität und deren akademischen Ruf schädlich sein. Das gleiche trifft auf Seilschaften zu, wenn also gewichtige Personen eine ganze Schar von Anhängern mitbringen und mit Stellen versorgen, die dann in Gremien bei Entscheidungen schon aufgrund ihrer Menge beträchtliches Gewicht haben.

Auch diese Gesellschaften von Duzfreunden, die sich meistens einig sind, dürften insgesamt der Universität mehr schaden als nützen. Günstlings- und Duzfreundberufungen sowie Inzucht dürften das tödlichste Gift für eine Universität sein. Ein in diesen Mief neu berufener Professor, der frische Luft hineinbringt, ist ein Störenfried. Er wird schnell auf Widerstand stoßen und Probleme haben – dabei ist nichts gesünder für die Wettbewerbsatmosphäre als genau das. Ich weiß, wovon ich rede, ich habe genau das erlebt bzw. erleben müssen. Wenn man diverse Institutionen durchlaufen hat, nicht als kurzzeitiger Gast, sondern jeweils auf längere Zeit, kann man vergleichen. Ist man aufrichtig, wird man erkennen, dass manche Institutionen höhere Ansprüche stellen als andere und manche etwa aufgrund eines Mangels an Konkurrenz insgesamt einen schwächeren Eindruck machen. Nicht alle können Elite sein, manche sind eben schwächer, auch wenn der Drang nach oben, d.h. zum Elite-Standard, wie Samen vorhanden ist. Einen Mr. Nice Guy, der fachlich schwach ist, aber freundlich gegenüber jedermann, zu befördern, ist das problematischste an einer Universität – denn damit senkt man das akademische Niveau.

Noch schlimmer wird es, wenn diese netten Menschen dann noch massenweise beste Noten vergeben und sich somit bei Studierenden populär machen. Viele Professoren sehen das – und schweigen oder sehen weg. Dies sind Konsequenzen demokratisch getroffener Entscheidungen – konkret heißt dies durch Abstimmen, Händeheben in Gremien, und das tun die Leute gemäß ihren eigenen persönlichen Präferenzen. Trifft solch ein Gremium eine Fehlentscheidung, fühlt sich niemand verantwortlich – und wer solches offen anspricht, ›outet‹ sich, wird gemieden, diskriminiert. Ich habe das beobachtet, aber auch selbst erlebt. Wer es sich in seiner Position, einer Nische, gemütlich gemacht hat, will nicht gestört oder gar herausgefordert werden. Ihm ist das akademische Niveau seiner Universität egal. Für die anderen – ob Studierende oder Professoren – heißt es dann: Rette sich wer kann, den eigenen Namen, den eigenen Ruf als Wissenschaftler, das eigene Ansehen, nicht zuletzt die persönliche Zukunft – durch eigene Mehrleistung oder schlimmstenfalls durch Flucht. Die Welt ist nicht fehlerfrei. Es gibt Menschen, die den kürzesten ›Weg nach oben‹ notfalls mit eher fragwürdigen Methoden gehen, wie in der Beförderung durch Freunde, als Günstlinge von Machthabern, gegebenenfalls auch mit krummen bis hin zu rechtswidrigen Methoden. Das alles gibt es, wie in der Geschichte vom Wettlauf zwischen dem Hasen und dem Igel. Das ist der Drang nach oben auf unerlaubten Wegen.

Man wird sich erinnern: Für viele Jahre galten der Ruf der Universität Bremen wegen wenig kritischer Notenvergabe und der der Freien Universität Berlin wegen leichtfertiger Übernahme von Mitarbeitern als Professoren als beschädigt. Es ist nun mal so: Das akademische Niveau ist dort am höchsten, wo es am schwersten ist hineinzukommen, wo die Maßstäbe für den Zugang die strengsten sind. Das bestimmt, was man unter Elite versteht und deshalb sind die Top-Universitäten in den USA die besten in der Welt. Nett zu sein zählt dort nicht. Wie der Psychologe Oliver James anmerkt: »Mr. Nice Guy does not prosper in the mostly American samples studied.« Nachdem die Regierung Schröder das Schlagwort von Elite-Förderung bzw. Elite-Universitäten in die deutsche Öffentlichkeit gebracht hatte, verbreitete sich dies wie ein Lauffeuer. Meine Kollegen in China wussten sofort Bescheid – sie wussten, dass die Universität München zur Elite zählte, aber die junge Technische Universität Kaiserslautern, an der ich tätig war, nicht.

Was in diesem Sinn für Universitäten gilt, gilt z.B. auch für wissenschaftliche Zeitschriften. Auch da gibt es ›bessere‹ und ›weniger gute‹. Die besten sind die, bei denen es am schwersten ist, ein Manuskript zur Publikation angenommen zu bekommen und solche mit höchstem Impaktfaktor, wie die Zeitschrift *Nature*. Eine der Top-Zeitschriften in Physik ist *Physical Review Letters*. Aber natürlich ist diese Zeitschrift auch nicht für alle möglichen Spezialgebiete geeignet, egal wie gut ein Manuskript sein mag. Dennoch gibt es Leute, die es zuerst dort versuchen. Mit etwas Erfahrung weiß jeder vom Fach die Qualität und den Anspruch der verschiedenen Fachzeitschriften zu unterscheiden. Obgleich es kaum eine wissenschaftliche Zeitschrift geben dürfte, die ohne Begutachtung ein Manuskript publiziert, geben viele Wissenschaftler ihre Veröffentlichungen als die in ›refereed journals‹ an. Will man ein Manuskript unbedingt unter Dach und Fach bringen, reicht man es bei einer weniger hoch angesehenen Zeitschrift ein. Dass all dies natürlich viel Arbeit, Mühe, Durchhaltevermögen, auch Auseinandersetzungen mit anonymen kritischen Gutachtern erfordert, ist Teil des Kampfes um Anerkennung auf dem Fachgebiet bzw. des Drangs nach oben.

Von *Physical Review* erhielt ich einmal ein Manuskript zur Begutachtung, dessen Verfasser gleich eine Liste von acht Namen beilegte, die er als Gutachter ablehnte. In den exakten Wissenschaften ist jeder irgendwie durch Publikation zitierte Autor ein potentieller Sachverständiger. Nur selten werden heute Gutachter von den Herausgebern einer wissenschaftlichen Zeitschrift dazu berufen. Es kommt vor, dass sich solche Fachleute überfordert sehen oder eine Arbeit nicht ausreichend verstehen, was nicht jeder zugibt. Ich hatte einmal ein Manuskript von mir und einem Kollegen an *Physics Letters B* geschickt. Dieses wurde zurückgesandt mit der Bemerkung, dass unser Thema außerhalb des Fachgebiets der Zeitschrift liege. Wir schickten es dann an *Physical Review*. Der Gutachter lehnte es als nicht neu ab. Wir verlangten einen anderen Sachverständigen, und dieser sagte, das Urteil seines Vorgängers sei falsch; unsere Überlegungen ließen sich sogar experimentell untersuchen. Unsere Arbeit wurde daraufhin angenommen und publiziert. Ein Kollege, dem ich empfohlen hatte, sein Manuskript an *Physics Letters B* zu schikken, erhielt eine Beurteilung, die ihn niederschmetterte. Das muss man ertragen können. Albert Einstein hatte einmal ein Manuskript an *Physical Review* geschickt und war empört, als er erfuhr, dass die Herausgeber es an einen anonymen Gutachter geschickt hatten, der sich zudem noch Anmerkungen erlaubte.

Dieses Streben nach anerkannter Leistung hört nie auf. Heute wird von Professoren vielfach Einwerbung von Drittmitteln erwartet – dies erfordert Ausarbeitung von Forschungsanträgen, die dann irgendwo auswärts begutachtet werden. Auch da muss man den Mut haben, sich eine Ablehnung gefallen zu lassen, das ist nichts anderes als Wettbewerb. Natürlich gibt es auch da Leute, die über Beziehungen verfügen und leichter als andere Erfolge erzielen, aber das ist nicht die Regel. Ich habe die Beobachtung gemacht, dass Professoren, die an einer kleineren Universität, an der sie ihre lebenslange Stelle haben, selbstbewusst und Macht ausstrahlend auftreten, in einem größeren Kreis wie auf einer internationalen Tagung oder bei einer Präsentation von Forschungsvorhaben aber sehr viel kleinlauter oder sogar gereizt auftreten – da ist die Selbstsicherheit spürbar erschüttert; diese Charaktereigenschaft bezeichnen Psychologen als Chamäleonisierung.

Fragt man einen Wissenschaftler nach der Zahl seiner Publikationen, wird man in den meisten Fällen eine ausweichende Antwort erhalten – das wisse er nicht oder habe er vergessen oder dergleichen wird man hören. Die meisten wissen sehr wohl, wie viele Veröffentlichungen sie allein oder mit anderen herausgebracht haben, fürchten aber, dass die Zahl im Vergleich mit der anderer zu gering ausfällt und flüchten deshalb in eine Ausrede. Dasselbe betrifft Bücher, Ehrungen usw. Wirklich beschämend ist letztlich nur, wenn jemand kaum etwas von der Leistung vorzuweisen hat, die mit seiner Position bei Einstellung als Minimum erwartet wurde, und sich der Betreffende verstecken muss oder sollte. Da wird es dann peinlich.

Zum Schluss noch das Thema, das in sehr vielen Fällen ein Hindernis auf dem Weg nach ›oben‹ ist. Ich kennzeichne dieses Thema mit den Worten ›verliebt, verlobt, verheiratet‹. Wer damit zu früh anfängt, sogar Kinder in die Welt setzt, wirft sich selbst Steine in den Weg. Man sehe sich die gescheiterten Existenzen der TV-Leute in deren Klatsch- und Quatschsendungen an. Wenn ich mich in meinem familiären Umfeld umsehe, auch zwei Generationen vor mir, so stelle ich fest: Ob gut oder weniger gut oder schlecht dastehend: Die mussten alle ringen, ja kämpfen, um nicht unversorgt auf der Strekke zu bleiben. Da ist der Pfarrer, dessen Mutter und Schwester sehnsüchtig darauf warteten, dass dieser eine Pfarrstelle erhielt, die sie gleich mit versorgte, da der Kunstakademie-Absolvent, der seinem Professor einen Brief wie einen Hilfeschrei schickte, weil er seinen Eltern nicht zur Last fallen wollte, da der Absolvent einer Kaufmannslehre, der sich in ein Abraumunternehmen zu retten versuchte, da der Apotheker, der auf einer Bahnfahrt mit einem so netten Herrn ins Gespräch kam, dass er sofort seinem Bruder schrieb, er könne diesen möglichenfalls um finanzielle Unterstützung bitten usw.

Und wenn dann noch Kriege dazu kommen, wie die Generation

meiner Eltern es erleben musste, dann wird es noch schwieriger. Wer natürlich über Beziehungen zu Geld oder Macht verfügt, dem bleiben solche Probleme des normalen Lebens oft erspart – aber das sind nur wenige. In meinem beruflichen Umfeld von Professoren verdanken viele ihre lukrative Position der Gunst oder dem Wohlwollen oder der Förderung durch ihre Doktorväter oder ähnlicher Personen mit Macht. Immer nach dem Prinzip: Rette sich wer kann!

Politisch inkorrekte Beobachtungen

Ein Kollege aus dem außereuropäischen Raum berichtete mir folgendes. Er hatte (wie weiter oben bereits erwähnt) einen deutschen Ordinarius (in Fachkreisen nicht unbekannt) zu einem Vortrag an seine Universität eingeladen und ihn dort, wie in Fachkreisen üblich, auch herumgeführt und fürstlich betreut. Nach dessen Abreise erhielt mein Kollege eine Vorladung in sein Ministerium. Dort machte man ihm Vorwürfe: »Wie konnten Sie so einen Nazi einladen …« Mit Politik hatte der Vorwurf nichts zu tun – sondern mit dem Auftreten des Deutschen, auch obgleich dieser nicht gerade arrogant war, aber mit Sicherheit mit einem Lächeln auf seine Gastgeber herabblickte und diese erkennen ließ, dass er von ihnen fachlich nichts hielt.

Nicht wenige deutsche Professoren erbringen mäßige Leistung in ihrem Fach, haben aber ein bequemes abgesichertes Leben und treten arrogant und überheblich auf. Ich habe an einigen meiner Humboldt- oder DAAD-Gäste beobachtet, dass diese einem (nicht unarroganten) Ordinarius aus dem Weg gingen, dessen Einstellung auch daran zu erkennen war, dass er Vorträgen von diesen fernblieb und selbst nie DFG-, Humboldt- oder DAAD-Gäste, allesamt aus dem Ausland, in seiner Arbeitsgruppe hatte. Einmal kam er in mein Zimmer, als ich gerade ein Gespräch mit meinem indischen Mitarbeiter führte, der deutsch verstand. Der Kollege ignorierte den Inder und wunderte sich (der Zweck seines Besuches bei mir), dass der in Cambridge ansässige Herausgeber einer Fachzeitschrift (*Physics Letters B*) den Empfang seines Manuskriptes nicht bestätigt hatte und wollte meine Meinung hören, da er wusste, dass ich damit Erfahrung hatte. Ich sagte: »Der antwortet erst, wenn er den Gutachterbericht erhalten hat.« Nachdem der Kollege gegangen war, sagte der Inder zu mir: »Der ist C4. Weiß der nicht Bescheid?«

Man täusche sich nicht: Die Menschen in bzw. aus nicht-westlichen Ländern beobachten und empfinden wie wir, auch wenn ihre Gesellschaften uns hier in einer oder anderer Weise rückständig erscheinen mögen. Ich vermute, dass gerade solche Professoren diesen Leuten unangenehm auffallen, die kaum im Ausland gelebt haben und wenig herumgekommen sind. Eigentlich müsste es für einigermaßen erzogene Menschen, besonders älteren, die strengere Erziehung erlebt haben, eine Selbstverständlichkeit sein, sich im Ausland auch und gerade, wo Universitäten noch nicht wie hier seit langem etabliert sind, sich eher ermutigend als anders zu verhalten. Doch ist dem nicht so, wie ich selbst im Ausland erlebt habe, z.B. Benehmen von oben herab, verächtliche Bemerkungen. Ich habe sogar bei einem deutschen Ordinarius die Präsentation seines Doktoranden als Professor erlebt! So nach dem Motto: Die merken das ja nicht! Wer bei uns Doktorand ist, ist bei denen Professor! Wer glaubt, die anderen lassen sich für dumm verkaufen, der täuscht sich. Die Empfindlichkeiten sind sehr groß.

Es gibt aber auch das Umgekehrte: falsches oder gar miserables Benehmen in einem westlichen Land. So erlebte ich in den USA, dass ein jugoslawischer Kollege zu einer Einladung in das Privathaus von einem der beiden Direktoren des Forschungszentrums SLAC der Stanford University, Professor Sidney D. Drell, nicht nur in einer besonders kurz geschnittenen, schmutzigen Jeans erschien, sondern diese hinten auch noch ein großes Loch hatte. Der Mann versuchte offenbar den Begriff der Freiheit provokativ zu überdehnen.

Aber solches Verhalten ist in der westlichen Welt nicht ungewöhnlich. Zu meiner Pensionierungsfete erschien ein Kollege aus einem anderen westeuropäischen Land (übrigens auch mal Humboldt-Stipendiat, aber nicht bei mir) in T-shirt und Jeans, letztere erkennbar mit Urinflecken neben dem Hosenschlitz. Ich hatte ähnliches noch schlimmer einmal bei einem Jugendlichen in einer Hamburger U-Bahn beobachtet – nicht zu verwechseln mit den angeblich modischen Flecken und Löchern, die der Hersteller gleich in den Jeans anbringt, die besonders in jüngster Zeit fast überall zu sehen sind! Hingegen kam ein Kollege, ursprünglich aus Iran, in dezentem Anzug mit Schlips und Kragen. Man beachte den Unterschied! Die Freiheit, die Westeuropäer für sich beanspruchen, beobachtete ich auch bei einem Empfang, den die Shabanou Farah Diba den Vortragenden auf einer Internationalen Physikkonferenz in Teheran gewährte:

Die Frau eines Deutschen erschien (erkennbar) in Oberbekleidung ohne Unterwäsche – und dies trotz der in der Einladung erbetenen Kleiderordnung.

Hierzulande hält man nichts von Schuluniform. Aber man schaue sich um in der Welt: Überall dort, wo die Engländer mal als Kolonialherren waren, sieht man noch heute, selbst in den heißesten Gegenden, die Kinder peinlich saubere Schuluniformen tragen, sogar mit Schlips und in dunklem Blau, und selbst in Lagern der Palästinenser oder im Erdbebenschutt von Nepal. Man vergleiche diese Kleidung mit der deutscher Schulkinder hier und heute, oder deren Lehrpersonal! Die Mehrheit der Menschen heute überall auf der Welt kleidet sich am liebsten in Jeans. Früher wurde solche Kleidung als Räuberzivil bezeichnet.

Ich habe mir immer größte Mühe gemacht, meine Gäste, insbesondere Wissenschaftler aus dem Ausland, bestens zu bewirten. Da kam es vor, dass diese mehr als eine halbe Stunde zu früh kamen, und dann gekleidet waren, als ob sie eben noch unter dem Auto gelegen hätten. Ich bin nicht der einzige, der solche Beobachtungen macht. Der Autor und Essayist Michael Klonovsky äußerte sich im *Focus* vom 7.7.2014 noch viel drastischer und sagte: »Sind nicht auch circa 49 Prozent aller weiblichen Arschgeweih- und String-Vorzeigerinnen im öffentlichen Raum ästhetisch anstößig und unappetitlich, desgleichen zahlreiche Teilnehmer des Christopher Street Day oder all die Kurzbehosten und Unterhemdträger auf deutschen Straßen? Das darf man getrost so sehen. Die westliche Alltagsklamottenkultur ist von Abscheulichkeiten durchsetzt.« Er hätte noch hinzufügen können, dass die Hippie-Gekleideten nicht selten in T-Shirts mit aufgedruckten obszönen Sprüchen auch häufig in Fünf-Sterne-Hotels anzutreffen sind, d.h. so kleidet sich heute (auch) die begüterte Oberschicht in der westlichen Welt.

Aber auch bei anderen Anlässen mache ich meine Beobachtungen. Einmal besuchte ein DAAD-Vertreter die Universität und lud nach seinem Vortrag zu einem Imbiss ein. Mit meinen damaligen zwei DAAD-Gästen stand ich an der Seite und unterhielt mich mit diesen über das, was wir sahen. Wir beobachteten, was geschah. Der Universitätspräsident erschien, ging auf den DAAD-Vertreter zu und sprach mit ihm. Dann erschien ein Kollege von mir, der sich mit Hilfe seiner Freunde aus seiner Doktorandenzeit vom Mitarbeiter zum Professor emporgeboxt hatte. Er erspähte die beiden und schoss sofort auf diese zu. Fortan unterhielten sich diese drei, den Rücken zu den Gästen aus dem Ausland gekehrt. Hätte der Uni-Präsident mal mit einigen dieser Studierenden aus Schwarzafrika gesprochen, hätte der eine oder andere dies wohl sofort nach Hause berichtet und hier einen positiven Eindruck gewonnen. Sind diese VIPs so abgehoben, dass sie nicht merken, dass sie beobachtet werden? Solches Benehmen macht keinen guten Eindruck!

Ich habe meine Humboldt-Gäste nach deren Einladungen anderswo, z.B. beim Bundespräsidenten, nach ihren Erfahrungen gefragt, und ich hörte immer dasselbe: Den Bundespräsidenten hatten sie, wenn überhaupt, nur in weiter Ferne und umringt von z.B. japanischen Familien gesehen. Bei besonderen Anlässen, wie z.B. Uni-Präsidentschaftsübergaben mache ich auch meine Beobachtungen. Als UIP (Un-Important Person) bin ich zeitig da (immer ein Zeichen von Bedeutungslosigkeit!), sitze auf einer hinteren Bank und beobachte das Erscheinen der VIPs, und derer, die sich als solche betrachten. Pech, wenn einer meint, er gehöre in die erste Reihe und erkennt, dass dort alle Plätze besetzt sind. Der extremste Fall, den ich erlebte, war das bewusst verspätete Erscheinen des Ramstein US-Kommandanten (in Uniform und mit Adjutanten), der dann in der ersten Reihe neben dem Minister seinen für ihn reservierten Platz einnahm. Eine absurde Teilnahme dieses Irak-Überfallers, der sich ohnehin nicht mit Studenten unterhält! Diese machtbesessenen Leute haben doch für so etwas nur Verachtung und Spott. Dabei – noch erstaunlicher! – war kein Vertreter des ASTAs, also der Studentenvertretung, eingeladen – und diese haben das wohl, anders als ich, nicht mal selbst bemerkt, was den Wandel in der Gesellschaft gegenüber den Verhältnissen von vor 20 Jahren und mehr demonstriert. Erstaunlich auch, welche Zeit VIPs erübrigen können, wenn sie wollen. Als ein Vertreter der Alexander von Humboldt-Stiftung im Casimir-Saal der Barbarossa-Burg einen Empfang gab, hatten der Uni-Präsident, zudem beide Vize-Uni-Präsidenten und der Oberbürgermeister drei Stunden lang Zeit, sich des sehr feinen Essens und

Weins zu erfreuen. Und bis der Kaffee kam, war es so langweilig, dass der OB mit Löffeln Balanciertricks zum Besten gab, vier Leute, die gewöhnlich angeblich von einem Termin zum anderen jagen!

Wir sind es heutzutage gewohnt, dass Professoren, Pfarrer, Politiker u.v.a. kleidungsmäßig im öffentlichen Raum, also auf der Straße, nicht von Landstreichern, Gangstern oder Bettlern zu unterscheiden sind – meistens tragen sie alle abgewetzte, ausgebeulte Jeans und irgendein T-Shirt von nicht definierbarer Farbe. Auch in deren Dienstzimmern sieht es vielfach nicht anders aus – da sieht man nicht selten Fahrräder, Helme, verschwitzte Klamotten, die irgendwo hängen, und man hat Glück, wenn man bei Betreten des Zimmers nicht über diverses Schuhwerk stolpert. Man kann davon ausgehen, dass diese Herrschaften zu Hause eine ähnliche Wohnkultur pflegen. Auch da haben sich die Zeiten geändert. Es muss natürlich nicht so sein wie bei einem arroganten Ordinarius in München, zu dem mich mein Vater einmal schickte. Dieser trug einen blendend weißen, flecklosen Laborkittel mit erkennbaren Bügelfalten und saß natürlich im Zimmer hinter dem Vorzimmer seiner Sekretärin. Offensichtlich machte er sich im Labor nicht die Finger schmutzig. Sein Dienstzimmer war vollgestopft mit bayerischen Antiquitäten überall an den Wänden. Auch dies ist nicht der korrekte Stil. Das Dienstzimmer eines Professors sollte Sachlichkeit ausstrahlen, insbesondere gegenüber Prüflingen und Kollegen – da gehört kein Firlefanz hin. Wenn ich am Abend mein Dienstzimmer verließ, stand auf meinem Schreibtisch nur noch das Telefon, sonst nichts.

Peinlich auch folgendes – und offensichtlich fehlte es vielen hier an Fingerspitzengefühl: Ein Präsident der Universität Kaiserslautern ließ mit Porträts seiner Vorgänger sich selbst gleich mit »ölen« und sogar aufhängen (in einem Saal, der für viele öffentliche Veranstaltungen benutzt wird – siehe UNI-SPECTRUM, November 2009, S. 18,19)! Dies obgleich er noch viele Jahre im Amt vor sich hatte. So etwas kennt man von Despoten in Afrika ... Zumindest hätte der Präsident (wenn er Angst hatte, der alte Porträtist könnte vorzeitig sterben) das Bild selbst gekauft und bei sich zu Hause aufbewahrt haben können, um es später der Universität zu schenken. Peinlich, peinlich! Man weiß, die Bundeskanzler werden porträtiert, aber immer erst nach Ausscheiden aus dem Amt. Man stelle sich vor, die gegenwärtig amtierende Bundeskanzlerin Merkel ließe ein Porträt von sich in ihrem Amt aufhängen! Das ziemt sich nicht!

Bald nach der Wiedervereinigung hatten die Alexander von Humboldt-Stiftung und der DAAD die Deutschen betreffende Äußerungen von Stipendiaten gesammelt und verbreitet. Einige Stipendiaten aus den USA und Israel äußerten sich pharisäerhaft und nach Art von Oberlehrern von oben herab – im Sinn von: Hat sich dieses Verbrechervolk doch etwas gebessert? Zum Verbrechervolk werden die Deutschen ja sogar von ihrem Bundespräsidenten Gauck gestempelt, der anlässlich des 27. Januar 2015 sagte, Auschwitz sei Teil der »deutschen Identität« – Verbrechen ist also u.a. unsere Identität! Bedenken wir: 1946 wurde unsere politische Führung wegen »Vorbereitung eines Angriffskrieges« (übrigens gemeinsam mit dem Sieger Sowjetunion) gehängt. Nach diesen ihren eigenen Rechtskriterien (Londoner Protokoll) der Sieger verdienten Bush und Blair & Co. für ihren Überfall auf den Irak das gleiche Schicksal, also Hinrichtung durch den Strang (zumindest Bestrafung, was auch von einigen machtlosen Staaten und Prominenten wie Erzbischof Tutu von Südafrika gefordert wurde). Doch man sehe sich deren Völker an. Diese haben Bush und Blair nach dem verbrecherischen und verlogenen Überfall auf den Irak sogar noch vorbildlich demokratisch wiedergewählt, und dies trotz schamlosen Belügens der UNO und der ganzen Menschheit, trotz völkerrechtswidrigem Überfalls und vieler Gräueltaten wie Folter, Kulturraub u.a. ›French fries‹ logen diese Edlen um in ›Freedom fries‹.

Ähnliches gilt für Israel mit Überfällen auf die arabischen Länder, mehrmals auf den Libanon, brutaler Verletzung von Menschenrechten und Völkerrecht, UNO-Resolutionen. So wie sich in Deutschland, damals Deutsches Reich genannt, die Wählerstimmung nach rechts wandelte und Hitler demokratisch gewählt wurde, beobachten wir heute, wie in Israel, anfangs sozialistisch geprägt, sich die Wählerstimmung immer weiter nach rechts bewegt und der gegenwärtige Rechtsextremist, Rassist und Fanatiker Netanjahu ungehindert den USA sagt, welche Politik sie zu betreiben hätten und trotz jahrelanger Verhandlungen mit der Vertretung des palästinensischen

Volkes offen bekennt, mit ihm werde es keine Zwei-Staaten-Lösung geben (so nach dem Fernsehen seine Äußerung im Februar 2015).

Lassen wir uns von den hier in der BRD Herrschenden und ihren Claqueuren in den Medien und anderswo, auch unter Professoren und in den Kirchen, nicht einschüchtern – die hiesigen Ausländer durchschauen diese, auch uns – gerade solche mit sog. Migrationshintergrund, wie Akif Pirinci in seinem Buch ›Deutschland von Sinnen‹ offenlegt. Einer meiner damaligen deutsch-sprechenden DAAD-Gäste beurteilte die hiesigen Medien als »wie die im Kommunismus«. Der Begriff ›Lügenpresse‹ ist eine einprägsame Übertreibung. Einen britischen Humboldt-Stipendiaten, der sich immer donnerstags *Die Zeit* kaufte, fragte ich einmal, was er von diesem Wochenblatt hielte. Er grinste mich an und sagte: »Das Blatt ist antideutsch.« Dies die Meinung eines Engländers zu einer vom ehemaligen Bundeskanzler Helmut Schmidt herausgegebenen Wochenzeitung! Antideutsch!

Als das Gespräch auf Kopernikus kam, bezeichnete der Engländer diesen als Polen. Ich sagte, hierzulande betrachte man Kopernikus als Deutschen, zu dessen 500. Geburtstag der Staat eine Silbermünze herausgegeben hätte. Der Brite blieb ungläubig und fragte – man bestaune die Gedankengänge in seinem Gehirn! –, ob Kopernikus Jude gewesen sei. – Aha, dann ließe er sich als etwas anderes als ein Deutscher betrachten – so also das Denken dieses britischen Cambridge-Absolventen! Selbst unsicher über Kopernikus konsultierte ich diverse Lexika und befragte dann Universitätsgäste in meinem Umfeld. Alle hielten Kopernikus für einen Polen. Ich fragte: »Was denken Sie wird in den Brockhaus-Ausgaben von 1937, 1958, 1986 über Kopernikus gesagt?« Oh, war die Antwort meines DAAD-Gastes aus Georgien, 1937 habe man Kopernikus natürlich als Deutschen herausgestellt – man erkennt wieder die indoktrinierten Gedankengänge! Ich hatte aber nachgeschlagen: 1937 war dies kein Thema! Wohl aber 1958 – diese Brockhaus-Ausgabe weist in einem besonderen Abschnitt ›polnische Ansprüche‹ auf Kopernikus zurück, dessen deutsche Herkunft klar bewiesen sei. Genau heißt es dort: »Gegenüber poln. Ansprüchen auf K. ist seine deutsche Herkunft erwiesen (die väterl. Familie stammt aus dem Neisser Bistumsland in Schlesien). Gegenüber der Krone Polens vertrat er ähnlich wie sein älterer Bruder Andreas die ermländ. Belange; schriftlich und mündlich bediente er sich nur der deutschen und latein. Sprache.« Ich füge hinzu, dass mir der Naturwissenschaftshistoriker Helmut Rechenberg erzählte, Kopernikus habe sich bei seiner Immatrikulation an der Universität in Italien als von deutscher Nationalität angegeben. Im Brockhaus von 1986: Nichts darüber (also das eben Zitierte weg), und der Name wird auch polnisch angegeben.

Diese einfachen Beobachtungen sind außerordentlich aufschlussreich über den Wandel des Denkens in diesem Land (bzw. der indoktrinierten veröffentlichten Meinung): 1958 unter dem Eindruck der bestialischen Vertreibung der Ostdeutschen, auch mit Hilfe von Lügen des polnischen Primas Kardinal Augustyn Hlond (der zudem, siehe C. S. Heller, ›On the Edge of Destruction: Jews in Poland Between The Two World Wars‹ New York 1980, in seinem Hirtenbrief vom 29. Februar 1936 sich extrem antisemitisch gegen die Juden geäußert hatte, dennoch demnächst selig gesprochen werden soll) wehrte man sich noch gegen polnische Ansprüche. Danach reiften die geistigen Erzeugnisse von Gehirnwäsche, Umerziehung und Schuldzuweisung, sodass die Frage, zu der manch einer den Brockhaus aufschlägt (oder heute im Internet ›surfed‹), nicht mehr beantwortet wird, wie dies die politische Korrektheit (Gesinnungsdiktatur) hierzulande (nur hier, nicht anderswo, wie in Polen) heute verlangt. Merken wir noch an, dass (neben anderen Lexika) selbst der ansonsten den besten Ruf genießende ›Concise Oxford Dictionary‹ Kopernikus als Polen bezeichnet. Während die Polen Kopernikus heute nationalistisch für sich vereinnahmen, sind die Deutschen toleranter und sagen, er war ein Europäer.

Die Polen, die bekanntlich über Katyn, die Auschwitz-Opferzahl (siehe späteres Kapitel) u.v.a. massiv gelogen haben, dürfen sich unbeschadet solches leisten und am verbrecherischen, völkerrechtswidrigen Überfall auf den Irak beteiligen, dürfen unbeschadet für die USA von denen Entführte in geheimen Folterlagern unterbringen (der polnische Staat wurde dafür am 24.7.2014 vom Europäischen Gerichtshof für Menschenrechte verurteilt und mit der Auflage von Strafzahlungen versehen), und wir hören auch heute noch trotz Unterwürfigkeit und Kriechertum deutscher Politiker u.a. laufend gehässige Worte von diesen, wie Merkel-Hitler-Vergleiche, Beschimpfung der Vertriebenen-Präsidentin Erika Steinbach als ›blonde Bestie‹ etc. Wie überhaupt zu jeder Gelegenheit jemand von anderen, die ihrer menschlichen Schlechtigkeit ein Ventil öffnen möchten, gehässig mit Hitler verglichen wird, so Helmut Kohl von der britischen Presse und dem britischen Handels- und Industrieminister Nicholas Ridley 1990 wegen der Wiedervereinigung, Saddam Hussein von den US-Amerikanern, Putin von den Georgiern und in der Krim-Angelegenheit von Hillary Clinton, der georgische Präsident Saakaschwili von den Russen, Lafontaine von Altkanzler Schmidt, Obama von eigenen Landsleuten wegen seiner Gesundheitsreform, die diese als Hitlers Idee sehen (das ist das politische Niveau vieler US-Amerikaner!), Putin von Prinz Charles und vom US-Vizepräsidenten J. Biden etc. Die Stiefschwester von Anne Frank sieht im amerikanischen Präsidentschaftkandidaten Donald Trump »einen weiteren Hitler« (*Bild*, 28.1.2016), der Vorsitzende des Zentralrats der Muslime, Mazyek, verglich (nach ARD) die AFD mit Hitler bzw. mit der NSDAP und der vormalige Londoner Oberbürgermeister Boris Johnson verglich die EU mit Hitler und Napoleon. Diese Beispiele kann man sammeln wie Briefmarken. Mittlerweile spricht man hier von ›Godwins Gesetz‹ (*Godwin's law*), das besagt, je länger eine Diskussion dauert, umso wahrscheinlicher wird es, dass der Name Hitler fällt. Meines Wissens war der Mike Godwin ein amerikanischer Jurist.

Angesichts dieser Dauerpräsenz Hitlers im heutigen Leben zum Zweck der Diffamierung anderer verwundert es nicht, dass ein Roman mit dem bezeichnenden Titel ›Er ist wieder da‹ erschien. Gemeint ist Adolf Hitler. Dieser Roman von Timur Vermes wurde unter dem Titel ›Look Who's Back‹ auch gleich ins Englische übersetzt – selbstverständlich fehlt darin auch nicht die obligatorische Zahl der sechs Millionen getöteter Juden (S. 232, 254).

Das gesamte geistig-politische Klima hierzulande ist von diesem Unterwürfigkeitsgebot, aber auch von Feigheit geprägt, das die hier Herrschenden vor den Siegern und den Juden auf die Knien sinken lässt. Dabei erweisen sie sich als Moralapostel und Pharisäer, wie in letzter Zeit Bundespräsident Gauck (der als ehemaliger Pfarrer mit seiner Mätresse Staatsbesuche absolviert und die Queen empfängt). Und wir beobachten, wie jeden Tag irgendetwas zu Hitler, Holocaust, Nazis allgegenwärtig Schlagzeilen macht – wie in jüngster Zeit die ›Hitler-Pferde‹, ›Hitler-Gold‹, ›Hitler-Zug‹, ›Hitler-Schloss‹, ›Hitler-Goldzug‹ und ›Hitler-Droge‹, nicht zu vergessen Hitlers Genitalien in der Presse des Axel Springer, und natürlich jede Menge über ›Hitlers Bombe‹ und Hitler-Waffen. In der gleichen Springer-Presse findet man auch Rassistisches wie eine Annonce in der *Welt am Sonntag* (30.8.1981, S. 42): »New York-Brooklyn, Gute Gegend (weiß und jüdisch). Wohnblock zu verkaufen …«

Alle, die im Licht der Öffentlichkeit stehen, reagieren hysterisch, selbst wenn es um völlig Anderes oder sehr Banales geht. Man denke an die weltweite Hysterie über die Holocaust-Ungläubigkeit des britischen Bischofs Williamsen – wochenlang beschäftigte dies die Medien und Politiker in der ganzen Welt, die (ehedem lutherische) Frau Merkel las dem deutschen Papst dazu telefonisch die Leviten, der Moralist Michel Friedman den deutschen Fernsehzuschauern, und der Bischof selbst wurde um die Welt gehetzt, bis er in England wieder verschwand. Absurd! Dabei hatte dieser im Kern ähnliches behauptet wie der *Spiegel*-Journalist Fritjof Meyer in einem Artikel in der Zeitschrift *Osteuropa* (›Die Zahl der Opfer von Auschwitz‹) – zugegeben verpackt in antifaschistischen Vokabeln, wie ›Zivilisationsbruch‹ u.a. – in dem dieser die Zahl der Auschwitz-Toten auf etwa 500 000 bezifferte. Dass am Ende des langen gerichtlichen Prozesses der deutschen Behörden gegen den Bischof, der sich standhaft weigerte, sich von diesen verurteilen zu lassen, der deutsche Steuerzahler die Prozesskosten bezahlte, wurde von den Politikern und Medien verschwiegen.

Die sog. Nazi-Keule, also der Vorwurf ›Du bist ein Nazi‹, ist (man kann sagen weltweit) zum schlagkräftigsten Argument in einer Auseinandersetzung geworden – insbesondere bei Politikern und Journalisten in Demokratien. Mit diesem einen Vier-Buchstaben-Wort ›Nazi‹ wird der Gegner sofort total erniedrigt, zusammengehauen, entwürdigt, während der Sprecher sich selbst damit in das beste Licht stellt, als Demokrat, als Wertevertreter, als Verteidiger von Menschenrechten und Freund von Immigranten, Asylanten, Homosexuellen, Zigeunern usw. Besonders beliebt ist die Vokabel, zumeist in der Variante von Neonazi, bei jungen Nachrichtensprechern der deutschen öffentlich-rechtlichen Medien, insbesondere beim Sender Berlin-Brandenburg (z.B. bei den Nachrichtenmoderatoren Sascha Hingst und Kathrin Böhme), beim MDR, aber auch bei Privatsendern wie RTL und fast allen anderen. Als der Volksliedsänger Heino von einem Rapper als Nazi beschimpft worden war, berichtete RTL besonders ausführlich darüber. Um zu erfahren, was unter dem Wort Nazi zu verstehen sei, suchte sich der Sender eine junge jüdische Sängerin und ließ diese den Begriff erklären. Ganz offensichtlich waren die RTL-Chefs wie Peter Kloeppel und Frauke Ludowig zu feige, auch gegenüber ihren eigenen Kollegen, eine eigene Definition oder die eines Nichtjuden zu liefern. Man geht eben kein Risiko ein, wenn man solches besser Juden auf ihre Weise erklären lässt, der man sich unterwirft.

Meine Beobachtung zu Kopernikus ist kein Einzelfall. Man kann Ähnliches in vielen anderen Bereichen sehen. Als weiteres Beispiel erwähne ich etwas, das sehr klar meine Wahrnehmung bestätigt. Der erste Vorsitzende des Zentralrats der Juden in der BRD nach dem Krieg war Anfang der 50er Jahre in München wegen mir nicht näher bekannter Angelegenheiten zu einer hohen Gefängnisstrafe verurteilt worden (ungefähr zur gleichen Zeit wurde der spätere Vorsitzende Ignatz Bubis – dessen Eltern vor dessen Geburt aus der UdSSR nach Breslau geflohen waren – in der DDR zu einer Gefängnisstrafe verurteilt, der er sich jedoch durch Flucht in den Westen entzog). Im Gefängnis wetterte dieser gegen Antisemitismus und beging Selbstmord. 30 Jahre später veruntreute sein Nachfolger Werner Nachmann etwa 26 Millionen DM Holocaustentschädigungsgelder (sicher viel mehr als seinem Vorgänger vorgeworfen worden war), die er in seinen eigenen Betrieb abgeleitet hatte (siehe dazu *Darmstädter Echo* vom 15.12.1985: Akte Nachmann geschlossen, »Bundesregierung, Staatsanwaltschaft und der Zentralrat der Juden haben nach fast zweijährigen Ermittlungen über die Veruntreuungen des 1983 gestorbenen ehemaligen Zentralrats-Vorsitzenden Werner Nachmann die Akten geschlossen. Innenminister Wolfgang Schäuble und Nachmanns Nachfolger Heinz Galinski teilten mit, der Schaden belaufe sich auf 29,7 Millionen Mark…«). Nun, man wird nicht zwei Jahre lang daran gearbeitet haben, eher Gras darüber wachsen lassen, wie man sagt.

Weil man sicher die Zuständigen im Zentralrat nicht belangen wollte, konnte man auch die Verantwortlichen im Finanzministerium und/oder im Innenministerium nicht belangen, die sicher Bescheid wussten – es wäre ja schlimm, wenn dort fehlende Millionenbeträge einfach nicht bemerkt worden wären. Die Zeiten hatten sich geändert: Niemand wagte es den Zentralrat oder Werner Nachmann zur Verantwortung zu ziehen – dieser hatte den Staat ganz offensichtlich richtig eingeschätzt und wusste, dass er nichts zu befürchten hatte (und war im Fernsehen ohne Zweifel der sympathischste Zentralratsvorsitzende, den es bisher gab). Niemand wurde bestraft, und als er starb, feierte die gesamte Elite dieses Staates ihn als ›moralische Autorität‹. Ist der Sportler Uli Hoeness auch eine ›moralische Autorität‹?

Wir erleben Ähnliches immer wieder. Man erinnere sich auch an folgendes. Nach einer Äußerung des baden-württembergischen Ministerpräsidenten Günter Oettinger forderte die Vorsitzende des Zentralrats der Juden dessen Rücktritt. Es nützte Oettinger nichts, dass er sich in seinem Bundesland, vor seiner Partei, vor Journalisten, vor der Bundeskanzlerin Merkel entschuldigte, dass er seinen Termin beim Papst absagte. Er musste zur höchsten Instanz, dem heutigen Canossa: zu Charlotte Knobloch vom Zentralrat der Juden. Und erst diese konnte ihm Absolution erteilen. Deren Widerstand gegen einen designierten Kultusminister in Thüringen (weil dieser mal an der *Jungen Freiheit* mitgewirkt hatte) erzwang dessen Verzicht. Ähnlich erging es dem durch das Fernsehen bekannt gewordenen Wirtschaftsprofessor Hans-Werner Sinn, der die nach dem Bankenkrach von 2008 erfolgte Schuldzuweisung an Manager mit der Situation von Juden um 1929 in Verbindung brachte – er musste sich bei Charlotte Knobloch entschuldigen. In den Büchern von Germar Rudolf kann man das Schreiben des Vorsitzenden Ignatz Bubis sehen, in dem dieser den Präsidenten der Max-Planck-Gesellschaft aufforderte, Rudolf zu entlassen – einem Ansinnen, dem dieser Präsident selbstverständlich mit Zustimmung seines Rates sofort nachkam. Das Schreiben ist ebenfalls dort einzusehen und zeigt, dass dies allein Herrn Bubis (der sich in Israel beerdigen ließ) noch nicht genügte. Man kann hierzulande in allen Bereichen des täglichen Lebens diesen unglaublichen Wandel hin zu Selbstaufgabe und Kriechertum beobachten, aber auch zu inquisitorischer Intoleranz und damit zu Hysterie, da jeder, der im Licht der Öffentlichkeit steht, Angst hat, als Rechter und d.h. als Nazi, verdächtigt und an den Pranger gestellt zu werden.

Es wird so viel Unsinn geredet – warum kann man nicht unverkrampft mit den Dingen umgehen? Weil man Angst hat vor Schelte von Juden, ob hier, aus Israel oder aus den USA. Man denke z.B. an die Aufregung, als die Öffentlichkeit von der Bildersammlung des Herrn Gurlitt erfuhr – sofort wurde gemutmaßt, dass diese Bilder den Juden geraubt worden seien, die Vertreter der jüdischen Organisationen hier und in den USA meldeten sich, die Staatsanwaltschaft beschlagnahmte sofort alles, die Bundesregierung u.v.a. mehr wurden aktiv. Verdächtigungen über Verdächtigungen in den sich hysterisch gebärdenden Medien, und für *Bild* war klar: »Raubschatz der Nazis« (so im Internet). Dazu kam, dass der Präsident der Stiftung Preußischer Kulturbesitz, Professor Hermann Parzinger, feststellte, dass in seinem Dienstzimmer ein Gemälde Oskar Kokoschkas hing (den Pariser Platz in Berlin darstellend), das 1935 jüdischen Besitzern abgekauft worden sei. Das Bild wurde sofort abgehängt. Der Hitler- und Naziwahn hat die Welt fest im Griff.

Wie man hört, sollen alle Bestände deutscher Museen auf deren Erwerb hin überprüft und erforscht werden – alles wird unter Verdacht der Raubkunst gestellt. Ohne Zweifel riechen da viele die Möglichkeit, bei den eingeschüchterten Deutschen ein Geschäft machen zu können (wie im Fall des sog. Welfenschatzes). Dass andererseits, wie eine Zeitung berichtete, ein früher dem Brücke-Museum in Berlin gehörendes Kirchner-Gemälde in den Besitz des Präsidenten einer großen jüdischen Organisation in den USA gelangte, stört dabei niemanden – zumindest hätte man auch da Nachforschungen anstellen können. Doch dazu hat man keinen Mut. Zudem gibt es das von den USA und interessierten Organisationen initiierte und von insgesamt 44

Staaten unterzeichnete internationale Abkommen, genannt ›Washingtoner Erklärung‹, das klar stellt, dass jedwede Raubkunst – darunter versteht man von Deutschen (und nur von Deutschen) zwischen 1933 und 1945 (ob rechtmäßig oder nicht) erworbene Kunstwerke – den ursprünglichen Besitzern oder deren Erben restituiert, d.h. zurückgegeben werden müssen.

Und es sind viele Shylocks dabei. Man beachte den Unterschied zu Beutekunst. Letzterer Ausdruck bezeichnet die von Nichtdeutschen geraubten Kunstwerke und fällt unter Kollateralschäden. Die Bundeskanzlerin Merkel forderte von Russland die Rückgabe solcher Beuteobjekte auf der Grundlage des Völkerrechts. Da die USA über dem Völkerrecht stehen, bzw. sich selbst als über diesem stehend betrachten, wird auf das von diesen geraubte Kulturgut das Völkerrecht nicht angewendet. Die deutsche Regierung muss in diesen Fällen, wie im Fall des von den USA geraubten Quedlinburger Domschatzes, die Objekte für Millionenbeträge zurückkaufen – oder darauf verzichten.

Dennoch kommen auch die USA nicht um etwas Überprüfung herum. In den 70er Jahren aus einem kambodschanischen Tempel entwendete Statuen einer 10.000 Jahre alten Figurengruppe fanden ihren Weg in das renommierte Metropolitan Museum in New York und waren da jahrelang zu besichtigen. Als aber das Auktionshaus Sotheby eine weitere Figur verkaufen sollte, wurde man auf die Statuen im New Yorker Museum aufmerksam. Um 2012 musste das Museum die geraubten Figuren an Kambodscha zurückgeben. Weitere Skulpturen in anderen US-Museen warten auf ihre Rückerstattung an Kambodscha, wie im deutschen Fernsehen berichtet wurde. Man erinnere sich: Kambodscha war im Zusammenhang mit dem Vietnamkrieg von den USA überfallen und überrannt worden.

Wir leben heute in einer Art antifaschistischen, projüdischen Diktatur. Undenkbar, dass es heute möglich wäre ein Auto mit dem Namen ›Volkswagen‹ auf den Markt zu bringen. Offensichtlich fand man deutscherseits die Idee Hitlers so gut, dass man auf diese nach dem Krieg sofort zurückgriff. Kein Jude hat damals, 1954, protestiert, kein Richard von Weizsäcker mangelnde ›Sensibilität‹ beklagt, wie dies heute immerfort geschieht. Selbst ein Kollege aus China äußerte sich sehr verwundert über diesen Ursprung der erfolgreichsten deutschen Autoproduktion.

Man kann diesen damals wenig sensiblen Umgang an vielen anderen Beispielen erkennen. So folgten z.B. die ersten BRD-Briefmarken mit dem Profil von Theodor Heuss und später dem von Gustav Heinemann den Marken mit dem Profil Adolf Hitlers (in der DDR analog mit dem Profil von Walter Ulbricht). Und so wie man Hitlers Geburtstag gefeiert hatte, sollte dann der von Heuss zumindest bedacht werden – z.B. beklagte sich in Sydney der erste deutsche Botschafter nach dem Krieg, ein Dr. W. Hess, bei dem dortigen EKD-Pfarrer G. Wittmann, dass an dem Geburtstag von Heuss nicht genug Leute die Kirche besucht hatten. Aus heutiger Sicht recht seltsam. Jeden Sommer sehen wir im Fernsehen das Spektakel der Eröffnung der Wagner-Festspiele in Bayreuth mit dem Erscheinen der aktuellen Polit-Prominenz wie Merkel und Co., immer dabei der ehemalige Außenminister Hans-Dietrich Genscher, das alles in Fortführung Hitlerscher Tradition. Den Österreicher Kurt Waldheim hat man erst zum Generalsekretär der Vereinten Nationen gewählt, also die Vetomächte USA, Großbritannien, Frankreich usw., doch Jahre später, als dieser österreichischer Bundespräsident war, warf man ihm Missverhalten im Krieg vor, und er wurde ausgegrenzt, gemieden und die USA erteilten ihm Einreiseverbot.

Ein weiteres Beispiel ist so unglaublich, das ich besser aus der Tageszeitung *Darmstädter Echo* zitiere. Wie bekannt, wurde am 11.9. 1944 die Innenstadt Darmstadts von Churchills »soldiers of Christ« (wie er seine Truppen nannte) mit 11.000 Toten in Trümmer und Brand gesetzt. Beim Wiederaufbau war der Architekt Professor Peter Grund tätig. Dazu das *Darmstädter Echo* (24.12.2010): »… das Amerikahaus, das Peter Grund 1951 als verkleinerte Kopie der Reichskanzlei entworfen hatte (für seine Rheinstraßenplanung ließ sich Grund auch von Albert Speers Berliner Achsenplanung inspirieren). Allein die Naziästhethik kam inzwischen nicht mehr so gut an, so änderte der wendige Stadtbaurat flugs seinen Stil.« Da war also eben erst Hitlers Reichskanzlei zerstört worden, gleich baute man sie wieder nach! Und niemand protestierte! Anders Jahrzehnte später: Nachdem in Stuttgart die neue Staatsgalerie fertig war, hagelte es auch aus England Vorwürfe: Dies sei Nazi-Architektur! Dass die Amerikahäuser Zentren der Umerziehung des deutschen Volkes waren, sei am Rande erwähnt. Auch sei darauf hingewiesen, dass in vielen anderen europäischen Städten während der deutschen NS-Zeit Gebäude im gleichen Stil errichtet wurden, z.B. auch in Finnland, nicht anders in Italien mit dem riesigen Bahnhof von Mailand. Auch das Gebäude der Federal Reserve Bank in Washington protzt mit seiner faschistischen Architektur. Diesen Stil also als repräsentativ für Gewaltherrschaft hinzustellen ist abwegig, wird aber gemacht, nur hier, nicht in anderen Ländern, weil man alles, was in der Hitler-Zeit deutscherseits gemacht wurde, als verbrecherisch hinstellen will.

Als ich das erste Mal in München von der Theatinerstraße kommend neben der Feldherrnhalle die Ludwig-Straße betrat, fühlte ich mich von deren Architektur schwer bedrückt, von der Breite der Straße und den massiven Bauten zu beiden Seiten. Ein schwerer Gang bis hin zur Universität. Doch diese Straße wird hoch gepriesen. Gewaltherrschaft hat es auf der Erde schon früher gegeben, und niemand kam auf die Idee z.B. dorische oder ionische Säulen im alten Griechenland mit Gewaltherrschaft in Verbindung zu bringen. Solche Phrasen sind hier und heute nur Anpassung an den diktierten Zeitgeist. Dasselbe gilt für Gigantomanievorwürfe – man sehe sich die monumentalen Regierungsgebäude in Washington an, die lange bevor die USA sogenannte Weltmacht wurden errichtet wurden. Aber auch die heutige deutsche Regierung muss sich den Vorwurf der Gigantomanie gefallen lassen, die sie mit umgekehrter, das deutsche Volk herabsetzenden Wertung mit dem Holocaust-Mahnmal in Berlin betrieb, dies ungeachtet zahlloser anderer Gedenkstätten überall, wofür offensichtlich unbeschränkte Mengen Geld vom Staat zur Verfügung gestellt werden. Ein Volk ohne Ehre. Es ehrt jedoch die jüdische Seite, dass sie zu keiner Zeit und in keiner Weise das Holocaust-Mahnmal je gefordert hat.

Es sei angemerkt, dass selbst der damalige Bundeskanzler Schröder für die Errichtung des Mahnmals angesichts vieler anderer keine Notwendigkeit sah, sich aber dem Druck beugte. Es war ein rein deutsches Betreiben, insbesondere der Journalistin Lea Rosh, die das Mahnmal als ihr Lebenswerk ansieht. Auch das Geschrei der linksradikalen ›Nazi-Blockierer‹ (darunter der handgreifliche Bundestagsvizepräsident Wolfgang Thierse von der SPD, nebst Lokalpolitikern und Pfarrern) in Dresden: »Bomber Harris do it again« und »Sauerkraut, Kartoffelbrei – Bomber Harris, Feuer frei«, sowie »Bomber Harris Flächenbrand – Deutschland wieder Ackerland« zeigt den Drang der heute hier maßgeblichen extrem linken politischen Schicht auf Vernichtung des deutschen Volkes, zumindest seiner Identität. Die halbnackte Piratenpolitikerin Anne Helm posierte aus solcher Gesinnung mit dem Spruch »Thanks Bomber Harris« auf ihrem entblößtem Oberkörper vor einer Dresdner Kirche (Bild und Bericht in *Junge Freiheit* Nr.10/2014, S.6). Die Staatsanwaltschaft Dresden sah diese Aktion durch Recht auf freie Meinungsäußerung geschützt (*Junge Freiheit*, Nr. 22 /2014, S.4).

Schaltet man für Nachrichten das Berliner Fernsehen an, gewinnt man den Eindruck, dort werde nahezu täglich eine neue Gedenkstätte errichtet oder eingeweiht. Kunst vor 1933 als entartet zu bezeichnen, ist kein alleiniges deutsches NS-Phänomen. Viele Menschen konnten damals mit der neuen Kunst nichts anfangen. Vor Kriegsbeginn 1939 war von Frankreich eine Picasso-Ausstellung nach Australien verschifft worden. Der Kunstkritiker des *Sydney Morning Herald*, der führenden Zeitung dort, bezeichnete die Bilder als ›degenerate‹, d.h. als entartet. Die Bilder konnten aus heutiger Sicht zu geringen Preisen erworben werden, aber kaum jemand interessierte sich dafür.

Wenn man im Hessischen Landesmuseum in Darmstadt die Arbeiten von Joseph Beuys sieht, darf man wohl fragen, wie man dessen sog. Kunstwerke bezeichnen kann – warum nicht als entartet, Müll oder ähnliches? Die meisten Besucher stehen davor und schütteln zumindest unbeobachtet den Kopf. Es gibt weitere kuriose Beispiele. Zum Beispiel hatte die Regierung Adenauer in den 50er Jahren auf einer Internationalen Antarktis-Konferenz mit Hinweis auf das Völkerrecht und aufgrund einer deutschen Antarktik-Expedition von 1938/39 deutsche Namensansprüche geltend gemacht. Unvorstellbar, dass heutige deutsche Politiker so etwas überhaupt anzudenken wagen würden – dies zeigt jedoch wiederum, wie unbelastet man noch viele Jahre nach Kriegsende die deutsche Position betrachtete. Auschwitz war weithin unbekannt – und zwar nicht nur bei Deutschen, sondern auch bei den anderen! In seinem Schlusswort zum Zündel-Prozess sagte dessen Pflichtverteidiger Beust (der also nicht das Vertrauen Zündels besaß und im Gericht klar entfernt von diesem und seinen Vertrauensverteidigern saß) ebenfalls das: Wenn man in den ersten Ausgaben des Nachrichtenmagazins *Der Spiegel* blättert, gewinne man den Eindruck, es sei alles nicht so schlimm gewesen – so der Jurist und das SPD-Mitglied Beust.

Unglaublich der Wandel, der sich dann in den 60er Jahren vollzog. Sieht man sich die Websites jüdischer Organisationen in den USA an, erfährt man, wie diese den Begriff ›Endlösung/final solution‹ mit dem Holocaust identifizieren. Dieses Wort tritt in den Wannsee-Papieren auf, wie sich jeder anhand von Faksimiles in öffentlich zugänglichen Büchern überzeugen kann (das 16. geheime Exemplar gibt es in zwei angeblich originalen Fassungen mit kleinen Unterschieden), doch gibt es keinen Beleg dafür, dass damit Völkermord an Juden gemeint war. Der US-Populärschriftsteller Bill Bryson behauptet sogar (in seinem Buch über seine Reisen in Europa, ›Neither Here nor There‹), dass dieses Wort von Heydrich zu diesem Zweck erfunden worden sei. Dass dies falsch ist, sieht man schon daran, dass der Begriff im Brockhaus von 1938 im Kontext ›Endlösung der Reparationsfrage…‹ gebraucht wird. Auch im heutigen Sprachgebrauch ›Endlager von Atommüll‹ ist die entscheidende Silbe wiederzuerkennen. Endlösung war ein Begriff der Zeit.

Bedenkt man die o.g. Beispiele, verwundert es nicht, dass in einem der Jahresmagazine der Alexander von Humboldt-Stiftung der (der Frankfurter Schule entsprungene) Professor Jürgen Habermas als bedeutendster deutscher Philosoph der Gegenwart gefeiert wurde (mit einer erstaunlich hohen Anzahl zugesprochener Humboldt-Stipendien), wie man auch darin las, mit einer Laudatio des Herrn Reemtsma (Photo daselbst), der als linker Zigarettenkapitalist zusammen mit einem Kommunisten die Wehrmachtsausstellung kolportiert hatte, die – wie man u.a. in einem langen Artikel in der *Welt am Sonntag* lesen konnte – mit einer Unzahl von antideutschen Unrichtigkeiten behaftet war, die – man staune – ausgerechnet von polnischen Professoren nachgewiesen wurden. Von solch einem bekannten Geschichtsfälscher, der im Südwest-Fernsehen von Professoren der Mainzer Universität als renommierter Literaturkritiker gelobt wurde, lässt sich Jürgen Habermas also belobigen – das wäre so, als wenn ich mit Fach Theoretische Physik mich von einem, der Einsteins Relativitätstheorie nicht verstanden hat, belobigen ließe.

Absurd! In so einer Gesellschaft leben wir. Kein Amerikaner käme auf die Idee, eine Ausstellung über tatsächliche oder angebliche Verbrechen der US-Truppen zu erstellen, um diese dann um die ganze Welt zu schicken! Zum Beispiel über deren unsägliche Völkermordverbrechen in Vietnam. So etwas erdenkt man nur hierzulande. Es gilt als hochintellektuell und fortschrittlich, und natürlich als redlich und edel, die deutsche Geschichte möglichst negativ zu betrachten, ja zu verfälschen – dies öffnet zudem Tür und Tor in hohe Posten.

In einem Touristenbus in Berlin erlebte ich, wie die ältere Tourbegleiterin die Zahl der ermordeten Juden auf 8 Millionen hochschraubte und den Einmarsch der Roten Armee als ›Befreiung‹ bezeichnete (es ist allgemein bekannt, dasss gerade Frauen in Berlin von den Rotarmisten massenhaft vergewaltigt wurden) – natürlich wagte niemand im Bus etwas zu sagen. Dies ist die Saat der Phrasen des so hochgelobten Bundespräsidenten Richard von Weizsäcker (dessen Vater 1949 wegen Verbrechens gegen die Menschlichkeit verurteilt wurde, da er tausende von Juden in den Tod geschickt hatte – so jedenfalls nach heutigem Geschichtsverständnis). Auf einer anderen Bustour in Berlin bezifferte der Begleiter die Zahl der ermordeten Juden mit 7 Millionen und fügte sofort hinzu, in Dresden seien im Februar 1945 bei den angloamerikanischen Luftangriffen 20.000 Menschen umgekommen (das ist noch weniger als die derzeit amtlich reduzierte und amtlich verordnete Zahl von 25.000 ermordeten deutschen Zivilisten, auch wesentlich weniger als die Zahl ziviler Bombenopfer in Hamburg, die – immer noch – mit 30.000 beziffert wird). Man sieht: Lieber eine Million zu viel ermordeter Juden angeben als zu wenig. Ähnlich inflationär wird die Zahl der sog. Zwangsarbeiter beziffert; von »mehr als 20 Millionen« spricht der Redakteur Axel Bulthaupt im MDR-Fernsehen (21.10.2014).

An den hiesigen Hochschulen wimmelt es von politischen Wissenschaftlern und Zeitgeschichtlern, deren Fach erst nach dem Krieg etabliert wurde – von Leuten wie denen der Frankfurter Schule, Ralf Dahrendorf, Eugen Kogon u.a. –, vermutlich als Instrument der Umerziehung des deutschen Volkes. Die gewünschte Konsequenz war, wie der ehemalige Bundeskanzler Schmidt es einmal ausdrückte, dass die deutsche Geschichte zu einem ›Verbrecheralbum‹ wurde (er hätte wohl auch das 1946 in Oslo erschienene Buch seines Parteikollegen Willy Brandt in Erinnerung haben können, das den Titel trug: ›Verbrecher und andere Deutsche‹). Hätten diese Leute ihr Fach als Wissenschaft betrieben, hätten sie lange, bevor die Katyn-Lügner und Polen die Änderung der Auschwitz-Opferzahl vornahmen, erkannt, dass diese Zahl nicht 4 Millionen sein konnte, wie man uns permanent jahrzehntelang eingeimpft hat – insbesondere zu Katyn (nicht Auschwitz) auch Winston Churchill. Dann jedoch wären sie von ihrer eigenen professionellen Sippschaft als Nazis beschimpft worden und hätten nie eine lukrative Professur erhalten. Ähnlich wäre es ihnen ergangen, hätten sie mit ›Glasnost und Perestroika‹ die Möglichkeit der Wiedervereinigung Deutschlands kommen sehen, wie dies viele Nicht-Professoren erkannten, die eben nicht wie die Umerzieher und Indoktrinierer ideologisch oder opportunistisch festgelegt oder verblendet waren.

Vor ein paar Jahren wies ich der Humboldt-Stiftung in deren Jahresmagazin eine falsche Bildbeschreibung im Artikel eines Trierer Zeitgeschichtlers nach – eine Beobachtung, der die Humboldt-Stiftung nach vielen Wochen auch als richtig zustimmte. Dies war ungewöhnlich, da normalerweise niemand geneigt ist, einen Fehler zuzugeben. In diesem Fall jedoch nahm die Humboldt-Stiftung den Fehler auf sich und bemerkte, dieser sei auf ihr eigenes Versehen zurückzuführen. Fazit: Ich empfehle jedem, sich solche Fotos und deren Untertitel, die die Schlechtigkeit der Deutschen dokumentieren sollen, mit der Lupe genau anzusehen, denn in vielen Fällen ist etwas faul.

Wir sind es gewohnt, vom Fernsehen z.B. zum Auschwitz-Gedenken für den Bruchteil einer Sekunde ein schauriges Bild eingeblendet zu bekommen – ohne Herkunftsangabe, ohne Angabe von Ort, Zeit oder sonstigem. Viele dieser Aufnahmen haben keinerlei dokumentarischen Wert, da etwas nicht stimmt. Zum Beispiel wurden zum Holocaust-Gedenken von RTL wiederholt Bilder von wohlgenährten Kindern in viel zu großer Häftlingskleidung gezeigt und von lachenden Polinnen, die sich zum Fotografieren in die Lagerbetten gezwängt hatten – das sind nachträglich gestellte Aufnahmen, die nichts von dem beweisen, was dort geschehen ist oder sein soll. In der ZDF-Info-Sendung ›Die Wahrheit über den Holocaust‹ wurde in 90 Minuten zweimal eine Aufnahme einer knapp über dem Boden schwebenden Frau mit Baby gezeigt, auf die von links, ganz nah neben ihr (dieser musste ja auf das Foto passen), ein Soldat mit seinem Gewehr zielt, dessen Beine zudem irgendwie schief stehen. Dieses Bild soll also auch ohne Angabe von Herkunft, Ort, Zeit die Mordlust deutscher Soldaten belegen.

In Mittweida/Sachsen hatte Rebecca K. behauptet, Rechtsradikale hätten ihr ein Hakenkreuz in die Hüfte geritzt, ähnlich wie in einem früheren Fall eine Behinderte in Halle angegeben hatte, Rechtsradikale hätten ihr ein Hakenkreuz auf den Kopf gemalt. In beiden Fällen berichteten die Medien groß darüber. Trotz der unglaubhaften Absurdität der Behauptung verlieh das ›Bündnis für Demokratie und Toleranz‹ Rebecca K. eine Auszeichnung für ›Zivilcourage‹ (in Wahrheit wohl eher Opportunismus). Die Behauptung von Rebecca K. war jedoch genauso gelogen wie die der Behinderten in Halle und Rebecca K. wurde vom Gericht zu einer Arbeitsleistung verurteilt. Nicht nur die Ermittlungsbehörden und die Medien entpuppten sich als Dummköpfe, sondern auch Hunderte von Hallensern, die aus Solidarität mit der Behinderten zu einer Anti-Rechts-Demonstration auf den Marktplatz geströmt waren.

Ähnliche Vorkommnisse gibt es immer wieder, z.B. als im Oktober 2000 in Düsseldorf eine Synagoge Objekt eines Anschlags war und in Sebnitz angeblich Nazis ein irakisches Kind in einem Schwimmbad ertränkt hatten. 200.000 ›Anständige‹ gingen auf die Straße, angeführt vom Bundeskanzler Schröder und seinem SPD-Genossen Clemens – doch dann stellte sich heraus, dass der Anschlag auf die Synagoge von zwei Moslems begangen worden war und die Mutter des Kindes in Sebnitz die Nazi-Story selbst erfunden hatte. Auch Mitte Januar 2015 wurden sofort Rechte bzw. Pegida-Anhänger verdächtigt, den Eritreer Khaled I. Bahray in Dresden erstochen zu haben, der aber, wie schnell herauskam, von einem Landsmann getötet worden war. Ähnlich beklagten Presse und Politiker einen Brandanschlag mit Hakenkreuz-Schmiererei Anfang April 2016 auf ein Hotel in Bingen, in dem Ausländer untergebracht waren. Rechtsextremismus und Fremdenfeindlichkeit wurden beklagt, und dann kam heraus, dass ein Syrer in dem Hotel die Tat begangen hatte. Interessant, wie schnell sich Menschenmassen zu medial verbreiteten Meinungen auf die Straße begeben – so auch im genannten Tötungsfall, in dem der Mörder unerkannt mitlief, wie später herauskam.

Einmal hatte ich durch Zufall die Gelegenheit die Demokratie der Anti-Rechts-Demonstranten zu beobachten. Das war auf dem Luisenplatz in Darmstadt. Die NPD-Anhänger saßen in ihrem Auto neben dem Eingang zum Regierungspräsidium mit einem Lautsprecher darauf, von dem aus sie ihre Parolen verkündeten. Weiträumig darum war der Platz halbkreisförmig durch Polizei und rot-weiße Bänder abgeriegelt. Hinter der Polizei standen die Anti-Rechts-Demonstranten mit Spruchbändern der SPD, der Gewerkschaften, der Grünen, der Linken und anderer Organisationen und pöbelten die NPD-Leute wie wild gewordene Kampfhunde mit Geschrei und Pfeifen und dergleichen an. Ist das Demokratie? Ohne Zweifel waren auch CDU-Leute und Kirchenvertreter dabei. Ähnlich muss es am 18. Juni 2014 am Sächsischen Landtag zugegangen sein, wie der MDR am folgenden Tag in seiner gewohnt antifaschistischen Gutmenschenweise berichtete. Die NPD hatte wie immer mit juristisch erkämpfter Genehmigung im Umfeld des Landtags für etwas demonstriert, worüber der MDR natürlich nicht berichtete. Der Verfassung bzw. dem Grundgesetz entsprechend hatte die Polizei die Pflicht für den ordnungsgemäßen Ablauf der genehmigten Demonstration zu sorgen. Doch den NPD-Demonstranten, umringt von Polizei, stellten sich die antifaschistischen Gegendemonstranten entgegen und drängten die NPD-Anhänger in Richtung Landtag. Da der Polizei die Situation immer bedrohlicher wurde, offensichtlich durch Gewaltandrohung der Gutmenschen-Demokraten, bat sie den Landtagspräsidenten als ›Deeskalisierungsmaßnahme‹, die NPD-Leute im Landtag Schutz suchen zu lassen. Man kann sich denken, dass dieses nun ganz und gar nicht im Sinne der selbsternannten Gutmenschen war und Landtagspräsident und Polizei in eine missliche Lage gerieten.

Die deutschen Medien und Journalisten berichten über solche Ereignisse grundsätzlich mit ›gleichgeschaltetem‹ Vokabular – Demonstrationen nationaler Art werden als Aufmarsch bezeichnet und die antinationaler Art als friedliche Gegendemonstrationen. Ein Thema X, das diese Rechten ansprechen (die angeblich aus Angst oder Erfolglosigkeit den braunen Rattenfängern nachlaufen), wird im Vokabular der deutschen Einheitsmedien von diesen Rechten ›instrumentalisiert‹, so wie nach deren Vokabular irgendetwas Positives im Dritten Reich von den damaligen Machthabern zwecks Welteroberung ›missbraucht‹ wurde. Mit der Phrase »das Judentum gehört zu Deutschland«, die jemand in die Welt setzte, wurden die Menschen unter Zugzwang gesetzt – wer es wagen sollte dem zu widersprechen, wäre somit Antisemit. Um sich akzeptabel zu machen, setzte dem folgend der in Bedrängnis geratene Bundespräsident Christian Wulff die Phrase »der Islam gehört zu Deutschland« in die Welt und schwupps wurde jeder zum Rechten, der es wagte, dieser Phrase der ›Willkommenskultur‹ für islamische Masseneinwanderung zu widersprechen. So werden von Medien und Politikern Denkverbote erteilt und wird eine Gesinnungsdiktatur von gewaltiger Einschüchterungskraft geschaffen. Mit Dauerberieselung durch verhetzende Schlagwörter wie »die rechtsextreme NPD … die rechtsextreme NPD … die rechtsextreme NPD … der Rechtspopulist … der Rechtspopulist … der Rechtspopulist….« wird der Bürger unter Dauerbeschuss genommen mit dem Ziel, dass sich diese Bewertungen in sein Unterbewusstsein einschleichen und er sich somit ohne es selbst zu merken der Sichtweise und dem Willen der Herrschenden in Politik und deren gleichgeschalteten Medien fügt. Diese Leute – und da sind Nachrichtensprecher von Regierungssprechern nicht zu unterscheiden – wissen, was Goebbels sagte: Wenn man eine Lüge häufig genug wiederholt, wird sie zur Wahrheit (d.h. als solche wahrgenommen).

Massenhaft wird Geld und werden Steuergelder von Politikern, ob in Kommunen oder im Bund, für den ›Kampf gegen Rechts‹, also das ganze Spektrum von Rechtspopulisten, Rechtsradikalen, Rechtsextremisten, Neonazis, Nazis usw., ausgegeben. Das führt, wie schon oben angedeutet, zu einer Politisierung der Wissenschaft in der Art, dass auch Professuren für solche und verwandte Gebiete wie z.B. Genderideologie, Rassismus, Antisemitismus und Sexismus geschaffen werden. Auch die Deutsche Forschungsgemeinschaft z.B. stellt horrende Summen zur Erforschung von Antisemitismus zur Verfügung, deren Ergebnisse schon von Anbeginn und von Außenstehenden bekannt sein dürften. So z.B. erhielt die Kognitionslinguistin und Professorin der Technischen Universität Berlin Monika Schwarz-Friesel 2014 von der DFG für die Erforschung der ›Verbreitung antisemitischer Inhalte‹ bzw. ›Antisemitismus im Netz‹ 400.000 Euro zugesprochen. Wer Karriere machen will, sollte sich also diesen lukrativen Beschäftigungsgebieten zuwenden. Zu einer meiner Vorlesungen, in der nur eine einzige Studentin saß – in Physik und Mathematik dominieren nun mal Studenten – rückte eine Dame mit einem riesigen Stativ und einer Kamera an, um die Erlebnisse dieser einen Studentin zu dokumentieren. Schließlich hatte die Dame zu diesem Zweck eine besoldete Stelle erhalten und musste etwas liefern.

Das heutige deutsche Ausbildungssystem, insbesondere das an Universitäten, liegt fest in den Händen der politischen Linken. Die politisch linke Ideologie gibt es analog weltweit, insbesondere auch an den Universitäten in den USA. Jedoch anders als in anderen Ländern ist diese Ideologie hierzulande stark antinational geprägt, sodass sich mancher scheut, selbst das Wort deutsch in den Mund zu nehmen, da dies bereits anrüchig ist, nazistisch. Diese linke Ideologie, die weltweit unter der Bezeichnung ›Politische Korrektheit‹ läuft, also einen Zeitgeist darstellt, oder vielleicht besser eine Zeitgeist-Diktatur, ist voller Verbote. Auf ›Christmas Greetings‹, die ich einem Kollegen in die USA sandte, erhielt ich die Antwort, das heiße ›Holiday Greetings‹; ich möge mich bitte politisch korrekt ausdrükken. Ein großer Teil des täglich üblichen Vokabulars wird diktatorisch durch neue Begriffe ersetzt, die erzieherisch Denkverbote erteilen. Wir kennen Beispiele aus den vorhergehenden Betrachtungen, sodass ich diese nicht wiederhole. Es gibt z.B. keine Rassen mehr und – zumindest hierzulande – soll es auch keine Ländergrenzen mehr geben. Alles soll sich wie ein Stück Zucker in Wasser auflösen in einer weltweit gleichgeschalteten Gesellschaft, egal mit welcher kulturellen, geschichtlichen, religiösen oder entwicklungspolitischen Vergangenheit. Dies ist die vorgegebene Richtung.

Folgerichtig werden unterschiedliche Kulturen, ja Wertvorstellungen, durch massenhafte Zuwanderung aus völlig anderen Gesellschaften vermischt, und dies alles mit moralischer Überheblichkeit unter dem Gebot der Wahrung von Menschenrechten und dem Gebot von Demokratie. Wer könnte schon gegen Menschenrechte argumentieren! In diesem Kampf um Weltverbesserung stehen die Deutschen an vorderster Front und lassen selbst die Franzosen mit ihrer Parole von ›Freiheit, Gleichheit, Brüderlichkeit‹ weit hinter sich, von den nationalistischen Polen und Briten ganz zu schweigen. Wer sich z.B. in England mit einem Touristenbus herumfahren lässt, hört, dass man nun durch einen ›working class district‹ fahre, und blickt erstaunt zum Fenster hinaus, um sich die Häuser der Arbeiterklasse anzusehen – ein hierzulande undenkbares Erlebnis.

Hier in Deutschland gibt es massenhaft Professoren. Viele Politiker tragen den Professorentitel, wie Süssmuth, Benda, Bernhard Vogel, Genscher, Herzog usw. und tragen mit ihren parteiisch-unsachlichen Äußerungen zu einer Rufschädigung der wissenschaftlichen Professoren bei. Kommen wir noch einmal zum Thema Auschwitz zurück. Wer einmal öffentliche Gerichtsverhandlungen besucht hat, oder sich z.B. über die Auschwitz-Prozesse ab 1963 und danach informiert hat, der weiß, dass sich die deutsche Justiz unumkehrbar auf die Faktizität der millionenfachen, industriell-betriebenen Judenvernichtung in eigens dafür eingerichteten Gaskammern festgelegt hat (auch ohne absoluten Sachbeweis); für die deutsche Justiz und den deutschen Staat, d.h. die Politiker, gibt es da kein Zurück. In den genannten Gerichtsverhandlungen, in denen keine Holocaustbeweisanträge zugelassen werden, wird seitens Anklage und Gericht klar zwischen seriöser Geschichtsschreibung, die der politisch-korrekten Professorenschaft, und der Pseudo-Geschichtsschreibung, die der ›Holocaustleugner‹, ›Rechtsradikalen‹ und ›Nazis‹ unterschieden. Als seriös wird dort z.B. das Buch von Eugen Kogon genannt. Dieser war Politikprofessor an der TH/TU Darmstadt. In seinem Buch ›Der

SS-Staat‹ (S. 77) beziffert dieser die Zahl der in Auschwitz Ermordeten mit 4,5 Millionen, also noch höher als selbst die Polen und Katyn-Verleugner nach dem Krieg. Da kaum jemand diese Zahl heute glaubt, ist an dem Befund des Professors etwas faul. Was? Kogon war Buchenwald-Häftling (danach Umerzieher im Dienst der USA) und hat offensichtlich hier seinem Hass ein Ventil geöffnet. Wer so auf einer Professur argumentiert, also auf seinem eigenen Fachgebiet, disqualifiziert sich selbst. Man stelle sich vor, das NASA-Team um Wernher von Braun, ehemals SS-Mitglied, wäre beim Bau der bemannten Mondrakete so mit den Zahlen umgegangen, dann wären die Astronauten Baldwin und Armstrong nie zur Erde zurückgekehrt. Aber bei Politschwätzern gilt eben nicht immer 1+1=2, eine Verdrehung, die in der Politik-Professorenschaft sehr förderlich und hoch angesehen ist, aber auch bei Politikern, der deutschen Justiz bei politischen Urteilen, den Medien, den Kirchen – kurz bei allen, die an die Öffentlichkeit treten.

Interessant ist da auch das Verhalten der Professorin Rita Süssmuth: Diese vertritt einerseits auf das Schärfste das Holocaust-Dogma, doch ließ zu, als Kuratoriumsmitglied der Zeitschrift *Osteuropa*, dass die o.g. der Justiz widersprechenden Befunde (sofern sie dies sind) des Spiegel-Redakteurs Fritjof Meyer darin publiziert wurden – natürlich kann man fragen, ob diese befragt wurde und eventuell die Publikation verhindert hätte. Alle Versuche Süssmuth oder F. Meyer gerichtlich zu belangen wurden von der Justiz abgeschlagen. Und selbst in Gesprächen unter vier Augen erlebte ich dies: Ein Physik-Professor in höchster Position äußerte mir gegenüber als Beweis für 4 Millionen Ermordete: »Man hat ja eine Dose Zyklon B gefunden.« Man bedenke: Dies der Beweis für einen deutschen Physik-Ordinarius! Als ich gegenüber einem anderen Physik-Ordinarius äußerte: »Freuen wir uns, dass es ungefähr drei der vier Millionen Ermordeten in Auschwitz nicht gegeben haben soll, ist dies nicht Grund zu Freude?« blickte dieser mich ungläubig an und schaute weg.

Man sieht, wie verklemmt, umerzogen, indoktriniert, eingeschüchtert selbst diese Leute sind! Ich komme auf das Thema der 4 Millionen in Auschwitz Ermordeten in einem späteren Kapitel zurück. Doch den jahrzehntelang im Licht der Öffentlichkeit stehenden Anklägern des deutschen Volkes ist nicht zu trauen. Man erlebt es ja immer wieder. Da ist Günter Grass, der dem deutschen Volk das Recht auf Wiedervereinigung wegen Auschwitz absprach – und dann wurde publik: Er war in der SS, war im Sprachgebrauch der veröffentlichten Meinung SS-Scherge! Da ist der Kabarettist Dieter Hildebrandt, der sich den Unterhalt seines Lebens mit Anti-NS-Polemik, genannt Kabarett, verdiente – und dann kam heraus: Er war NSDAP-Mitglied, wollte aber nichts davon gewusst haben, ähnlich wie der Tübinger Rhetorikprofessor Walter Jens, der sich als prominenter Hitler-Gegner ausgab, dann aber als NSDAP-Mitglied entlarvt wurde, einer Mitgliedschaft, von der er ebenfalls nichts gewusst haben will. Wer glaubt denn solche Vergesslichkeiten? Da war der Frühschoppen-Journalist Werner Höfer. Als sein Zögling Friedrich Nowottny sein Chef wurde, enttarnte dieser ihn als NS-Journalisten und warf ihn raus. Es half dem alten Herrn nichts, dass er argumentierte, andere hätten seine Schreibe geändert. Sind diese und viele andere noch irgendwie glaubwürdig?

Da gibt es die vielen Nachkommen von Bismarck, dem letzten Kaiser und anderen – und, glaubt man dem Fernsehen, gab es in allen diesen Familien Widerständler. Sicher sind viele, die sich selbst zu Umerziehern umgepolt haben, unerkannt geblieben, bei anderen wurde die Vergangenheit erst nach dem Tod bekannt, wie beim Kulenkampff-Chef Martin Jente, der ihm immer am Ende seiner Sendung den Mantel brachte. So auch bei dem Hessischen Kirchenpräsidenten Helmut Hild, der – siehe *Evangelische Kirchenzeitung* vom 19.9.1999: »Ein Kirchenpräsident der Toleranz und des Ausgleichs« – sich mit 16/17 Jahren 1938 ›freiwillig‹ für den Dienst in Hitlers Wehrmacht gemeldet hatte. Nach herrschender politisch-korrekter Sicht: Für Welteroberung, Rassenwahn und Völkermord, was jedem (nichtjüdischen) Deutschen bekannt gewesen sein soll, auch weil dies so in Hitlers ›Mein Kampf‹ stand – 25 Jahre später aber als Schuldprediger und Polen- bzw. Israelfreund Karriere machte und sich für Anerkennung der Oder-Neiße-Grenze von den polnischen kommunistischen Diktatoren mit deren höchsten Orden auszeichnen ließ. Und selbst Martin Niemöller soll sich im Zweiten Weltkrieg angeboten haben, wieder in U-Booten zu dienen, in deutschen, versteht sich. Hier sollte man erwähnen, dass die heutige scharfe Anti-NS-Einstellung der beiden großen Kirchen in der Bundesrepublik Deutschland ebenfalls viel Heuchelei enthält, wie ich detaillierter in einem späteren Kapitel darlege.

Man unterstelle mir hier nicht Hetze gegen die Genannten. Die NSDAP hatte Mitglieder in Millionenzahl und war damit die größte Volkspartei, die es je auf deutschem Boden gab. Kaum jemand dürfte bösen Willens dieser Partei beigetreten sein. Der überwiegende Teil der deutschen Bevölkerung war anständig, auch gegenüber Staat und Regierung, und war gegenüber letzteren genauso nationalistisch eingestellt wie die Völker anderer Länder gegenüber ihren jeweiligen Regierungen. Der undemokratisch vollzogene Umsturz der Monarchie durch den Kommunisten Karl Liebknecht und den SPD-Politiker Philipp Scheidemann, die das Volk nicht befragt hatten, weder in Wahl noch in Referendum, wie auch die Politik der Sieger, die Besiegten zu monströsen Verbrechern zu stempeln – ›Wehe dem Besiegten!‹ –, musste schlimme Konsequenzen haben, änderte aber nicht den Menschen. Millionen Deutsche gingen nicht nur in der NSDAP, sondern auch in anderen Organisationen oder Diensten ihren Pflichten korrekt nach, wie sie es immer gewohnt waren. Man sehe sich z.B. die ehrenwerten Lebensläufe der Wissenschaftler Werner Heisenberg und Carl Friedrich von Weizsäcker an. Sollen diese vor 1945 gewusst haben, was später an Verdächtigungen auf sie zukam? Hatte von Weizsäcker, Sohn des Staatssekretärs im Auswärtigen Amt Hitlers, eine Professur im besetzten Straßburg angenommen, weil er wusste, dass er bald würde fliehen müssen? Hatten beide in kleinen Labors an ›Hitlers Bombe‹ (der geläufige Ausdruck) gebastelt, um Massenvernichtungen riesigen Ausmaßes zu ermöglichen? Hatten die Deutschen kein Recht auf Verteidigung? Man sehe sich die Filme zum amerikanischen Manhattan-Projekt an: Die Wissenschaftler dort, Juden wie Nichtjuden, haben sich mit überschwänglicher Begeisterung an die Arbeit gemacht, von Anbeginn wissend, daß es um die Entwicklung einer verheerenden Vernichtungswaffe ging – alle waren begeistert, machten mit und erlebten mit den Abwürfen über Japan ihre große Befriedigung. Damals wie heute war es die Dämonisierung Hitlers und der Deutschen, besonders durch Briten und Amerikaner, die jedes Mittel gegen Deutschland rechtfertigte. Anders als die Deutschen haben die Japaner mit Erhaltung ihrer Monarchie nach dem Krieg noch ein letztes Quentchen Würde bewahrt.

Heisenberg und von Weizsäcker sollen nach dem Krieg geäußert haben, sie hätten in ihrem Umfeld und mit ihrer Tätigkeit versucht ›das Schlimmste‹ zu verhindern, also mit einem Bombenbau keinen Erfolg zu haben (was auf Sabotage hinausliefe). Sie standen natürlich nach dem Krieg unter dem Druck (auch beruflicher Herabsetzung) zuzugeben, entweder für oder gegen Hitler gearbeitet zu haben – dazu gibt es bis heute keine anerkannte Alternative, also etwa dass man meinte dem Vaterland zu dienen. In solcher Situation erinnert sich jeder: »Hatte ich mich nicht einmal geärgert und dies und das gesagt?« – und sofort hat man ein Beispiel, mit dem man meint, seinen heroischen Widerstand belegen zu können. Die Nachkriegsunterstellungen (wie u.a. in dem Buch von Daniel Goldhagen: ›Hitlers willige Vollstrecker‹), die Deutschen insgesamt hätten böse Absichten verfolgt (und seien sozusagen in ihren Genen kriminell veranlagt), dürften echte Volksverhetzungen sein.

Im Verlauf meines Lebens bin ich lange im Ausland gewesen und habe in meiner Universitätstätigkeit viele Länder bereist und viele ausländische Wissenschaftler als Gäste betreut. Die sich daraus ergebenden Kontakte, wissenschaftliche wie auch andere, waren eine beträchtliche und bleibende Bereicherung meines Lebens. Da ich als Kind schon nach Australien kam, dort lebte, zur Schule ging und studierte, bin ich zweifellos früher als andere und schicksalsbedingt in eine andere Welt versetzt worden, und habe vielleicht deshalb zu Nichtdeutschen schneller Kontakt gefunden als andere, dies obgleich ich selbst sehr reserviert und zurückhaltend bin. Zumindest habe ich Kollegen erlebt, die kaum jemals aus ihrer gewohnten Umgebung herausgekommen sind, sich Ausländern gegenüber herablassend bis hochnäsig verhielten und kaum Kontakte pflegten.

Wie fruchtbar Beziehungen sein können, mag folgende Begebenheit demonstrieren. Eines Tages lag ein Schreiben des Universitätspräsidenten in meinem Postfach mit angehängtem Lebenslauf eines russischen Wissenschaftlers und der Frage, ob in unserer Theoriegruppe jemand Interesse an diesem habe, er suche eine Gaststelle und sei schon in Deutschland. Nun erhielten wir oft solche Anfragen und es war nichts zu machen. Abhaken und dem nächsten auf der Liste ins Postfach legen! Ich machte das auch – doch halt, sah ich da nicht eine Publikation in dessen Liste, die mich interessierte? Also sah ich mir die Sache näher an. Da der Wissenschaftler eine Privatanschrift in Baden-Baden angab, rief ich gleich an und lud ihn kurzfristig zu einem Vortrag ein. Eine Minute vor Beginn des Vortrags erschien er mit seiner Frau. Nach dem Vortrag bat ich beide in die Cafeteria. Da sagte der Mann zu mir: »Ich habe Ihr Manuskript, das Sie bei *Physical Review* eingereicht haben, zur Begutachtung bekommen und möchte mit Ihnen darüber sprechen.« Im Verlauf unserer Unterhaltung sagte er weiter: »Sie haben da explizite Lösungen, ich nenne Ihnen meine Arbeit, die Sie herunterladen können. Sie können dann mit Ihren Lösungen die klassisch-quantenmechanischen Übergänge explizit berechnen.« Da kurz danach ein Koreaner bei mir seinen bereits bewilligten DFG-Aufenthalt antrat, schlug ich diesem vor, dass wir uns gleich mit dem Thema befassten. Etwa drei Monate danach war die Arbeit bereits von *Physical Review Letters*, einer führenden US-Zeitschrift angenommen, und wir konnten danach noch viele Artikel zu dieser Thematik herausbringen.

Mein offenes Verhalten hatte sich für mich also mehr als ausgezahlt. Wohingegen der eingangs erwähnte Kollege ohne Gäste dieser Art mir und anderen gegenüber sich so äußerte: Er könne seine Publikationen selbst schreiben… Als ob man Gäste einlädt, damit diese für einen Publikationen erarbeiten – das wurde unterstellt!

Die freundlichste und vorurteilfreieste Aufnahme fand ich in China, in Indien und in arabischen Ländern. Jeder kennt die Freundlichkeit der US-Amerikaner, aber weiß auch, dass diese oberflächlich ist. Ich kam in New York einmal beim Warten an einer Fußgängerampel mit einem älteren gutgekleideten Herrn ins Gespräch, einem Geschäftsmann aus Minneapolis in Minnesota. Dieser erzählte mir, er kaufe alte optische Instrumente der deutschen Bundeswehr auf. Er hatte ein diesbezügliches Schreiben auf Deutsch, das er aber nicht übersetzen konnte. Er bat mich, mit in sein Hotel, dem Hilton, zu kommen, wo ich in der Lobby wartete, bis er das Schreiben brachte. Es war ein heißer Tag und ich hatte viel Zeit – das Gespräch verlief sehr, sehr freundlich, aber eine Cola, die ich sehr geschätzt hätte, bot er mir nicht an.

Ich habe viele ausländische Gäste zu mir nach Hause eingeladen und nicht nur solche, die meiner Arbeitsgruppe angehörten. Ich habe mir jedes Mal Mühe gemacht, diese bestens zu bewirten. Als es noch keinen Shuttle-Bus von Kaiserslautern zum Frankfurter Flughafen gab, habe ich viele Besucher dort mit meinem Auto abgeholt oder zum Abflug hingebracht. Einen indischen Humboldt-Stipendiaten habe ich einmal, da sein Abflug erst spät am Abend war, vorher noch zu mir nach Hause einladen wollen. Doch als er mir sagte, wenn er verreise, ziehe er sich immer die schmutzigsten Sachen an, ließ ich das. Am Flughafen hatte dieser weit übergewichtiges Gepäck und versuchte dann, mit dem Flughafenpersonal zu argumentieren – es handle sich ja nur um Fachliteratur, doch das half ihm nicht.

Des öfteren erlebte ich bei Indern, deren Aufenthaltsdauer mit Bezahlung genau geregelt worden war, dass sie plötzlich Gründe hatten früher abreisen zu müssen (das Semester beginne, Kinder müssten zur Schule). Da wir hier, höflicher als in den USA, das Aufenthaltshonorar vorzeitig ausbezahlten, ergaben sich dann unangenehme Schwierigkeiten. Natürlich kennt wohl jeder aus eigener Erfahrung die Situation, wenn ein Gastaufenthalt zu lang war, weshalb es immer ratsam ist, solche Aufenthalte möglichst kurz zu gestalten, denn auch der höflichste Gastgeber weiß bei zu langem Verweilen eines Gastes mit diesem nichts mehr anzufangen. Wie das chinesische Sprichwort sagt: »Fische und Gäste stinken nach drei Tagen.«

In Indien ist das Wohlstandsgefälle viel krasser als bei uns, sodass Akademiker dort ohne weiteres zur gehobenen Gesellschaftsschicht gehören. Aber wer einmal etwas höher ist als andere, glaubt oft, sich anderen gegenüber auch so verhalten zu können. Als ich einmal eine kleinere Universität in Indien besuchte und dort im Zimmer des Chairman saß, drückte dieser auf einen Knopf unter seinem Schreibtisch und herein kam ein total verschüchterter, gedemütigter Kuli, dem der Chairman mit Chefpose befahl uns Tee zu bringen. So etwas ist in Indien nicht selten zu beobachten.

Auch mit meinen eigenen indischen Gästen machte ich recht eigenwillige Erfahrungen. Als ich noch nicht lange in Kaiserslautern war, auch eben erst mein erstes Auto besaß und mich in den Gassen der Innenstadt nicht auskannte, hatte ich – offensichtlich unvorsichtig – meinem ersten Humboldt-Stipendiaten vorgeschlagen, als wir bei einem Kollegen eingeladen waren, er möge an einem bestimmten Platz stehen, von wo ich ihn auf dem Weg zur Party abholen würde. Die Reaktion des Inders war extrem beleidigt: Ich wolle ihn wie eine Prostituierte aufsammeln, sagte er. Alles Zureden und Entschuldigen nützte nichts. Der Inder blieb der Party fern.

Es geht auch anders. Ein Kollege, der mich zu einem Vortrag nach Dublin eingeladen hatte, bat mich bei meiner Ankunft an einem bestimmten Ausgang des Flughafens zu warten. Er würde da vorbeifahren und mich mitnehmen. Gesagt, getan. Ich stand dann jedoch am falschen Ausgang und musste ein Taxi nehmen. Man sieht, es geht auch so. Sehr ähnlich dem oben genannten Inder reagierte ein anderer Humboldt-Stipendiat aus diesem Land. Ich hatte vorgeschlagen, ihn mit meinem Auto die etwa 150 km lange Strecke zum Frankfurter Flughafen zu fahren, und hatte als Zeitpunkt der Abfahrt 13.00 Uhr genannt. Später fiel mir ein, dass für den Nachmittag ein Vortrag angekündigt war, den ich gern besucht hätte. Ich schlug dem Inder vor, um 12.30 Uhr von Kaiserslautern abzufahren. Dessen Reaktion war extrem beleidigt. Er beharrte auf 13.00 Uhr wie auf ein Menschenrecht und trieb sich bis zu diesem Zeitpunkt in der Bibliothek umher. Hätte ich ihn mit der Bahn fahren lassen, hätte er noch früher abreisen und mit großem Koffer auch noch umsteigen müssen. Ich muss zur Ehre dieser beiden Inder jedoch anfügen, dass sie mich bei meinen Besuchen an ihren Universitäten außerordentlich gastfreundlich aufnahmen und keine Mühe scheuten. Bei Chinesen oder Koreanern sind mir solche Empfindlichkeiten wie oben geschildert übrigens nie aufgefallen.

Während meiner Postdoktoranden-Zeit in München machte ich die Bekanntschaft von zwei Physikern aus islamischen Ländern. Beiden bin ich noch heute dankbar für diverse Einladungen in ihre Länder und bin ihnen seither freundschaftlich verbunden. Beide wollten völlig ungeniert nach ›oben‹, in Machtpositionen – langwieriges

Herumtüfteln an einem Forschungsproblem lag ihnen nicht. Sie hatten es aber immerhin zum Doktor geschafft. Unausgesprochen, ja unabgesprochen, auch ohne Diskussion, lief meine freundschaftliche Beziehung zu beiden darauf hinaus, dass ich Publikationen erarbeitete und beide als Mitverfasser daran beteiligte. Warum auch nicht? Der erste lud mich daraufhin an die American University of Beirut ein, arrangierte für mich mehrere Stellenangebote, später auch in den USA (wo er nach dem Krieg 1967 hinzog). Die erste mehrwöchige Einladung zu Vorträgen in Beirut 1966 blieb mir unvergesslich – die schöne Landschaft des Campus am Mittelmeer, das milde Klima, die freundlichen Menschen, und, für mich das wichtigste: Ich wurde zum ersten Mal wissenschaftlich anerkennend behandelt.

Wegen der brisanten politischen Situation hatte ich nach langem Überlegen ein Stellenangebot als Assistant Professor abgelehnt. Aber Anfang 1967, als man mir mitteilte, dass ein anderer kurzfristig abgesagt hatte und eine Lehrkraft dringend benötigt wurde, sagte ich sofort zu und trat zum 1. März die Assistant Professor-Stelle an. Der israelisch-jüdische Überfall auf die arabischen Länder stürzte später alles in Chaos, wie mein Mentor über den Libanon sagte: »This is a sinking ship« – und zog in die USA. In Beirut sagte er eines Tages zu mir, er habe am Abend zuvor in seiner Wohnung eine Herrenrunde gehabt, auch ein in Beirut im Exil lebender irakischer Außenminister sei dabei gewesen. Es sei noch viel zu essen übrig, ich solle mit in seine Wohnung kommen. Als ich dorthin kam, sah ich einen großen unaufgeräumten Tisch voll mit Aschenbechern, Teller mit Hähnchenknochen, Schüsseln teils leer, teils mit Resten wie Reis und anderem, Gläsern u.v. anderen mehr. »Da, such dir was aus«, sagte er; später käme eine Frau zum Aufräumen.

Der andere Kollege lud mich an sein Institut nach Teheran ein und sagte mir gleich, er brauche eine Veröffentlichung. Tagelang ließ er mich sitzen, während er mit Kollegen Schach spielte. Er hätte ja wenigstens an dem Thema der Arbeit etwas Interesse zeigen können. Aber da kam nichts. Da Feiertage bevorstanden, buchte ich eine Tour nach Persepolis und legte meinem Kollegen am Vormittag das Manuskript auf den Tisch. Wenige Minuten später kam er an meinen Platz und sagte sehr freundlich, er wolle mich zum Essen einladen, auch Kollegen kämen mit. Es ging in ein herrliches Restaurant in bester orientalischer Tradition, alle waren guter Stimmung. Vor meinem Abflug ging er mit mir noch auf den Basar und half mir ein paar gute Teppiche sehr preiswert zu bekommen. *Live and let live.*

Als mein Kollege in Teheran eine internationale Tagung zu Theoretischer Physik organisierte, lud er einen C4-Kollegen (mit dem er nie etwas zu tun gehabt hatte, der ihm auch nie zu etwas verholfen hatte) von mir ein, Flug und alles bezahlt. Zu mir, der ich damals noch auf Gehaltsstufe C2 (später C3) war, sagte er, ich sei auch eingeladen, sollte aber den Bus vom Münchner Hauptbahnhof nach Teheran nehmen. Ich lehnte dankend ab, erhielt dann später jedoch die gleiche Einladung wie der andere. So geht es in der Welt. Die eigentliche wissenschaftliche Leistung zählt wenig. Bleibt noch zu erwähnen, dass beide Kollegen wissenschaftlich scheiterten – der eine, zunächst Professor an einer kleinen Universität in den USA, heiratete und wurde Geschäftsmann, der andere erachtete es nach dem Sturz des Schahs für besser den Iran zu verlassen.

In der ersten Zeit, als ich an der Universität Kaiserslautern längerbleibende Gäste aus anderen Ländern hatte, habe ich diesen zum Abschied ein Buch mit den Unterschriften aller Mitglieder der Theoriegruppe geschenkt. Viele Gäste brachten mir, wie auch anderen Kollegen, Geschenke, in der Regel von der Art touristischer Mitbringsel. Von Studierenden habe ich grundsätzlich niemals etwas angenommen, auch nicht das geringste. Ich erinnere mich, dass eine Chinesin mir sehr hartnäckig etwas Kleines überreichen wollte – aber ich blieb bei meinem Nein. Als Beamter darf man nichts annehmen, doch unter etwa gleichrangigen Kollegen, bei denen keinerlei Einflussnahme möglich ist, und ein rigoroses Ablehnen sogar unhöflich wäre, ist so etwas nicht zu vermeiden.

Ein Fall war mir bedenklich, und ich fragte hierzu den Verwaltungsbeamten im Dekanat. Ein vor der Pensionierung stehender Professor aus Südkorea hatte bei mir angefragt, ob er sein Sabbatical von sechs Monaten in meiner Arbeitsgruppe verbringen könne. Er kannte Arbeiten von mir. Ich sagte zu, es kostete schließlich nichts, da er mit eigenen Mitteln kam. Später erkannte ich, dass der Hauptgrund seines Besuchs war, mit seiner Frau diese Zeit in der Nähe seiner hier studierenden Tochter zu verbringen, die dann einen Deutschen heiratete. Die Familie machte einen hervorragend dezenten Eindruck und war mir für mein Entgegenkommen offensichtlich sehr dankbar. Das Ergebnis war das Geschenk, das mich bedenklich stimmte – eine größere lackierte, holzgeschnitzte Schachtel mit diversen inneren Schubladen, die innen und außen sehr aufwendig und kunstvoll mit Perlmuttintarsien verziert waren. Nach Studium der betreffenden Rechtsvorschriften zusammen mit dem Verwaltungsbeamten im Dekanat sind dieser und ich zu dem Schluss gekommen, dass nichts zu unternehmen war. Den Gegenstand habe ich später privat verschenkt.

Dreimal habe ich Forschungsgästen von mir einen Aufenthalt in Berlin spendiert – jeweils mit drei Übernachtungen im Fünf-Sterne-Hotel Steigenberger am Los-Angeles-Platz. Ich tat das nicht, um der zu jener Zeit vielpublizierten und größtenteils angeblichen Ausländerfeindlichkeit entgegen zu wirken, sondern weil ich wusste, für diese Menschen war das etwas Ungewöhnliches. Ein Gast aus China wollte sich später entsprechend revanchieren. Als ich in China war, lud er mich zu einem Flug nach Tsingtau ein, wo die Deutschen einst saßen und eine florierende Brauerei hinterlassen hatten. Ich hatte meinen Kollegen gebeten, mich an den Kosten zu beteiligen, aber dies lehnte er rigoros ab. Das Ergebnis war, dass er dauernd seine Finanzen überschlug, und wir von einem Hotel in ein anderes von niedrigerer Qualität umzogen. Ich habe dreimal während meiner Tätigkeit als Professor an der Technischen Universität Kaiserslautern Delegationen aus China betreut und auf eigene Kosten zum Abschluss am Abend in das beste in der Stadt befindliche chinesische Restaurant eingeladen (die dritte Delegation war Gast des Universitätspräsidenten, doch bei diesem war der Besuch am Mittag um 12 Uhr vorbei, und ich bezahlte auch deren Lunch, diesmal aus mir verbliebenen Mitteln der Humboldt-Stiftung). Meine kritischen Bemerkungen kann man also nicht als Ausländer- oder Fremdenfeindlichkeit auslegen!

Viele der Besucher habe ich zu mir nach Hause eingeladen und habe sie so gut wie möglich mit Essen und Getränken bewirtet. Die erste chinesische Delegation hatte ich gleich nach deren Ankunft in meine Wohnung eingeladen. Auch dabei machte ich meine Beobachtungen. Wenn man den Hintergrund eines Menschen kennenlernen möchte, dessen Erziehung und gesellschaftliches Niveau, ist es am aufschlussreichsten, diesen zum Essen einzuladen. Man kann dann an dessen Tischmanieren sehr genau erkennen, woher er kommt, aus welcher Art von Elternhaus und dergleichen.

Die gesellschaftlichen Umwälzungen im 20. Jahrhundert haben es mit sich gebracht, dass nicht nur gepflegte Umgangsformen vielfach über Bord geworfen wurden, sondern dass auch Menschen von ganz unten in eine gehobene, sagen wir die bürgerliche Schicht aufstiegen. Die Konsequenzen sind überall als Proletarisierung der Gesellschaft ersichtlich, und ich machte die Beobachtung, dass je einfacher die Herkunft, desto resoluter der Anspruch – im Sinn von ›Diktatur des Proletariats‹. Natürlich: Andere Länder, andere Sitten – aber auch diese Binsenweisheit lässt nicht alles, was man wahrnimmt, akzeptabel erscheinen. Ich räume ein, dass ich selbst streng erzogen worden bin und als Kind ständigen Ermahnungen meiner Mutter besonders beim Essen ausgesetzt war. Da habe ich z.B. bei meinen Gästen gesehen, dass wenn diesen Butter- und Käsemesser zur Bedienung ausreichend vorlagen, sie mit solchen nichts anzufangen wussten, sondern kreuz und quer mit ihrem vorgelegten Besteck in den Speisen herumstachen – mit der bekannten Konsequenz, dass man dann schnell Essensreste z.B. in der Butter auftauchen sah. Hotelleitungen kennen diesen Nebeneffekt sehr genau, weshalb dort solches nach Möglichkeit mit kleinen abgepackten Butterstückchen usw. vermieden wird.

Weißwein stellt man bekanntlich kalt. Nachdem ich Gästen aus der früheren Sowjetunion eingeschenkt hatte und kurz in die Küche ging, um die Flasche wieder in den Kühlschrank zu stellen, stellte ich fest, dass während meiner kurzen Abwesenheit die Gäste ihre Gläser schon geleert hatten – ein normalerweise unmögliches Benehmen. Das beim Essen laute Schnalzen von Indern mag man deren Sitten zuschreiben, aber irgendwo gibt es doch Grenzen. In Peking wurde ich einmal von einem Chauffeur abgeholt, der noch einen aus Taiwan angereisten einheimischen Professor mitnehmen sollte. Vor der Weiterfahrt fand ein Essen in einem Restaurant statt. Völlig ungeniert spuckten die beiden dabei die Fischgräten und anderes neben ihren Schalen auf den für uns drei recht kleinen Tisch.

Natürlich sieht man als Gast über vieles hinweg, aber man bemerkt es und ist manchmal angewidert. Ich kann mich hierin auf Charles Dickens berufen, den ich deshalb weiter unten mit einigen Zeilen zitiere. Zur Ergänzung des eben beschriebenen Beispiels noch ein weiteres: Mit einem Kollegen aus Shanghai, der mehrmals mit Unterstützung des DAAD und der DFG bei mir Gast war, bin ich oft zum Essen in die Mensa der Universität gegangen. Dieser war anders. Einmal habe ich zu ihm gesagt: »You can dine with kings« – so korrekt war dessen Benehmen! Es geht also doch: Gute Tischmanieren sind überall möglich!

Nun zu dem anderen Beispiel. Einmal war ich zusammen mit Humboldt-Stipendiaten und einem meiner DFG-Gäste aus Armenien bei einer hier lebenden armenischen Familie eingeladen. Nach dem Essen wurde eine Käseplatte auf den Tisch gestellt. Ich sah nun, wie mein DFG-Gast sich mit seinem Messer eine Scheibe cremigen Käse abschnitt, in seinen Mund führte und die Messerklinge genüsslich ableckte. Gleich danach holte er sich mit derselben Klinge eine weitere Scheibe Käse. Nach meiner Pensionierung habe ich viele der Romane von Charles Dickens gelesen. Dickens war selbst in die USA gereist und war dort triumphal empfangen worden. Nichtsdestotrotz machte er dort sehr negative Beobachtungen. In seinem Roman ›Martin Chuzzlewit‹ versetzt er die Hauptperson für wenige Kapitel nach Amerika. Dort kommt Chuzzlewit in eine Gesellschaft und macht exakt meine oben beschriebene Beobachtung – mit dem Unterschied, dass der Betreffende Butter statt Käse nahm. Es ist außerordentlich interessant hierzu die Ausführungen von Dickens zu lesen, aus denen hervorgeht, wie er sich selbst über diese Manieren Gedanken machte. Ich zitiere aus ›Martin Chuzzlewit‹, Kapitel 34, S. 516-517):

»›What do you think of my countrymen who are present, sir?‹ enquired Elijah Pogram. ›Oh! Very pleasant‹, said Martin. They were a very pleasant party. No man had spoken a word; everyone had been intent, as usual, on his own private gorging; and the greater part of the company were decidedly dirty feeders. The Honorable

Elijah Pogram looked at Martin as if he thought, ›you don't mean that, I know!‹ and he was soon confirmed in this opinion. Sitting opposite to them was a gentleman in a high state of tobacco, who wore quite a little beard, composed of the overflowings of that weed, as they had dried about his mouth and chin; so common an ornament that it would scarcely have attracted Martin's observation, but that this good citizen, burning to assert his equality against all comers, sucked his knife for some moments, and then made a cut with it at the butter, just as Martin was in the act of taking some. There was a juiciness about the deed that might have sickened a scavenger. When Elijah Pogram (to whom this was an everyday incident) saw that Martin put the plate away, and took no butter, he was quite delighted, and said – ›Well! The morbid hatred of you British to the Institutions of our country is as-TONishing!‹ ›Upon my life!‹ cried Martin, in his turn, ›this is the most wonderful community that ever existed! A man deliberately makes a hog of himself, and that's an Institution!‹ ›We have no time to acquire forms, sir‹ said Elijah Pogram. ›Acquire!‹ cried Martin. ›But it's not a question of acquiring anything. It's a question of losing the natural politeness of a savage, and that instinctive good breeding which admonishes one man not to offend and disgust another. Don't you think that man over the way, for instance, naturally knows better, but considers it a fine and independent thing to be a brute in small matters?‹ ›He is a native of our country, and is nat'rally bright and spy, of course,‹ said Mr. Pogram. ›Now observe what this comes to, Mr. Pogram,‹ pursued Martin. ›The mass of your countrymen begin by stubbornly neglecting little social observances, which have nothing to do with gentility, custom, usage, government, or country, but are acts of common, decent, natural, human politeness…‹«

Man findet auch an anderen Stellen bei Dickens solche Szenen, z.B. in ›The Pickwick Papers‹ (Kapitel 25, S. 355), wo im Haushalt eines Richters folgendes Gespräch stattfindet: »›… *We keep a boy to do the dirty work, and a gal besides, but they dine in the wash'us.‹ ›Oh, they dine in the wash'us, do they?‹ said Mr. Weller. ›Yes,‹ replied Mr. Muzzle, ›we tried 'em at our table, when they first come, but we couldn't keep 'em. The gal's manners is dreadful vulgar; and the boy breathes so very hard while he's eating, that we found it impossible to sit at table with him.‹«* Schlechtes Benehmen kann man auch in Schnellrestaurants oder Universitätsmensen beobachten: Da holen sich Leute Papierservietten von der Theke, um damit die Nase zu putzen und anschließend die gebrauchte Serviette neben sich dann auf den Tisch in unmittelbarer Nähe des Essens anderer zu legen. Ekelhaft!

Bei meinem ersten Aufenthalt in den USA im ersten Seminar der Arbeitsgruppe, in der ich am Lawrence Radiation Laboratory der University of California in Berkeley Gast war, fiel mir sofort ein anderer von der University of Utah dadurch auf, dass er in der ersten Reihe sitzend dem Redner entgegengestreckt seine Beine auf den Tisch legte. Dies erinnerte mich an das einzige mir in Erinnerung gebliebene Motiv aus einem Bilderbuch meiner Kindheit. Man sah dort einen Amerikaner, der die Beine auf den Tisch legte – dies war in dem Buch als schlechtes Benehmen dargestellt. Ich sah also im ersten Seminar, das ich dort besuchte, den Bilderbuch-Amerikaner? Nun muss man das nicht so streng nehmen; allein in meinem Dienstzimmer habe ich später auch mal die Beine auf den Schreibtisch gelegt, allerdings nicht in Gegenwart anderer. Einmal hatte ich einen US-Postdoktoranden aus der Chemie mit Angehörigen meiner eigenen Arbeitsgruppe zu mir nach Hause eingeladen. Der junge Mann vergaß sich wohl selbst und stemmte seine Schuhe gegen die Platte meines Sofatischs… Auf einer Tagung saß ich einmal mit anderen, darunter einem Amerikaner, am Tisch. Da beobachtete ich, wie dieser den einen Arm auf den Tisch gelehnt und den Kopf stützend, mit der anderen Hand versuchte ein Steak zu zerkleinern – ein geradezu unmöglicher Versuch, von dem dieser aber erst abließ, als er auf den Gedanken kam, dass er eine zweite Hand besaß. Etwa 50 Jahre später ging dessen Name durch die Weltpresse mit dem eines anderen, weil einige Leute meinten, diese zwei hätten den in dem Jahr verliehenen Nobelpreis verdient und nicht der, der ihn bekam.

Ich erwähnte bereits, dass ich dreimal Gästen von mir Kurzbesuche in Berlin spendierte. Der eine, mit dem ich selbst nach Berlin geflogen war, kam aus Armenien. Zum ersten Frühstück im Hotel Steigenberger, bat ich ihn, sich sein Frühstück vom Büffet zu holen, während ich den Platz reservierend den Kaffee bestellte. Nach einigem Hin- und Herirren brachte er mir einen Teller mit einem Stück Schokoladenkuchen darauf und erwartete, dass ich diesen nun verzehrte. Der Mann hatte keine Ahnung von Frühstück, befand sich in einer total fremden Welt. Schließlich holte er sich ein Stück Hartkäse, und ich musste die Bedienung bitten, den Kuchen wegzuräumen, weil er ihn selbst nicht essen wollte, nicht einmal versuchen wollte. Aber er war sehr klug und erzählte mir, was er dank Computer und TV in seinem Zimmer alles herausgefunden hatte. Fairerweise muss ich diese Erinnerungen ergänzen mit einem Wort zum Frühstück, das ich in China erlebte. Da saß ich in der Cafeteria, ich weiß nicht mehr an welcher Universität, und sah nun, was man dort unter Frühstück verstand: Alle ringsum löffelten oder schlürften ihre Suppe und anderes und auch mir wurde Suppe hingestellt. Hier also hatte ich von Frühstück, d.h. chinesischer Art, keine Ahnung.

Wenn ich mich erinnere, wie sich viele Nicht-Deutsche, denen ich entweder im Ausland begegnete oder hierzulande als Gäste, über ihre eigenen Heimatländer äußerten, so stelle ich fest, dass alle sich praktisch ausnahmslos so äußerten, dass, wenn man die hiesigen Kriterien (also Maßstäbe, die z.B. an die NPD gelegt werden oder im täglichen ›Kampf gegen Rechts‹ Anwendung finden) darauf anlegen würde, diese alle als Nationalisten, ja ›Nazis‹ betrachtet werden müssten. Hinlänglich bekannt ist der Hass der Armenier gegenüber Türken. Ein Armenier äußerte mir gegenüber sogar, dass er selbst gern eigenhändig einen Türken töten würde. Als eine untergeordnete Instanz der US-Regierung sich dafür aussprach, das, was den Armeniern im Ersten Weltkrieg durch die Türken geschah, als Genozid anzuerkennen und dies im Fernsehen im Beisein führender US-Armenier bekannt gegeben wurde, brachen diese Armenier in lauten, stürmischen Jubel aus. Sie jubelten! Zu dem ihnen angetanen Völkermord? Von Trauer keine Spur.

Man sieht, dass es den Armeniern nicht mehr um Leid ging, sondern um eine Argumentationsschlacht gegen die Türken. Die Toten hatten diese jubelnden Armenier dabei völlig vergessen. Es geht ihnen auch um die Zahl der angeblich oder tatsächlich von den Türken ermordeten Armenier, 1.5 Millionen, wie jeder weiß, eine Zahl, die wie die Sechs-Millionenzahl der Juden unmittelbar nach den Ereignissen auftrat – z.B. schreibt darüber schon Felix von Luschan in seinem Buch ›Völker, Rassen, Sprachen‹ von 1927 (verfasst 1921) auf S. 291: »Im Prozess gegen … Juni 1921, haben die ›Sachverständigen‹ die Anzahl der vor dem Kriege in der Türkei lebenden Armenier auf 1.850.000 angegeben. Von diesen soll rund eine Million umgekommen sein.« Hier ist von ›umgekommen‹ die Rede, da viele auch an Hunger und Krankheiten gestorben sind, was in der damaligen Zeit überall in Europa, besonders im Osten und im Südosten, und auch bei den Deutschen der Fall war. Außerdem wurde damals, besonders am Rand Europas, noch mit der Hand getötet. Man vergleiche die Zahl der armenischen Opfer vor hundert Jahren, also die 1,5 Millionen, mit der Zahl der hundert Jahre später mit viel moderneren Waffen in fünf Jahren Bürgerkrieg in Syrien getöteten Menschen: 250.000 bis 500.000, wie man uns immer wieder im Fernsehen berichtet – dies mit Chemiewaffen, *barrel bombs*, Fliegerbomben usw. Welche Zahl ist glaubwürdiger?

Da Kriege auf dem Schlachtfeld heute kaum noch möglich sind, werden diese bzw. ihre Ersatzkämpfe nun anders und anderswo ausgetragen – besonders in Medien und in den Gremien der NATO und der UNO, also Organisationen, in denen sich die Weltbeherrscher, speziell die USA, zur Sicherung ihrer Weltherrschaft besondere Rechte vorbehalten. Bekannt ist das Veto-Recht der fünf Sieger des Zweiten Weltkriegs, das insbesondere von den USA immer zu Gunsten Israels benutzt wird – ansonsten aber die UNO zu einem Debattierklub degradiert. Die Folge ist, dass die UNO – außer ein paar wütende Reden von Vertretern aus dem Nahen oder Mittleren Osten zu erlauben – in puncto Palästina überhaupt nichts mehr unternimmt. Die verlogen begründeten sog. Interventionen der USA überall in Nahost und Asien sind inzwischen so zahlreich, dass man sich wundern müsste, wüsste man nicht, wie eingeschüchtert alle deren Vasallen sind. Und dazu gehören natürlich auch die Deutschen.

Ähnlich den Armeniern tragen auch die Juden ihre Opferzahl wie eine Siegestrophäe vor sich her zur Abschreckung ihrer Kritiker, die sie als Antisemiten diffamieren – ein Schlagwort erspart alle Argumente. So auch der Begriff Völkermord, mit dem die Armenier die

Türken heute bekämpfen – mit Recht, Gerechtigkeit, historischer Wahrheit usw. hat das wenig zu tun, es geht um Demütigung des Feindes, darum, die Türken verbal niederzumetzeln, um tiefverwurzelte Hass- und Rachsucht auf die Türken zu befriedigen. Politische Korrektheit gebietet vorbehaltlose Anerkennung des Leids aller, die ihrem Leid Gehör verschaffen können – das fängt bei früher geprügelten Kindern an und geht über Homosexuelle, Transsexuelle, Armenier, Sinti und Roma bis hin zu den Juden. Den Palästinensern ist es bis heute nicht gelungen, für ihr Leid gehört zu werden, weil das der Juden diesem entgegensteht und in der westlichen Welt einen ungleich höheren Rang einnimmt. Und die deutschen Vertriebenen werden analog einfach einem weltweiten Flüchtlingsphänomen untergeordnet.

Deutsche Kriecher schließen sich den politisch Korrekten natürlich mit Selbstbeschuldigungen an, ja können sich mit Unterwürfigkeitsgesten und einer noch höheren Opferzahl, wie die oben genannten 8 Millionen, und zusätzlichen Selbstbeschuldigungen bei Juden beträchtliche Beliebtheit einhandeln, oder meinen dies zumeist. Man beobachte, wie die Bundeskanzlerin Merkel und die Medien bei jedem Anlass sofort von den 6 Millionen sprechen! Bei ihrem Staatsbesuch in Israel stolperte Frau Merkel geradezu mit der Zahl aus dem Flugzeug und hatte in ihrer Knesset-Rede kein Wort für die Palästinenser übrig. Diese Leute wollen zeigen: Hier, seht her, ich bin sittlich, moralisch und politisch korrekt, ich habe aus der Geschichte gelernt. So schmeicheln sich Menschen wie Frau Merkel bei den Juden ein – »seht her, ich liege euch zu Füssen«, will sie sagen (dabei kein Wort zum Schicksal des palästinensischen Volkes, das es für sie nicht gibt). Doppelmoral ist hierzulande überall ersichtlich.

Amerikaner, Juden, Franzosen dürfen sich nationalistisch geben wie sie wollen, sie werden niemals kritisiert. Anders bei Deutschen – da gelten andere Maßstäbe, da gilt eine andere Moral. Hin und wieder rutscht den Herrschenden aber ein politisch inkorrektes Wort über die Zunge, wie dem SPD-Chef Sigmar Gabriel, der schockiert von dem, was er in oder um Israel sah, von ›Apartheid‹ sprach, also Israel Rassismus vorwarf, und dann tagelang diese Äußerung politisch-korrekt zurechtbiegen musste. Auch der CDU-Politiker Norbert Blüm kam schockiert aus Israel zurück und bekundete sein Mitgefühl für die Palästinenser, die er zwischen Mauern eingekesselt sah. Diese Politiker sehen also, wie die dort herrschenden Juden mit Menschenrechten und Völkerrecht umgehen, sie wissen Bescheid.

Einer meiner armenischen Bekannten erklärte mir einmal, wie riesig Armenien sein müsste, und dass die Armenier berechtigt seien, der Türkei und Aserbaidschan große Landesteile wegzunehmen – das hört sich ganz ähnlich an, wie die Expansionsforderungen vieler Juden für Israel oder der Polen, wenn sie die ehemals deutschen Ostgebiete als zurückgewonnene eigene Gebiete bezeichnen. Türken und Kurden um sie herum gefallen den Armeniern überhaupt nicht, ja, man hat den Eindruck, sie leben im falschen Teil der Welt. Vielleicht ist es bei den Juden im Nahen Osten und den Polen ähnlich? Hadern diese nicht auch aus Nationalismus mit ihren Nachbarn? Einmal hatte ich einen zum Engländer gewordenen polnischen Professor zu einem Vortrag eingeladen und holte diesen mit meinem Auto vom Flughafen Frankfurt ab. Schon auf der Fahrt nach Kaiserslautern berichtete er mir redselig vom Widerstand seiner Eltern gegen die Deutschen und wie diese bei der Eroberung ihnen zustehenden Territoriums geholfen hätten. Ich sagte nichts, war ja auch dessen Gastgeber. Ein andermal hatte ich einen Professor aus Paris zu Gast. Dieser hatte nie von Vertreibung der Deutschen und dem Verlust Ostdeutschlands gehört.

Erstaunlich der Wandel der Welt in den hundert Jahren seit Bismarck, der Jugendzeit meiner Großeltern. Zu deren Zeit fuhren Schiffe der Mächtigen in alle Welt hinaus und machten sich Völker und Erdteile untertan – als Kolonien. Schon Immanuel Kant bemerkte hundert Jahre früher dazu in seiner Geschichtsphilosophie (siehe ›Die Drei Kritiken in ihrem Zusammenhang mit dem Gesamtwerk‹): »Vergleicht man hiermit das inhospitable Betragen der gesitteten, vornehmlich handeltreibenden Staaten unseres Weltteils, so geht die Ungerechtigkeit, die sie in dem Besuche fremder Länder und Völker beweisen bis zum Erschrecken weit. Amerika, die Negerländer, die Gewürzinseln, das Kap usw. waren bei ihrer Entdeckung für sie Länder, die keinem angehörten; denn die Einwohner rechneten für sie nichts …« Dies schrieb Kant, lange bevor sich die Deutschen daran beteiligten; er bezog sich vornehmlich auf die Briten inkl. US-Amerikaner und die Niederländer, die noch heute keine Spur von Reue zu erkennen geben. Man beobachte auch, dass das Wort ›Neger‹ von Kant keineswegs rassistisch gebraucht wurde, wie uns heute deutsche Sprachgelehrte einreden wollen, und dass die hundert Jahre später von Bismarck einberufene Konferenz zu den Kolonien (deutscherseits genannt Schutzgebiete) keineswegs, wie uns ebenfalls heute gern eingeredet wird, der Anfang dieser Geschichte war. Und heute? Wenn ein deutscher Urlauber am Strand der Türkei einen Kieselstein in die Tasche steckt, muss er damit rechnen dort viele Monate ins Gefängnis zu gehen! Hier zeigt sich das erwachte Nationalbewusstsein der ehemals von anderen geringgeschätzten Völker. Diese haben erkannt, wie sie vieler ihrer Altertumsgüter beraubt wurden, wie z.B. die Griechen mit dem Raub der Skulpturen von der Akropolis durch die Engländer (von diesen nach ihrem Räuber ›Elgin marbles‹ genannt), die diese auch nicht zurückzugeben gedenken.

Da erzählt und trommelt man uns Deutschen immerfort ein, was für Kunsträuber die Deutschen, bzw. die sogenannten ›Nazis‹, gewesen seien. Die Konservatorin der Washingtoner National Gallery of Art, L.H. Nicholas, behauptet sogar in ihrem Buch ›Der Raub der Europa‹ (*Welt am Sonntag*, 4.6. 1995), die ›Nazis‹ hätten bis November 1944 in (man staune) »29.436 Eisenbahnwaggons« Kunstwerke aus Frankreich nach Deutschland gebracht (nach dem Springer-Blatt wurde die »Mona Lisa auf einer Krankentrage gerettet«). Und zur gleichen Zeit hunderttausende, wenn nicht Millionen Juden kreuz und quer durch Europa, darunter Anne Frank, Simone Veil, Elie Wiesel und Familien erst nach Auschwitz und dann zurück nach Bergen-Belsen, Buchenwald oder anderswo, dann noch Transport kriegswichtiger Güter und Flugzeuge und Raketen in und aus unterirdischen Schächten, dazu der Transport der Millionen Zwangsarbeiter und Evakuierungen der Zivilbevölkerung aus bombardierten Städten wie Berlin, usw. Und ganz nebenbei gab es ja auch noch den Krieg mit der immer näher rückenden Front an allen Seiten – da also konnte man 29.436 Eisenbahnwaggons für Kunstraub allein aus Frankreich erübrigen (man mache sich mal eine Vorstellung von dieser Zahl!)? Und gleiches soll im Süden, im Osten und andernorts geschehen sein? An deutschen Bahnhöfen wie z.B. dem Hauptbahnhof in Darmstadt, findet man Messingtafeln, die von verbrecherischen Transporten in alle Richtungen kundtun, und auch der ehemalige Bundespräsident Richard von Weizsäcker sprach in seiner Rede am 8. Mai 1985 davon. Doch wer hat gehört, dass aus dem Louvre in Paris auch nur ein einziges Bild gestohlen worden ist? Ich nicht! Zugegeben: Deutsche Medien behaupten immer wieder, Hitler sei auf den Besitz der *Mona Lisa* scharf gewesen. Ich erwähne hier noch aus eigenem Erleben, dass trotz alledem der Zugverkehr im Deutschen Reich selbst im Sommer 1944 noch so normal lief, dass meine Eltern mit uns Kindern problemlos in den Ferien im Juli/August 1944 nach Schlesien zu meinen Großeltern und ins Riesengebirge reisen konnten.

Man sehe sich die Franzosen an. Ihr Präsident Giscard d'Estaing hatte den 8. Mai als Feiertag in Frankreich abgeschafft – mit der Begründung, dass dieser im Geist der neuen Deutsch-Französischen Freundschaft nicht mehr angebracht sei. Der Sozialist Mitterand führte diesen Feiertag wieder ein, versuchte bekanntlich auch mit seinen Blitzvisiten in Berlin und Leipzig die Wiedervereinigung zu verhindern (wie Margaret Thatcher), und verewigte sich in Paris mit Monumentalbauten – also ein echter Nationalsozialist, kurz ›Nazi‹ im echten Sinn des Wortes? Nicht weniger nationalistisch de Gaulle, der bei seinem Staatsbesuch in Kanada, speziell Quebec, derart französisch-nationalistische Töne anschlug, dass die Kanadier ihn kurzerhand hinauswarfen – ein außergewöhnliches Ereignis!

Nebenbei bemerkt: Die Franzosen, die uns bekanntlich am 3. September 1939 zusammen mit Großbritannien den Krieg erklärt hatten, was die publizierte Meinung gern verschweigt, diese Franzosen gehörten überhaupt nicht zu den (sagen wir mal) Schlachtfeldsiegern, die hatten gar keine Armee, die die Deutschen besiegte, sondern hatten sich stattdessen des Terrors, genannt ›Résistance‹, bedient, mit dem sie sich noch heute als Helden brüsten. Und geplündert haben sie wie ihr Napoleon in Berlin, nachdem die drei Sieger ihnen dort ein Stück des Kuchens überlasen hatten – da plünderten sie gleich die Bronzefresken von der Siegessäule, wie ihr Napoleon, der bekanntlich die Quadriga vom Brandenburger Tor geraubt hat, die deutschen Reichsinsignien in Nürnberg (heute auf Betreiben der USA in Wien, das sie als von ihnen befreit betrachten) und vieles andere mehr, über das aus politischer Korrektheit heute geschwiegen wird.

Auch die Amerikaner und Sowjets plünderten, was sie konnten, die USA u.a. den Quedlinburger Domschatz, die Sowjets bzw. Russen u.a. den sog. Schatz des Priamos, von Patenten, Akten, alten Büchern und Dokumenten und vielem anderen mehr ganz zu schweigen. Im Irak haben die USA es mit dem Raub steinerner Zeugnisse der Vergangenheit genauso betrieben, wie eine Dokumentation des Senders Aljazeera u.a. am 10. 2. 2015 beschrieb. Und man sehe sich die heutigen Russen an: Während die russischen Stalinisten sich noch genierten mit den geplünderten Gütern zu prahlen – man konnte zu DDR-Zeiten im Bode-Museum lesen, sie hätten die Sachen ›zum Schutz‹ fortgebracht – brüsten sich die freiredenden russischen Bürger heute offen im Fernsehen, dass sie dieses Raubgut für die ihnen angetanen Verbrechen beanspruchen dürfen (genau wie Raub Ostpreußens usw.), und das alles dem Völkerrecht zum Trotz. Man sieht auch hier Nationalismus, Nationalismus!

Man kann beobachten, wie die Vertreter kleinerer Staaten, auch selbst einfache Bürger, Manieren der Großmacht USA übernehmen, um sich dieser gleichzustellen – so z.B. der ukrainische Präsident, wenn er beim Erklingen seiner Nationalhymne wie ein US-Präsident die rechte Hand auf seine Brust (oder Brieftasche) legt – eine Nachahmung, die mehr als lächerlich, ja abstoßend wirkt und die Einfältigkeit dieser Leute verrät. Zum Nationalismus der Polen und Tschechen erübrigt es sich Beispiele zu geben – zumindest die Polen bedienen sich der Unwahrheit.

Kirche und Zeitgeist

Der 20. Juli 2008 fiel auf einen Sonntag. Im Fürbittegebet in der Stiftskirche Kaiserslautern gedachte die Dekanin Keller des Attentats auf Hitler am 20. Juli 1944 mit den Worten: »...das missglückte Attentat auf Adolf Hitler«... und fuhr fort im Vaterunser: »...Dein Wille geschehe...« Glück oder Unglück und Wille – diese Begriffe stehen sich hier gegenüber. Von Albert Einstein stammt der Satz (ursprünglich bezogen auf die Wahrscheinlichkeitsinterpretation in der Quantenmechanik): »Gott würfelt nicht.« Ja, was nun? Akzeptiert man letzteres, bleibt der Schluss, es war Gottes Wille, dass Hitler nur leicht verletzt überlebte. Auf jeden Fall wollte die Dekanin politisch korrekt ihre Anti-Rechts-Gesinnung zum Ausdruck bringen in totaler Übereinstimmung mit dem Zeitgeist und mit dem gegenwärtigen öffentlichen Geschichtsverständnis, insbesondere auch der evangelischen Kirche, der EKD, deren Leitung in Hannover sitzt. Was heute niemanden mehr interessiert ist, dass der Attentäter Stauffenberg dabei (nach ZdF-Info, ›Das Unterirdische Reich‹, 1.1.2015, 20.15 Uhr) vier Menschen tötete bzw. ermordete und sich dann flugs aus dem Staub machte, statt sich mutig seiner Tat zu stellen und vor Ort zu bleiben. Die Namen der Getöteten findet man nur in, sagen wir, rechtslastiger Literatur (*Junge Freiheit*, 17.7.2015): General Günther Korten, General Rudolf Schmundt, Oberst Heinz Brandt und Stenograph Heinrich Berger. Heute werden sogar Gottesdienste zum Gedenken an Stauffenberg und andere Mitinvolvierte wie den geradezu zum evangelischen Heiligen erhobenen Dietrich Bonhoeffer gehalten, der keineswegs seines Glaubens wegen hingerichtet wurde, sondern als Attentatsbeteiligter.

In der heutigen offiziellen deutschen Sicht (nicht der anderer, wie die der Siegermächte) verkörpert Stauffenberg das Edle im deutschen Volk und zwar so sehr, dass man sich an die Worte erinnert sieht, mit denen Shakespeare am Ende seines Dramas ›Julius Caesar‹ das Urteil über den Attentäter Brutus beschreiben lässt: »He was the noblest Roman of them all: all the conspirators, save only he, did what they did in envy of great Caesar...« Nach heutigem in der BRD herrschenden Rechtsverständnis ist der sog. ›Tyrannenmord‹ nicht nur gerechtfertigt, sondern erlaubt. Da denkt man natürlich an Hitler. Doch es gab und gibt andere Tyrannen. Da ist der ägyptische Präsident Anwar el Sadat – ohne Zweifel ein Diktator und Tyrann dem eigenen Volk gegenüber, aber bei den Herrschenden im Westen, die nur das Wohl Israels im Auge haben und nicht das der Ägypter, ein bester Freund. Als Verräter des eigenen Volkes wurde Sadat jedoch erschossen, die Attentäter wurden als gemeine Mörder behandelt – von seinem Nachfolger Mubarak, der in den deutschen Nachrichten als ›Präsident‹ bezeichnet wurde und nach seinem Sturz durch das Volk als ›Diktator‹ – wie man sieht, immer nach Sicht des Westens bzw. der USA.

Zur Zeit des Attentats auf Hitler sahen die Amtsbrüder der Dekanin Keller (heute sagen sie Kollegen) dies aber völlig anders. Im *Kirchlichen Amtsblatt* der Ev.-luth. Landeskirche Hannovers vom 21. Juli 1944 lesen wir auf Seite 43:

»Dank für die gnädige Errettung des Führers. – Hannover, den 21. Juli 1944. – Tief erschüttert von den heutigen Nachrichten über das auf den Führer verübte Attentat ordnen wir hierdurch an, dass soweit es nicht bereits am Sonntag, den 23. Juli, geschehen ist, am Sonntag, dem 30. Juli, im Kirchengebet der Gemeinde etwa in folgender Form gedacht wird: ›Heiliger, barmherziger Gott! Von Grund unseres Herzens danken wir Dir, dass Du unserm Führer bei dem verbrecherischen Anschlag Leben und Gesundheit bewahrt und ihn unserem Volke in einer Stunde höchster Gefahr erhalten hast. In Deine Hände befehlen wir ihn. Nimm ihn in Deinen gnädigen Schutz. Sei und bleibe Du sein starker Helfer und Retter. Walte in Gnaden über den Männern, die in dieser für unser Volk so entscheidungsschweren Zeit an seiner Seite arbeiten. Sei mit unserem tapferen Heere. Lass unsere Soldaten im Aufblick zu Dir kämpfen; im Ansturm der Feinde sei ihr Schild, im tapferen Vordringen ihr Geleiter. Erhalte unserem Volke in unbeirrter Treue Mut und Opfersinn. Hilf uns durch Deine gnädige Führung auf den Weg des Friedens und lass unserem Volke aus der blutigen Saat des Krieges eine Segensernte erwachsen. Wecke die Herzen auf durch den Ernst der Zeit. Decke zu in Jesus Christus unserm Herrn alles, was wider Dich streitet. Gib, dass Dein

Evangelium treuer gepredigt und williger gehört werde, und dass wir unser Leben in Liebe und Gehorsam tapfer und unverdrossen unter die Zucht Deines Heiligen Geistes stellen.‹ – Der Landesbischof, A. Marahrens. Das Landeskirchenamt, I.V.: Stalmann.«

Das Schreiben enthält kein Urteil über den Attentäter und Mörder und seine Hintermänner – gemäß dem christlichen Glauben, dass dies in Gottes Händen liege. Glaubt man all den Mitbeteiligten und Mitinformierten, die sich später als solche ausgaben, z.B der Münchener Universitätsrektor Julius Speer als ehemaliger Mitschüler, dürfte das Stauffenberg-Attentat vielen außer Hitler und seiner Umgebung bekannt gewesen sein. Da wird offensichtlich der minimalste Kontakt zu Stauffenberg gebraucht, um sich auf Widerstandsseite zu sehen, besonders wenn man Parteimitglied oder irgendein Staubkorn im Getriebe der Macht gewesen ist.

Im Krieg zwischen (zumindest historisch) christlich geprägten Nationen wähnt jede Nation Gott auf ihrer Seite. Churchill, z.B., nannte seine Soldaten (die die Bomben auf Dresden und andernorts zum Zweck der Menschenvernichtung abwarfen) ›soldiers of Christ‹, und selbst Konstantin der Große dürfte nicht der erste mit dieser Gesinnung gewesen sein, die auch im Heidentum üblich war, wie z.B. in der Hermannsschlacht (heute oft Varusschlacht genannt), auch bei den Normannen, die von Skandinavien über England bis nach Sizilien kommend im Mittelalter die ganze westeuropäische Welt terrorisierten. Ähnlich war es auch bei dem gefeierten Karl dem Großen, der fürchterliche Verbrechen begangen hat, was heute gern ignoriert wird, weil er den Franzosen viel gilt. Aus der Sicht der Engländer war Karl der Große, Charlemagne wie sie ihn nennen, Franzose – und diese wundern sich über deutsche Ansprüche auf ihn, wie auch in Australien meine Mitschüler.

Heute wird vorschnell und ohne Bezug auf einen Glauben geurteilt, und besonders junge Leute wissen sofort, was gut und was böse ist, und richten und rechten, und dies besonders über die Deutschen. Wer meint, die US-Amerikaner seien den Deutschen nicht so übel gesonnen (gewesen) wie andere Völker, der erinnere sich, dass diese wie die Russen zur Zerstörung des angeblichen preußischen Militarismus in die zwei Weltkriege zogen und der höre sich das Gemeinsame Gebet der Abgeordneten des US-Kongresses am 10. Januar 1918 an (siehe Bruno Bandulet, ›Als Deutschland Großmacht war‹, Rottenburg 2014): »Du weißt, Oh Herr, dass wir in einem Kampf auf Leben und Tod stehen, mit einer der schändlichsten, gemeinsten, gierigsten, geizigsten, blutdürstigsten, wollüstigsten und tückischsten Nationen, die je die Seiten der Geschichte entehrt haben … Wir bitten Dich, entblöße Deinen mächtigen Arm und schlage zurück das große Pack hungriger, wölfischer Hunnen, von deren Fängen Blut und Geronnenes tropfen … Und Dir sei Lob immerdar durch Jesus Christus, Amen.«

Das war der Geist derer, die den Deutschen den Versailler Vertrag aufzwangen – dabei waren die US-Amerikaner verglichen mit Briten und Franzosen noch als sehr gemäßigt einzuschätzen. Hier begegnen wir wieder dem Wort ›Hunnen‹ als Synonym für Deutsche, das, wie schon oben erwähnt vom ›Poet of the Empire‹ Rudyard Kipling 1903 geprägt worden war (siehe James Hawes, ›Englanders and Huns‹, New York 2014, S. 130, 371). In diesem Buch heißt es zu diesem Bild der Engländer von den Deutschen vor dem Ersten Weltkrieg: »British journals discussed the chances of war with, and even invasion by, these brutish, yet somehow superhumanly efficient Teutons. The popular images were already in place on both sides:the Hunnish, jackbooted, spike-helmeted, clenched-fisted thug, and the slippery, cunning inhumanly ravenous, Jew-ish octopus – the very same images, that is, which would appear again and again in the propaganda of the deadly century to come.«

Der 1. September 1989 fiel ebenfalls auf einen Sonntag. Ich befand mich beruflich auf einer Reise und war an diesem Tag in Sydney, wo unsere Familie 1949 bis 1955 lebte und wir die Evangelisch-lutherische Kirche in der Goulburn Street besuchten, eine Außengemeinde der EKD. Ich ging zum 10 Uhr-Gottesdienst. Ein junger, unrasierter, von der EKD berufener Pfarrer amtierte. Kaum auf der Kanzel, war er beim Thema: Ja, auch die Deutschen in Australien seien Schuld am Krieg, der an diesem Tag vor 50 Jahren begonnen hatte. Ich hatte genug gehört, stand auf, verließ die Kirche und unternahm eine (leider windige) Hafenrundfahrt. Am nächsten Tag war ich mit einem alten Mitglied des Kirchenvorstands, Bruno Koller, verabredet und erzählte ihm mein Erlebnis. Dieser stimmte mir zu, er war an dem Tag nicht zur Kirche gegangen.

Junge deutsche Pfarrer wissen vieles besser, erheben sich zu Richtern über uns und unsere Eltern und machen uns zu Mördern. An der Ruine der Kaiser-Wilhelm-Gedächtniskirche in Berlin hat man schon bald nach Kriegsende eine Tafel angebracht, auf der es heißt: »Während des 2. Weltkrieges – in der Nacht zum 23. November 1943 – wurde sie beim Luftangriff zerstört. Der Turm der alten Kirche soll an das Gericht Gottes erinnern, das in den Jahren des Krieges über unser Volk hereinbrach.« Die Zerstörung sei also dem ›Gericht Gottes‹ über das deutsche Volk zuzuschreiben – eine Behauptung, die Fragen aufwirft, etwa die, ob das, was anderen geschah (z.B. den Juden) auch ein Gericht Gottes gewesen ist – wie unterscheidet man da?

Keine Institution auf deutschem Boden hat vermutlich so schnell die Seiten gewechselt wie die Evangelische Kirche. Mit ihrem Stuttgarter Schuldbekenntnis vom Dezember 1945 bezieht sie eine völlig andere Position als noch in der oben zitierten Erklärung zum Attentat auf Hitler im Jahr zuvor. Einer der drei Verfasser war Martin Niemöller, erklärter Hitler-Gegner, KZ-Dachau-Häftling und Lenin-Friedenspreis-Empfänger von 1966. Das Schuldbekenntnis wurde am 19. Oktober 1945 auf einer EKD-Ratstagung verlesen und löste in der Folge heftige Kontroversen aus. Zumindest hatte sich die Kirchenleitung schnell auf die Seite der neuen Machthaber gestellt.

Bleiben wir zunächst noch bei der Zeit unmittelbar nach Ende des Krieges. Mitte 1949 hatte unser Vater seine neue Stelle als Specialist Engineer beim Metropolitan Water, Sewerage and Drainage Board in Sydney angetreten, und Kollegen hatten ihn bald zu der dortigen Auslandsgemeinde der EKD geführt, die von einem Pfarrer G. Wittmann, der von Windhoek dorthin versetzt worden war, betreut wurde. Schnell wurde unser Vater Mitglied des Kirchenvorstands und erlebte den im deutschen Herbst 1949 stattgefundenen Besuch Martin Niemöllers. Pastor Niemöller war (aus heute naheliegenden Gründen) Auslandsbeauftragter der EKD und von der australischen Regierung zu einem Besuch eingeladen worden. Niemöller sprach ein gutes Englisch und hatte, wie ich von einem Mitschüler hörte, auf einer Rallye oder dergleichen im Randwick race course, zu der viele Menschen – auch Schulkinder – eingeladen waren, eine Rede gehalten. Obgleich er Außenbeauftragter der EKD war, hatte Niemöller selbst nicht den Kontakt zu der dortigen Gemeinde gesucht. Pfarrer Wittmann suchte ihn deshalb selbst auf und lud Niemöller zu einer Predigt in die Kirche in der Goulburn Street ein (im Zentrum von Sydney) und darüber hinaus zu einem Treffen mit dem Kirchenvorstand. Niemöller folgte auch einer Einladung des Pfarrers in sein (der Gemeinde gehörendes) Haus im Stadtteil Lindfield, wo dieser mit Frau und Tochter lebte. Wie später erzählt wurde, hatte der Auslandspfarrer Wittmann von Niemöller manches über die Situation der Kirche in Deutschland erfahren wollen – aber wenig aus Niemöller herausbekommen, der sich mehr für den Hund, der Pfarrfamilie, einen Pudel, interessiert habe. Man fand wohl keinen gemeinsamen Nenner.

Das Treffen mit dem Kirchenvorstand dürfte nicht viel anders verlaufen sein, denn wie erzählt wurde, hatte der Vorstand Niemöller nach dessen Abflug noch ein entsprechendes Schreiben hinterhergeschickt. Viel später hörte ich aus dem Mund des oben genannten Bruno Koller, der über 60 Jahre lang Mitglied dieses Kirchenvorstands gewesen ist, Niemöller habe seine Predigt mit der Bemerkung begonnen, man habe ihm gesagt, wie er sich zu verhalten habe. Offensichtlich war die Verständigung schwierig – unterschiedliche Sichtweisen prallten da aufeinander. Als Jahre später der Berliner Bischof Dibelius (mit Spitzbart wie Ulbricht) die dortige Gemeinde besuchte, war man von diesem so begeistert, dass man sogleich das Gemeindehaus nach ihm benannte (heute heißt es wohl wieder anders).

Man braucht sich über das Befremden beider Seiten in Sydney nicht zu wundern. Niemöller hatte die Kriegszeit und davor seit 1937 im KZ Dachau, in der besseren Prominentenabteilung, verbracht. Wieder frei, hatte er offenbar nicht viel über sein Leben dort ausgeplaudert. Was wusste er über zahllose Massenvergasungen, was hätte er dagegen unternehmen können, was wusste er über Auschwitz und vieles andere mehr, von dem wir doch alle gewusst haben sollen, wie uns insbesondere Kirchenvertreter immerfort vorhalten?

Hatte er die völkerrechtswidrige Liquidierung des SS-Personals dort durch die US-Soldaten erlebt, die Schüsse gehört, kannte er einige der US-Soldaten (er sprach doch gut Englisch)? Er war auch nicht sofort von den Befreiern (wie diese heute heißen) freigelassen worden, sondern erst nach etwa zwei weiteren Monaten. Fragen und noch mehr Fragen! Wer Niemöller auf der Seite der permanent den Auschwitz-Holocaust Beklagenden sieht, der irrt. Niemöller tadelte auch die Verbrechen der Sieger, insbesondere der Amerikaner, wie auch deren im Morgenthau-Plan zum Ausdruck gebrachten Willen Deutschland zu vernichten (vgl. auch den Kaufmann-Plan). Solches hören die Politisch Korrekten von heute sicher nicht gern. In dem Buch des Amerikaners Daniel Goldhagen, ›Hitlers willige Vollstrekker‹ (Berlin 1996) werden diverse Äußerungen Niemöllers zitiert, die als Belege für dessen Antisemitismus herangezogen werden.

Wie sah die Situation auf der australischen Seite aus? Die meisten Kirchenvorstandsmitglieder waren vor dem Krieg wohlhabende Kaufleute gewesen (Wolle, Papier etc.). Den Krieg verbrachten sie mit ihren australischen Frauen und Familien in einem Internierungslager, wo sie gut untergebracht waren und es so langweilig gewesen sein soll, dass das Bellen eines Hundes schon ein Erlebnis darstellte (der bekannte jüdische Photograph Newton war ebenfalls in Australien interniert worden, wie vorher von den Briten schon in Singapur). Zur Zeit des Niemöller-Besuchs hatte man sich gerade erst wieder in ein normales Leben eingefunden, viel bescheidener als zuvor, aber mit Rückerstattung des Besitzes. Diese Menschen wussten nichts von Auschwitz, vermutlich auch nicht von Dachau. Es ist allgemein bekannt, dass sie deutsch-national waren, wie die Engländer in Hongkong beispielsweise englisch-national waren (man denke an deren feine exklusive Golf-Clubs dort und in Kalkutta und in anderen Kolonien). Vor diesem Hintergrund dürfte es kaum verwunderlich sein, dass hier verschiedene Welten aufeinanderprallten, und damals sahen die meisten Menschen die deutsche Situation völlig anders als heute, wo die Hitler-Zeit ausschließlich aus der Perspektive des Holocausts gesehen wird. Aber auch Niemöller beurteilte die deutsche Situation nach 1945 anders als die heutige Leitpresse.

Wie sehr sich die Evangelische Kirche, und auf diese beziehe ich mich hauptsächlich im Folgenden, dem neuen Zeitgeist der sechziger Jahre unterwarf, wurde mir erst nach dem Nahostkrieg von 1967 bewusst. Ich war damals Assistant Professor im Physics Department der American University of Beirut im Libanon. Diese Universität war herrlich an der Mittelmeerküste gelegen mit entsprechend idealem Klima. Sonntags bei Spaziergängen entlang der Küstenstraße, genannt Corniche, begegneten mir zerlumpte Menschen – bettelnde Palästinenser aus dem im Süden von Beirut gelegenen Lager. Einige von ihnen hausten an Küstenfelsen unter einem Stück Blech. Es ist sinnlos und müßig über das, was zu diesem Krieg führte, lange herum zu argumentieren, denn jeder Meinung wird sofort, und besonders hierzulande, eine Gegenmeinung gegenüber gestellt (jeder will recht haben). Klar ist: Die Israelis (Juden, jüdische Siedler, nicht die dort heimischen Palästinenser) hatten angegriffen und die umliegenden arabischen Staaten Syrien, Jordanien und Ägypten überfallen. Die Ereignisse liegen nun schon lange zurück, und kaum jemand wird sich noch an die damalige Situation erinnern oder erinnern wollen. Waren die Israelis zu ihrem Überfall berechtigt, weil (die zwei wesentlichen Punkte) (a) die Syrer wie in jedem Frühjahr nach 1949 von den Golanhöhen aus die auf syrischem Staatsgebiet westlich bzw. unterhalb der Höhen die Felder bestellenden jüdischen Siedler beschossen, und (b) der damalige UNO-Generalsekretär Sithu U Thant auf Drängen Ägyptens (damals regiert von Gamal Abdel Nasser) die UNO-Truppen, die die ägyptisch-israelische Grenze einseitig, d.h. nur von ägyptischer Seite aus, sicherten, und nicht von beiden Seiten aus, wie Nasser gefordert hatte, die UNO-Truppen abgezogen hatte und somit den jüdischen Truppen freien Lauf in das Sinaigebiet gewährte? Die israelische Regierung sah hier wie da ihren Siedlerstaat bedroht, zumal die arabischen Staaten auch einen Beistandspakt hatten, und griff an.

Als ich im Spätsommer bzw. Herbst 1967 wieder in München war, wunderte ich mich über die allgegenwärtige Begeisterung für den israelischen Sieg – in Zeitungen, in Gesprächen, an der Universität, selbst auf der Straße. Die Juden, die von ihrem neuen West-Jerusalem aus das eigentliche Jerusalem, heute oft genannt Ost-

Jerusalem, hinter der Grenze zu Jordanien sahen, konnten nun hinüberströmen an die Klagemauer, auf den Zionsberg und zu vielem anderen, was ihnen vorher zu sehen verwehrt gewesen war. Es war eine Zeit der Emotionen, eine Zeit des Mitgefühls für die Juden, fast etwas wie der Fall der Mauer in Berlin, und viele, viele, besonders aus den Kirchen wollten dabei sein. In der hessischen Kirchenzeitung las ich, alle Juden sagten sich täglich: »Nächstes Jahr in Jerusalem.« Auch Paul Danahar sagt in seinem Buch ›The New Middle East‹ (New York 2013), S. 149: »The 1967 war was a watershed for Israel's religious Zionist movement. The victory against the Arab armies was seen by them, and is still seen by many religious people today, as a modern miracle. It was a sign from God that He was protecting the land of Israel. The religious Zionists saw it as their duty in return to reclaim all the land of Israel that He had bestowed on the Jews. They are still trying to do that, and after the 2013 elections they have never had as much political power as they do today.«

Die Begeisterung war groß – diesmal standen die Deutschen also auf der Seite des Siegers! Der Münchner Oberbürgermeister Jochen Vogel (SPD) saß als Vertreter des Deutschen Städtetags auf der Prominentenbühne im besetzten Jerusalem, als die Juden dort ihre von der UNO ausdrücklich verbotene Siegesparade abhielten. Ich empfand den Siegestaumel als befremdlich. Die ägyptischen Soldaten wurden lächerlich gemacht wie schon die arabischen Truppen 1948, für die Araber in ihrer Niederlage, Verzweiflung und unermesslichen Demütigung hatte niemand Mitgefühl, nicht einmal für die von den Juden mit Napalm bombardierten Lager der schon 1948 vertriebenen Palästinenser in dem damaligen jordanischen Gebiet Palästinas (nur das linke Blatt *Konkret* berichtete darüber).

Amerikaner in Beirut (nun gesehen als Feinde) kamen in Bedrängnis. Sie bildeten eine Organisation ›Americans for Justice in the Middle East‹, der auch Nicht-US-Bürger wie ich beitreten oder diese unterstützen konnten – aber was nützte das? Was nützten in Beirut propalästinensische Vorträge oder dergleichen, die Leute wussten doch Bescheid. Solche Aktivitäten verliefen im Sand. Ich hörte später von einer Tagung diverser kirchlicher Gruppen aus aller Welt, die in Beirut stattgefunden hatte, und die zu dem Geschehen eine

Resolution verabschiedet und Gerechtigkeit eingefordert hatte. Diese Resolution war gegenüber den Juden und Israel außerordentlich mild und versöhnlich gestimmt, ohne jegliche Vorwürfe. Ich versuchte, die Kirchenzeitung in Hessen, damals genannt *Weg und Wahrheit*, zu einem kurzen Bericht über diese Tagung bzw. Resolution zu bewegen. Der Herausgeber, Propst Karl Trabandt in Frankfurt, antwortete, die Resolution sei ja auf Englisch. Nun gut, dachte ich, die kann ich übersetzen. Auf meine Übersetzung reagierte er nun wie erwartet: In einer Zeit, in der Israel mit seinem noch schwachen Staatswesen als Verbrecherstaat bezeichnet werde, wolle er nicht dazu beitragen, dass ein schlimmes Kapitel der Geschichte wiedererstehe, schrieb er.

Auf ein ähnliches Schreiben an den damaligen Kirchenpräsidenten von Hessen und Nassau, Dr. Helmut Hild, der sich 1938 freiwillig zum Dienst in Hitlers Wehrmacht gemeldet hatte (wie in einem Artikel nach dessen Tod zu lesen war, *Evangelische Kirchenzeitung* Nr. 15 vom 19.9.1999, S. 5) antwortete dieser kurz und lapidar: »Es geht um Israels Sicherheit…« Ja, Israels Sicherheit mit jeder Menge gegen die Nachbarn gerichteten Nuklearbomben und Massenvernichtungswaffen, deren Besitz der Machthaber in den USA jedem anderen Land in der Region und anderswo verbietet – das hören wir nun schon seit fünf Jahrzehnten fast täglich. Doch wer hat schon mal in den zurückliegenden fünf Jahrzehnten etwas über die Sicherheit der Palästinenser oder deren Staat gehört? Wer??? Warum schweigt die Kirche?

Während in der westlichen Welt neben Bewunderung eine große Genugtuung bis hin zu Freude über den Sieg Israels überwog, zehrte an den Arabern die Verzweiflung, und angesichts des Tsunamis von proisraelischer Gesinnung entstand Verbitterung, die wie die brodelnde Lava in einem Vulkan einen Weg der Entladung suchte. Der Zorn entlud sich bald in spektakulären Flugzeugentführungen wie im sog. Schwarzen September, sogar zwei an einem Tag. Die Welt hatte ein neues Problem: Flugunsicherheit und danach der Terrorismus. Für diese Entwicklungen sind die demokratischen Gesellschaften des Westens ganz wesentlich mit verantwortlich. Wenn sie insbesondere mit ihrer Inaktivität jungen Palästinensern jede Lebensperspektive und jedes normale Leben verwehrend, sie zu lebenslangem und ausweglosem Bettlerleben in Lagern verdammen, dann braucht sich der Westen nicht zu wundern, wenn sich in deren Köpfen eine Wut ansammelt, die ihnen alles egal werden lässt, auch das eigene Leben. Denn was außer diesem elenden Leben hätten sie zu verlieren? Während die USA vor dem Krieg noch eine einigermaßen neutrale Rolle zum arabisch-jüdischen Konflikt eingenommen hatten, änderte sich das nun, und die USA machten sich zum skrupellos-einseitigen Anwalt Israels. Im Vokabular deutscher Journalisten (bei diesen in Bezug auf die sogenannten Nazis) missbrauchten die USA nun fortwährend ihr Vetorecht in der UNO zugunsten Israels und instrumentalisierten dazu wie die ganze Welt und insbesondere auch die EKD den Holocaust. Jede israelkritische Äußerung wurde von nun an weltweit als Antisemitismus gewertet und verurteilt. Da die Macht des Westens verlangte, dass alles aus israelischer und jüdischer Opfersicht gesehen und bewertet wurde, bzw. aus der Sicht des Holocaust, begann man damit, die Jordanien und Ägypten seit dem Krieg 1948 zugehörenden Teile Palästinas, oft genannt Westbank und Gaza, diesen abzusprechen, somit besitzerlos zu machen und den Begierden der Juden bzw. jüdischer Siedler freizulegen.

Für jeden vernünftigen Menschen entstand damit ein neues gewaltiges Hindernis zu einer friedlichen Lösung. Inzwischen, spätestens seit Anfang der sechziger Jahre, hatten die Herren der Kirche (Pastorinnen gab es damals noch nicht) ihre große Liebe zu den Juden und Zionisten entdeckt. Sie, die Christen, so die neue Lehre, haben nur deshalb Hoffnung, weil Gott seinem Volk (den Juden) die Treue gehalten habe – erkennbar an Israel –, nach Auschwitz könne der Glaube nicht derselbe wie vorher sein. Zahllose Israel-begeisterte Pfarrer sahen sich berufen, über Israel und die Juden zu schreiben, über Abraham, seine Verheißungen usw. und dass die Christenheit von Anfang an falsche Wege eingeschlagen habe usw. Und natürlich müsse Luther kritisiert werden, er sei ein Hauptschuldiger am deutschen Antisemitismus. Alles müsse überdacht werden, und das Neue Testament müsse von antisemitischen Aussagen gereinigt werden – so jedenfalls Akademiedirektor Martin Stöhr, später Theologieprofessor in Siegen, der mir mit seinen zahllosen proisraelischen Ergüssen besonders aufgefallen ist. Der Rat der EKD ließ von einer Kommission (der viele Israel-Begeisterte angehörten – darunter: Helmut Gollwitzer, Rolf Rendtorff, Siegfried von Kortzfleisch, Martin Stöhr) sogenannte Denkschriften erstellen. Da war insbesondere die Denkschrift mit dem Titel ›Christen und Juden‹ (auf S. 30/31 verbürgen sich die Kirchenverantwortlichen für ›Planung und Vernichtung‹ der Juden), zu der es noch ein dickes Buch genannt ›Arbeitsbuch Christen und Juden‹ gab, auch eine Schrift zu ›Was ist Zionismus?‹ – alles Schriften, in denen sich die Pastoren demütig und reumütig den Juden und ihrer Sichtweise, insbesondere auch bezüglich des Neuen Testaments, unterwarfen. Belange der Palästinenser wurden, wenn überhaupt, in nur wenigen Worten berührt. Es obliege ihnen nicht Lösungsvorschläge zu machen, man könne die Juden nicht für den Konflikt verantwortlich machen, liest man in diesen Texten. Manche dieser Leute schossen sicher über ihr Ziel hinaus.

In Kaiserslautern meldete sich ein Pfarrer mit einem öffentlichen Vortrag über das Palästina-Problem. Dieser sprach laufend von den ›Juden in ihren Gastländern‹ – Israel, das neue Israel, sei ihre wahre Heimat, dort sehnten sie sich hin, ›nächstes Jahr in Jerusalem‹, sagten sie sich immerfort. Alle warteten nur darauf die Koffer zu packen und ihre Gastländer zu verlassen? Auch die Juden hier? Für die hiesigen Juden ist Deutschland also nur ein Gastland? Ja, manche leben hier und lassen sich in Israel beerdigen – wie Ignatz Bubis und die jüdischen Terroropfer vom Februar 2015 in Paris. Viele besitzen zwei Pässe, zwei Loyalitäten?

Ich hatte mir alle oben genannten Schriften besorgt und fand sie, wegen ihrer Einseitigkeit, abstoßend. Die vom Rat der EKD eingesetzte Kommission war natürlich politisch-korrekt zusammengesetzt, d.h. da kam nur hinein, wer vorher gezeigt hatte, dass er auf der richtigen Linie war. Da kam keiner rein mit Sympathien für die Palästinenser. Der damalige Ratsvorsitzende der EKD und Göttinger Professor Eduard Lohse publizierte ein Buch mit dem Titel ›Israel und die Christenheit‹. Ich besorgte mir auch dieses. Darin macht er es sich mit dem Schicksal der 1948 vertriebenen oder geflohenen Palästinenser leicht. Er bedient sich der Behauptung, die Palästinenser seien aufgrund eines Aufrufs eines ihrer ungenannten ›Führer‹ in

Haifa geflohen und seien deshalb für ihr Schicksal selbst verantwortlich. Nun, selbst wenn dem so gewesen wäre, die Juden sind doch nette Menschen, hätten diese die Palästinenser nicht bitten können zu Hause zu bleiben? Rennen die Leute von zu Hause weg, weil es in der Unsicherheit woanders besser ist?

Ich wollte der Sache auf den Grund gehen. Die genannte Behauptung geistert in der älteren Literatur herum, und ich sah den Bezug auf einen Bericht in der Zeitschrift *The Guardian* von 1948/1949. Über Fernleihe besorgte ich mir den Band von der Bibliothek der Universität Saarbrücken. Darin las ich, dass man selbst damals schon zu dieser Behauptung Untersuchungen angestellt und die Nachrichten des arabischen Senders überprüft, aber nichts gefunden hatte. Allem Anschein nach reine Propaganda, vermutlich gelogen. Natürlich ist nicht auszuschließen, dass irgendein Araber aus welchen Gründen auch immer etwas von der Art geäußert haben kann, vielleicht auch gehässigerweise – aber das hindert doch die andere Seite nicht daran Gutes zu tun und die Palästinenser zur Rückkehr aufzufordern! Die genannte oder eine ähnliche Behauptung entdeckte ich auch in der Denkschrift ›Christen und Juden‹ bzw. in dem dazugehörigen Arbeitsbuch und schrieb an den Sitz der EKD-Leitung in Hannover und bat um Beweis. Ich erhielt die Antwort, ich möge mich an Professor Rolf Rendtorff in Heidelberg wenden, der Mitglied der Kommission war. Dieser war über mein daraufhin an ihn gerichtetes Schreiben überhaupt nicht erfreut und warf mir vor ›inquisitorisch‹ zu sein, lieferte aber auch keinen Beweis. Nichts Konkretes!

Tatsachenforschung ist für diese Theologen Inquisition! So geht das. In der Internetbiographie Martin Niemöllers kann man lesen, dass Professor Rendtorff Mitte der fünfziger Jahre Niemöller gebeten hatte, mit ihm gemeinsam nach Bonn zu fahren, um dort Abgeordnete des Bundestages für die Aufnahme von diplomatischen Beziehungen zu Israel zu gewinnen. Niemöller fuhr nicht mit. Er habe mehr Verständnis für die arabische Seite, soll er gesagt haben. Mit dem spezifisch christlich motivierten Israel-Engagement Rendtorffs und anderer evangelischer Kirchenvertreter konnte er wohl nichts anfangen. Niemöller passte sich dem neuen Zeitgeist nicht an, heißt es dort. Dem Namen Rendtorff werden wir weiter unten als Mitglied des Präsidiums der Deutsch-Israelischen Gesellschaft, einer mächtigen Israel-Lobby in der BRD, wieder begegnen. Der Berliner Theologieprofessor Helmut Gollwitzer befand in seinem Buch ›Vietnam, Israel und die Christenheit‹, die palästinensischen Flüchtlinge seien »keine Vertriebene wie unsere Vertriebenen«, und der obengenannte Professor Martin Stöhr (aktiv in der zu den Palästinensern wenig brüderlichen ›Woche der Brüderlichkeit‹) machte es sich noch leichter in einer Schrift: Die Araber haben doch so viel Land (könnten die Palästinenser also leicht irgendwo unterbringen, wollte er wohl sagen) und behauptete sogar, Israel habe die Palästinenser bereits entschädigt. Letzteren Punkt fand ich so interessant, dass ich ihm schrieb und um Nachweis bat. Ergebnis: Keine Antwort! Das ist die Brüderlichkeit dieser Pastoren!

Die nur um Israel besorgte westliche Völkergemeinschaft zwang die arabische Seite, den Versuch zur Befreiung ihrer von Israel besetzten Landesteile zu unternehmen. Wozu hat ein Staat primär sein Verteidigungspotential? Jeder Staat in der Welt, selbst die BRD, auch die BRD damals, hat sein Verteidigungspotential primär zur Verteidigung seines eigenen völkerrechtlich anerkannten Territoriums zum Zweck der Lebensfähigkeit des darauf lebenden eigenen Volkes, oder etwa nicht? Die deutsche Regierung behauptet sogar in Afghanistan unsere Freiheit, unsere Existenz und Demokratie mit Gewalt ›verteidigen‹ zu dürfen, obgleich Afghanistan weit, weit weg von unseren Grenzen liegt und die Afghanen uns nicht angegriffen haben. Steht das Recht zur Verteidigung des eigenen Territoriums, zumal des völkerrechtlich unbestrittenen den arabischen Staaten etwa nicht zu? Unter dem neuen Präsidenten oder Diktator Anwar el Sadat (Nasser war verstorben) unternahm Ägypten 1972 gemeinsam mit Syrien den Befreiungsschlag mit dem Krieg, den die jüdische Seite und die westliche Presse als Yom Kippur-Krieg bezeichnet. Nach anfänglichen Erfolgen die Juden auf der Sinai-Halbinsel zurückzudrängen, folgte aber das Desaster, und die Juden überquerten den Suezkanal und marschierten auf Kairo zu. Nun war die Situation der arabischen Seite noch schlimmer als zuvor.

Das Ergebnis war der alles andere als Frieden stiftende Vertrag zwischen Ägypten und Israel, eingefädelt und aufgezwungen vom damaligen US-Präsidenten Jimmy Carter. Auf der israelischen Seite war der Akteur der extremistische Menachem Begin. Hätte man Ägypten damals den Gazastreifen gelassen oder zugerechnet, wäre der Welt ein Dauerproblem erspart geblieben. Aber nein, nur jüdische Wünsche, ja Begierden im Blick habend, sprach die Weltgemeinschaft, allen voran die USA, Ägypten und Jordanien Ansprüche auf Territorium von vor 1967 ab, und alsbald begannen die Juden den Gazastreifen zu besiedeln. Jeder einigermaßen vernünftigdenkende Mensch konnte schon damals erkennen, dass dies keine Lösung in Richtung Frieden sein konnte. Dies war in der BRD die Zeit des Terrors der sog. Roten Armee Fraktion (RAF), die mit abscheulichen Morden, insbesondere an dem Generalbundesanwalt Siegfried Buback, linksextremistische politische Ziele verfolgte. Praktisch ein Jahr lang wurde in nahezu jeder Nachrichtensendung die Äußerung eines Göttinger Studenten zitiert, der sich anonym als ›Mescalero‹ bezeichnete und auf einem Flugblatt bekundet hatte, über den Mord an Buback »klammheimliche Freude« zu empfinden. Die öffentliche Meinung schlug hohe Wellen, die Kommentare in den Medien waren hysterisch – man wollte den ›Mescalero‹ finden und einer Bestrafung zuführen. Meines Wissens hat sich dieser bis heute nicht entlarven lassen.

Auf jeden Fall waren Politik und Medien hocherregt, und an den Universitäten in der BRD die Studentenschaften. Niemand befürwortete Mord, aber man wollte diskutieren, Meinungen, auch die der RAF hören, vielleicht sogar insgeheim teilen können – das alles gefiel weder den aufgeregten Herrschenden noch den Medienvertretern. Polizeiaktionen fanden an diversen Universitäten statt, Flugblätter wurden beschlagnahmt, an der Universität Kaiserslautern setzte die Polizei die sog. chemische Keule sogar innerhalb von Gebäuden ein, um – wie der damalige Universitätspräsident Helmut Ehrhardt sagte – die Linksfaschisten zu bekämpfen. Überall wurden Studenten von Gerichten bestraft und eine Anzahl Professoren verloren ihre Posten. Im *Darmstädter Echo* vom 20. 10. 1973 hatte ich einen in vielen deutschen Tageszeitungen veröffentlichten ›Aufruf‹

der Deutsch-Israelischen Gesellschaft gesehen. Dieser lautete folgendermaßen:

AUFRUF – Ägyptische und syrische Streitkräfte haben am 6. Oktober 1973 israelische Stellungen angegriffen. Der ägyptische Außenminister Zayyat hat in New York erklärt, dass der Krieg von arabischer Seite eröffnet wurde. – Die Deutsch-Israelische Gesellschaft unterstützt die israelischen Verteidigungsanstrengungen, den Gegner auf die Waffenstillstandslinien vom 10. Juni 1967 zurückzudrängen. Eine Regelung des Nahostkonflikts kann nur durch politische Mittel erreicht werden. – Die Bevölkerung in Israel ist durch die Kriegsereignisse schwer betroffen. Die Deutsch-Israelische Gesellschaft ruft daher die deutsche Öffentlichkeit zu einer Hilfsaktion zugunsten der Opfer und ihrer Hinterbliebenen auf. Hierfür bestimmte Spenden können eingezahlt werden auf das Konto Nr.10203000, Bank für Gemeinwirtschaft, Bonn – Deutsch-Israelische Gesellschaft, 53 Bonn, Berliner Freiheit 36 – Heinz Westphal, Präsident, Parlamentarischer Staatssekretär im Bundesministerium für Jugend, Familie und Gesundheit – Erik Blumenfeld MdB, Vizepräsident – Dr. h.c. Walter Hesselbach, Vizepräsident, Vorstandsvorsteher der Bank für Gemeinwirtschaft – Prof. Dr. Rolf Rendtorff, Vizepräsident – Hellmut Sieglerschmidt MdB, Schatzmeister – Ernst Benda, Mitglied des Präsidiums, Präsident des Bundesverfassungsgerichts.

Verkneifen wir uns auch hier detailliert auf die in dem Aufruf enthaltene Argumentation einzugehen. Unterzeichner sind u.a. der o.g. Professor Rolf Rendtorff (ein Kirchenmann) und der Präsident des Bundesverfassungsgerichts, Ernst Benda (ein Jurist). Ich empfand den Aufruf als eine Verletzung meines Gerechtigkeitssinns und hob ihn ausgeschnitten auf. Alsbald sah ich eine Möglichkeit der Gegenwehr, übersah aber – und das war mein Fehler – dass ich am kürzeren Hebel saß. Es war die Zeit der Jagd nach den RAF-Mördern. Besonders unruhig war es, wie schon oben erwähnt, an den Universitäten geworden, unter anderen auch an der Technischen Universität Kaiserslautern. Die aufgeregte Studentenschaft interessierte sich für die Gesinnung der Professoren und forderte diese zu Äußerung auf. In einem Schreiben an den Vorsitzenden des ASTA (Allgemeiner Studierenden Ausschuss) bzw. des (wie es damals hieß) Studentenparlaments, Herrn W. Holzer, antwortete ich wie folgt:

8. Oktober 1977

Sehr geehrte Damen und Herren,
Im vergangenen Sommer haben Sie den Professoren und Wissenschaftlichen Mitarbeitern der Universität zur Information den sogenannten ›Göttinger Buback Nachruf‹ sowie Stellungnahmen von Professoren und Wissenschaftlichen Mitarbeitern der Universität Göttingen übersandt. – Das Aushängen oder Verbreiten des genannten ›Nachrufs‹ wird inzwischen mehrerenorts geahndet oder strafrechtlich verfolgt – u.a. wie Sie in Ihrem Begleitbrief sagen – wegen ›verfassungsfeindlicher Befürwortung von Gewalt‹. Außerdem beobachten wir, wie in den öffentlichen Meinungsmedien viele Kritiker des einen oder anderen Aspekts als Terrorismussympathisanten, Gesinnungstäter oder Komplizen des Feindes bezeichnet werden, und Gruppen an den Universitäten als intellektuelle Brutstätten der gewalttätigen Radikalität.

Den Redakteuren Ihrer Studentenzeitung Wampf wird nun wegen des Nachdrucks des ›Göttinger Buback Nachrufs‹ (u.a.) »verfassungsfeindliche Befürwortung von Gewalt« vorgeworfen (ich wüsste gern präzise, auf welche Sätze sich dieser Verdacht stützt, und warum andere Sätze, die diesen vielleicht widersprechen, ignoriert werden dürfen). Der Situation Ihrer Redakteure möchte ich ein Beispiel von vermutlich verfassungstreuer Befürwortung von (m.E. terroristischer) Gewalt gegenüberstellen.

Nicht jede Form von Gewalt ist terroristisch (z.B. die der Bundeswehr im echten Verteidigungsfall). Deshalb bringe ich zunächst eine Erläuterung des Unterschieds zwischen einer bestimmten Form von terroristischer Gewalt und der nichtterroristischen. Danach belege ich, dass der höchste Richter der Bundesrepublik, der Präsident des Bundesverfassungsgerichts, Dr. E. Benda, die erläuterte Form von terroristischer Gewalt unterstützt, d.h. befürwortet.

Den Unterschied zwischen terroristischer Gewalt und nichtterroristischer Gewalt hat der Vorsitzende der Palästinensischen Befreiungsorganisation (PLO) in einer Rede vor der Vollversammlung der Vereinten Nationen am 13. November 1974 klar und vernünftig hervorgehoben, indem er von dem Prinzip ausgeht, dass es die Gerechtigkeit einer Sache ist, die die Gerechtigkeit der Waffe (der Gewalt) bestimmt. Yassir Arafat: »Wer auf Seiten einer gerechten Sache steht, wer für die Freiheit seiner Heimat und seine Unabhängigkeit gegen Eroberung, Besetzung und Kolonialismus kämpft, auf den kann in keiner Weise das Attribut Terrorist angewandt werden, sonst wäre ja das amerikanische Volk, als es die Waffe gegen den britischen Kolonialismus trug, terroristisch gewesen, sonst hätte man den europäischen Widerstand gegen das Naziregime als Terror bezeichnen können, sonst könnte man den Kampf der Völker Asiens, Afrikas und Lateinamerikas als Terror bezeichnen...

Nein, Herr Präsident, dies ist der gerechte, legale Kampf, für den die Charta der Vereinten Nationen und die Deklaration der Menschenrechte eintritt. Derjenige aber, der die Waffe gegen die gerechte Sache trägt, der den Krieg für die Besetzung der Heimatländer anderer, für ihre Beraubung, Ausbeutung und Kolonialisierung führt, der ist der Terrorist, und seine Taten müssen schuldvolle Taten sein, für die das Attribut Kriegsverbrechen gilt, denn die Gerechtigkeit einer Sache ist es, die die Gerechtigkeit der Waffe bestimmt.

Aus dieser Erläuterung, die den als Terroristen kennzeichnet, der »den Krieg für die Besetzung der Heimatländer anderer führt«, folgt, dass auch derjenige terroristische Gewalt befürwortet, der dieses gewalttätige Unrecht unterstützt. – Als Beilage sende ich Ihnen die Kopie eines am 20. Oktober 1973 in vielen Tageszeitungen der Bundesrepublik erschienenen ›Aufrufs‹, der (u.a.) vom Präsidenten des Bundesverfassungsgerichts unterzeichnet worden war. Man erinnere sich: Die Streitkräfte Ägyptens und Syriens hatten soeben schmale Landstriche ihres Territoriums von israelischer Besetzung befreit (z.B. das Ostufer des Suezkanals) und bewegten sich ausschließlich auf ihrem eigenen Territorium. In dem genannten ›Aufruf‹ sagt der höchste Richter der Bundesrepublik, was er unterstützte: »die israelischen Verteidigungsanstrengungen, den Gegner auf die Waffenstillstandslinien vom 10. Juni 1967 zurückzudrängen«, d.h. er befürwortete die erneute gewaltsame, kriegerische Eroberung und Fremdbesetzung des Territoriums von Staaten, zu denen die Bundesrepu-

blik Deutschland diplomatische Beziehungen unterhält (und somit jenen Staaten wohl auch das Recht zur Verteidigung ihrer Territorien zuerkennen sollte). Diese Unterstützung ist nach Yassir Arafats einleuchtender Darlegung eine Befürwortung »schuldvoller (terroristischer) Taten, für die das Attribut Kriegsverbrechen gilt«.

Das Verhalten des Präsidenten des Bundesverfassungsgerichts finde ich ungeheuerlich. Es ist wesentlich gravierender als jene Befürwortung von Gewalt, die den Redakteuren Ihrer Studentenzeitung mit dem Abdruck des ›Göttinger Buback-Nachrufs‹ zur Last gelegt wird. In dem veröffentlichtem ›Aufruf‹ hätte der Präsident des Bundesverfassungsgerichts (m.E.) seine Unterstützung unmißverständlich auf humanitäre Hilfe beschränkt haben sollen. Inwiefern es mit seinem Amt verträglich ist, dass er sich darüber hinaus für die militärische Verteidigung eines anderen Staates einsetzen kann, ist mir unklar. Die Grenze dessen, was man ihm zubilligen kann, wird aber ganz sicher dann überschritten, wenn (wie im vorliegenden Fall) seine Unterstützung der militärischen Eroberung und Besetzung des Territoriums anderer Staaten gilt (wie eindeutig aus den genannten angestrebten Waffenstillstandslinien hervorgeht).

Sollte sich der höchste Richter der Bundesrepublik Deutschland nicht eher für Recht und Gerechtigkeit einsetzen als für das terroristische Unrecht (samt allem einkalkulierten Blutvergießen) der kriegerischen Eroberung und Besetzung des Territoriums befreundeter Staaten? Ist die Befürwortung dieser kriegerischen Gewalt, die tatsächlich ausgeführt wurde und weit mehr unschuldige Menschenleben forderte als der Terrorismus in der Bundesrepublik, verfassungstreu? Ich vermute: Ja. Die Bundesrepublik Deutschland ist ein Rechtsstaat, ein Rechtsstaat, in dem der höchste Richter und Hüter der Verfassung öffentlich die kriegerische Eroberung und Besetzung von Teilen anderer Staaten unterstützt und unterstützen darf.

Der Verfasser des ›Göttinger Buback-Nachrufs‹ spricht von der Lässigkeit, »mit der die ... Bendas die dicksten Rechtsbrüche begehen«. Hatte er Beispiele dieser Art im Auge?
Mit freundlichen Grüßen ...

Heute, mehr als drei Jahrzehnte danach, empfinde ich mein Schreiben in der Sache immer noch als richtig. Natürlich missachtet das Schreiben Empfindlichkeiten bei anderen, provoziert vielleicht sogar. Wie Eugen Roth sagt: »Wer die Wahrheit liebt, der urteilt scharf – vorausgesetzt, dass er es darf.« Durfte ich das schreiben? Die Herrschenden sahen sich selbst doch als die Guten und Edlen, als die Verteidiger des Rechts, der Gerechtigkeit, der Friedfertigkeit, all dessen, was angeblich dem Schoß von Demokratie entspringt. Und nun dieser Vorwurf von mir? Die Redakteure der *Wampf* hatten den Buback-Nachruf ausgehängt und in der *Wampf* abgedruckt. Daraufhin rückte – im Dabeisein des Universitätspräsidenten Professor Helmut Ehrhardt und des Kanzlers Dr. Hermann Fahse – die Staatsanwaltschaft mit der Polizei an, durchfilzte den ASTA, und vertrieb Zuschauer mit der chemischen Keule. Das war alles sehr hart, sehr repressiv und reaktionär und stand m.E. in keinem Verhältnis zu dem, was geschehen war, dem Aushängen und dem Abdruck. Erst daraufhin hatte ich meinen Brief geschrieben, der auch erst nach nochmaliger Anfrage bei mir durch den ASTA-Vorsitzenden W. Holzer, den ich vorsichtigerweise noch um Bedenkzeit gebeten hatte, abgedruckt worden war.

Mein Brief erschien in der November-Ausgabe der *Wampf*. Menschen in meinem Umfeld kommentierten mein Schreiben als ›maßvoll‹, als ›gut‹, einer sagte: »Sie haben recht, aber was wollen Sie damit erreichen?« Er hatte recht. Man kann die Welt nicht ändern. Es war sinnlos.

Am 20. Dezember 1977 erhielt ich einen Anruf von Universitätspräsident Ehrhardt. Ich hätte doch diesen *Brief* da in der Wampf geschrieben, sagte er in barschem Ton und fragte, ob ich bereit sei, mich mit ihm über mein Gewaltverständnis zu unterhalten – andernfalls würden sich andere mit mir befassen. »Sie sind zu weit gegangen!« sagte er im Ton eines Machthabers, und ergänzte, er müsse dazu Stellung nehmen. Wir vereinbarten ein Treffen am 6. Januar 1978. Die Feiertage waren für mich völlig verdorben, wusste ich doch nicht, was auf mich zukommen würde – hatten andernorts doch Professoren sogar ihre Stelle verloren. Von nun an wälzte ich das Problem Tag und Nacht in meinem Kopf herum. Schließlich entwarf ich einen unterwürfigen Brief an den Präsidenten, änderte diesen immer wieder, gab das Schreiben aber letztlich doch gleich nach Neujahr bei dessen Sekretärin ab.

Ob das etwas bewirkte, kann ich nicht beurteilen. Auf jeden Fall empfing mich der Universitätspräsident am 6. Januar mit außerordentlicher Freundlichkeit, sagte, er sei liberal, aber da gäbe es einen Brief vom Ministerium, unterzeichnet von Dr. G., mit dem wir uns befassen müssten. Ich könne sicher sein, der Brief sei von vier oder fünf Juristen geprüft und mit dem Innenministerium (d.h. Verfassungsschutz) abgestimmt. Ich fragte, ob er mir eine Kopie des Schreibens geben könne. Ehrhardt zögerte, ich dürfe diese dann niemanden zeigen, es sei doch klar, dass gerade z.B. die *Wampf*-Redakteure darauf erpicht seien. Einer solchen Verdächtigung wollte ich mich nicht aussetzen und verzichtete auf eine Kopie, wollte aber wissen, was ich antworten sollte. Ehrhardt diktierte mir daraufhin einen Auszug, in dem es hieß: »...möchten Sie insbesondere bitten, Herrn Professor Müller-Kirsten zu hören zu seinen Auffassungen vom Gewaltbegriff und ob es tatsächlich seiner Auffassung entspricht, dass Gerechtigkeit einer Sache die Gerechtigkeit einer Waffe, wie z.B. der Gewalt, bestimme, oder ob er davon ausgeht, den zwischen den Rechtsbeziehungen souveräner Staaten, die sich in Kriegszustand befinden, und den Rechtsbeziehungen der Bürger und staatlichen Institutionen innerhalb eines Landes, dessen Rechtsordnung unter dem Friedensgebot für alle steht, ein erheblicher Unterschied besteht, der die Gewaltanwendung zwischen Staaten und die Gewaltanwendung zwischen Bürgern jeweils anders wertet. Darüber hinaus würden wir eine Klarstellung begrüßen, ob Herr Professor Müller-Kirsten mit dem letzten Absatz seines Briefes dem Präsidenten des Bundesverfassungsgerichts Rechtsbruch vorwerfen möchte...« Steht dies nicht im Widerspruch zu dem im Grundgesetz ausgesprochenen Recht auf freie Meinung?

Dies war eine Gesinnungsprüfung. Ich sagte, meine Sicht sei auch durch meine vormalige Tätigkeit als Assistant Professor an der American University of Beirut bestimmt, wo ich vertriebene Palästinenser als Bettler hatte herumlaufen sehen. Ehrhardt äußerte, er kenne mich insbesondere von unserer gemeinsamen Dienstreise nach

Teheran her und auch einige meiner Ansichten (über den Nahostkonflikt hatten wir uns da allerdings nicht unterhalten). Offensichtlich war er bestrebt die Angelegenheit herunterzuspielen und war besonders interessiert von mir zu hören, dass ich, abgesehen von meinem Schreiben, keinerlei Kontakte zu den agierenden Studenten hatte.

Ich konnte aufatmen. Mit einem Brief an ihn zu den Fragen des Ministeriums war die Sache aus der Welt zu schaffen – und so machte ich es. Ich wäre ja dumm gewesen, mich auf eine Rechthaberei mit weiteren Konsequenzen einzulassen. Ein paar Tage darauf lieferte ich das Schreiben ab und habe nie wieder etwas in der Angelegenheit gehört. Natürlich hatte ich mich letztlich gebeugt und unterwürfig verhalten. Aber mit Rechthaberei hätte ich mir selbst nur weitere Schwierigkeiten bereitet, zumal auch als Beamter, ohne letztlich an der Welt etwas zu ändern. Die Argumentation der Unterzeichner des Aufrufs der Deutsch-Israelischen Gesellschaft wurde nicht hinterfragt, auch nicht die Unterschrift des Richters Benda, der ja als solcher das Buch ›Der Auschwitz-Mythos‹ seines Amtskollegen Wilhelm Stäglich zur Vernichtung verurteilt hatte und sich für die Nichtverjährung deutscher (nur deutscher!) Kriegsverbrechen stark gemacht hatte – alles Themen auf der selben politischen Linie.

Jahrzehnte sind seither vergangen. Man sehe sich die heutige Lage der Palästinenser an. Hat das Wirken des Richters Benda und der Deutsch-Israelischen Gesellschaft für Recht und Gerechtigkeit im Nahen Osten und somit für Frieden gesorgt? Wohl kaum. Diesen ging es um einseitige Parteinahme für Israel, für Juden, und nicht um Recht, Gerechtigkeit oder Frieden für das palästinensische Volk. Das inquisitorische Schreiben des Ministeriums offenbart die enorme Empfindlichkeit der Regierenden gegenüber Kritik von unten. Man sah sich verletzt – wo man doch meinte das Edelste zu vertreten. Hatte man an der Universität Kaiserslautern einen V-Mann, der die Regierenden in Mainz informierte? Ich vermute ja, irgendjemand muss doch die in Mainz informiert haben, ich vermute jemand mit juristischer Ausbildung – und von diesen gibt es nur wenige an einer Technischen Universität. Aber das ist Spekulation. In einem wirklich freien Staat wie den USA wäre so etwas undenkbar, aber auch von der Verfassung her ausgeschlossen. Man sieht aber auch die Wirkung bei mir: Einschüchterung. Kann man immer noch nicht davon ablassen?

Es sei noch angemerkt, dass der Universitätspräsident mir gegenüber äußerte, ich sei kein Einzelfall. Hatte ich also aus der Geschichte gelernt? Nein! Als einige Jahre später die sogenannte Nachrüstung der USA mit der Stationierung von Pershing-Raketen und cruise missiles auf dem Boden der BRD zum großen Thema der Politik wurde und wieder Unterschriften und Stellungnahmen von Professoren an den deutschen Universitäten von den Studierenden und anderen dagegen gefordert wurden, war auch ich wieder dabei – allerdings war der Widerstand diesmal so gewaltig, auch von kirchlichen Seiten, dass der einzelne in der Masse unterging und nichts zu befürchten hatte. Ich war dagegen, weil ich immer das Ziel der Wiedervereinigung Deutschlands verfolgt habe und bei Wahlen jener Partei meine Stimme gab, die meiner Meinung nach noch am ehesten dieses im Grundgesetz verankerte Ziel verfolgte. Dies war nach deren Gründung die Partei der Grünen. Eine gewaltige Täuschung, wie sich nach kurzer Zeit zeigte.

Heute brüsten sich die Westmächte, mit ihrer Überrüstung die Sowjetunion in die Knie gezwungen und somit die Wiedervereinigung eingeläutet zu haben. Auch dies ist Täuschung. Die SPD als damals führende Partei unter Kanzler Helmut Schmidt hatte die Wiedervereinigung, wie dies insbesondere Willy Brandt und Egon Bahr aussprachen, längst aufgegeben. Noch zur Zeit der Maueröffnung in Berlin war die Wiedervereinigung nur bei den als Rechtsextremisten und Nazis Beschimpften Thema und Forderung gemäß dem Grundgesetz. Insbesondere hatte Bundeskanzler Helmut Kohl die Wiedervereinigung nie im Programm, obgleich er dann – gedrängt durch die Demonstranten besonders in Leipzig und Dresden – die richtige und d.h. erfolgreiche Politik betrieb. Die Wiedervereinigung war definitiv nicht sein eigenes Ziel gewesen, er hatte ausdrücklich im Europa-Wahlkampf im Juni 1989 gesagt, diese könne erst nach der europäischen Einigung kommen. Und letztere lag für jeden in fernster Zukunft. Auch für die Kirchen war die Wiedervereinigung kein Thema. Dennoch äußerte sich Bundeskanzler Kohl noch viele Jahre danach empört über die Haltung der deutschen Kirchen, die sich geweigert hatten, zur Wiedervereinigung die Glocken läuten zu lassen. Keine Freude, kein Dank der undankbaren deutschen Kirchenvertreter – erinnerten sich andere doch an die dankbare Erlösung der Soldaten Friedrichs des Großen, als diese nach der Schlacht bei Leuthen am 5.12.1757 daselbst das »Nun danket alle Gott …« anstimmten. Auch hieran sieht man die antideutsche Einstellung besonders der Vertreter der EKD, für die seit Kriegsende alles Prodeutsche nationalistisch anrüchig und somit verbrecherisch war und ist. Und natürlich ist eine solche politisch-korrekte Einstellung sehr förderlich für das Aufsteigen im Beruf, für die Karriere.

Kaum jemand unterstellt so unverhohlen und direkt der Mehrheit der Deutschen, wenn nicht jedem einzelnen Deutschen, Mordabsichten gegenüber den Juden, ja allen Juden, wie dies Organe und Sprecher bzw. Funktionäre der EKD tun. In der Evangelischen Kirchenzeitung *Das Sonntagsblatt für Hessen und Nassau*, Nr. 5 (1995) heißt es in einem Artikel von W. Schneider (Pfarrer und Vorsitzender des Fördervereins ›Fritz Bauer Institut‹ zur Geschichte und Wirkung des Holocaust) zu ›50 Jahre nach der Befreiung von Auschwitz‹: »Der Holocaust war oberstes Staatsziel des Nationalsozialismus und wurde von der großen Mehrheit der Deutschen zuschauend und zustimmend akzeptiert.« In einem Artikel von Siegfried von Kortzfleisch in derselben Zeitschrift, da noch unter dem Namen *Weg und Wahrheit*, Nr. 24 vom 12.6.1988, heißt es unter dem Titel ›Fünfzig Jahre nachdem die Synagogen brannten…‹ nicht viel anders: »Präziser und herausfordernd deuten die Kirchen das Signal der brennenden Synagogen: ›Niemand konnte sagen, er habe nichts gewusst.‹« Hier hören wir es von der EKD: Jeder Deutsche wusste es, den Juden war von den Deutschen wissentlich und zustimmend der Holocaust bestimmt! Nur seltsam, ja dumm, dass der Verfasser am Anfang seines Artikels über die Schuld zuweisende Stuttgarter Erklärung von 1945 sagt: »Doch über Juden sagte sie kein Wort.« Da haben wir auch das wieder – wie in Churchills vielbändigen Memoiren: Kein Wort darüber! Kein Wort über Juden, über Auschwitz, über den Holocaust! In einer Erklärung des EKD-Ratsvorsitzenden Bischof Martin Kruse zum 9. November 1988 heißt es (*Weg und*

Wahrheit, Nr. 24 (1995)): »Was im November 1938 geschah, das geschah öffentlich, geschah vor aller Augen. Niemand konnte sagen, er habe nichts gewusst. Diejenigen, die dieses Verbrechen vorbereitet und ausgeführt haben, konnten dabei mit Zustimmung, mit gleichgültigem Wegsehen oder mit verängstigtem Stillschweigen bei der Mehrheit unseres Volkes rechnen.« Wird hier nicht in niederträchtiger Weise der Mehrheit der Deutschen bewusste Zustimmung zur Ermordung der hier lebenden Juden unterstellt?

Diese Herren der Kirche haben sich selbst nicht anders gegenüber dem palästinensischen Volk verhalten – sahen oder sehen sie nicht, was diesem Volk angetan wurde bzw. immer noch angetan wird und zwar noch viel, viel öffentlicher und seit Jahrzehnten. Was haben sie dagegen unternommen? Offensichtlich nichts! Nebenbei, es ist bekannt, dass Hitler über die Schandtaten der Pogromnacht (so die heutige Bezeichnung, früher Reichskristallnacht) empört war. Auch wird heute verschwiegen, dass der polnische Jude Herschel Grünspan mit seiner Ermordung eines deutschen Diplomaten in Paris diese bis heute unaufgeklärten antisemitischen Ausschreitungen ausgelöst hat. Man halte sich vor Augen, wie die USA und Israel auf derartige Morde reagieren... Solche Hinweise oder Vergleiche nennt man heute ›relativieren‹, was Deutschen von der veröffentlichten Meinung verboten wird!

Aber unterwerfen wir uns nicht solchen Denkverboten! Ich erwähnte bereits, dass ich ein oder zwei Anfragen an das Büro des Rates der EKD in Hannover gerichtet hatte. In einer Antwort wurde ich auf die Weisheit eines polnischen Juden hingewiesen, der geäußert hatte: »Das Geheimnis der Versöhnung ist die Erinnerung«, eine Floskel, der sich auch Bundespräsident Richard von Weizsäcker in Interviews bedient hat und die von Medien verbreitet wurde. Sehen wir uns die Qualität dieser Behauptung gerade aus dem Mund eines Polen genauer an. Erinnern bringt Versöhnung? Erinnern wir uns also an die furchtbare Vertreibung von Millionen Deutschen durch die Polen. Sind nicht gerade die Polen da extrem empfindlich und wehren sich permanent gegen solche Erinnerung z.B. mit einem Gedenktag in der BRD? Von solchem Gedenken wollen sie alle nichts wissen – die Polen nicht, die Sieger nicht, die deutschen Politiker und Journalisten nicht. Oder nehmen wir eine Familienfeier, z.B. anlässlich eines runden Hochzeitsjubiläums. Wird da Eintracht und Versöhnung gefördert, wenn in der Gesellschaft sofort an zurückliegende Erbschaftsstreitigkeiten erinnert wird? Wohl kaum!

Wenden wir also Kants kategorischen Imperativ darauf an und erheben wir die Behauptung des polnischen Juden zu einem universellen Prinzip, nachdem jeder Mensch handelt und fragen: Ist dann die Welt eine bessere? Offensichtlich ist die Antwort Nein. Daraus folgt nach Kant das negative Urteil über die moralische Qualität der Behauptung. Man kann sagen, diese ist verlogen, denn offensichtlich versteht der Pole (wie auch Richard von Weizsäcker, Joachim Gauck und viele andere) sie nur als Erinnerung an *deutsche* Verbrechen, aber nicht als Erinnerung an die Verbrechen anderer. Man sieht an diesem Beispiel, mit welchen unredlichen Methoden die Öffentlichkeit, d.h. der normale Mensch, nicht nur von Politikern und Journalisten, sondern auch von Kirchensprechern eingeschüchtert, bzw. zu Heuchelei erzogen wird – und da mit permanenter Berieselung, auch noch größtenteils unbemerkt.

Mittlerweile trifft dies nicht nur auf Deutsche zu, sondern auf die gesamte westliche Welt. Man kann durchaus von einem inszenierten Gedenk- und Erinnerungsrummel sprechen (was nichts anderes ist, als alte Wunden wieder aufzureißen), mit dem sich die Herrschenden der westlichen Welt pharisäerhaft als die Alleredelsten hinstellen und andere damit einschüchtern. Bei genauerem Hinschauen entdeckt man jedoch deren Heuchelei – so auch z.B. wenn Kanzleramtsminister Peter Altmaier die westliche demokratische Gesellschaft als ›Wertegemeinschaft‹ bezeichnet – trotz aller bekannten Lügen und Kriege genau deren führender Politiker wie Bush und Blair. Ehrliche Versöhnung verlangt zumindest ein Schweigen zu den Verbrechen in der Vergangenheit, besser noch ein Vergessen, und dies auf beiden Seiten – erst recht, wenn aufrichtige Reue erkennbar ist. Wer dem widerspricht, der erinnere sich, dass Willy Brandt als Bundeskanzler die Veröffentlichung der (von der BRD-Regierung in Auftrag gegebenen) Dokumentation polnischer Vertreibungsverbrechen verbieten ließ, weil diese seiner angestrebten Verständigung mit Polen im Weg stand. Die permanente Erinnerung dient eben nicht der Versöhnung, wie auch dieses Beispiel zeigt. Die staatlich verordnete und befolgte Erinnerung an Untaten dient heute primär der Demütigung, Erniedrigung und verbalen Übertrumpfung der einen und der Genugtuung und Rachsucht der anderen Seite, weil es heute nicht mehr möglich ist, die Differenzen auf einem kleinen Schlachtfeld auszukämpfen. Deshalb beharren z.B. die Armenier so unerbittlich auf Anerkennung des ihnen angetanen Völkermords – es geht ihnen um die Demütigung der Türken.

Für die Kirche, speziell die EKD, stellt sich die Frage, wie sich das permanente Erinnern an den Holocaust, die ständige Berieselung der Deutschen mit dieser Schuld, immer und überall, mit dem Vergeben in jedem normalen sonntäglichen Gottesdienst verträgt. Kann man im kirchlichen Raum jeden Sonntag, ja täglich, den Menschen Vergebung predigen und versprechen, dann aber gleich danach, vielleicht sogar noch im selben kirchlichen Raum, die alte (angeblich doch eben vergebene) Schuld wieder vorwerfen? Ist solches Verhalten nicht unredlich, sogar verlogen?

Im Weiteren zeige ich anhand von Ausschnitten aus meiner Korrespondenz mit Kirchenvertretern bzw. Ausschnitten aus Kirchenzeitungen, wie sehr sich besonders die EKD dem Zeitgeist angepasst hat. Wie schon erwähnt, löste der Sieg Israels 1967 bei vielen Menschen im Westen Begeisterung aus, und man war neugierig, selbst das besetzte Palästina zu bereisen. In dem vom Evangelischen Presseverband für Hessen und Nassau herausgegebenem Kirchenblatt *Evangelisches Darmstadt* (März 1972) beschreibt ein Pfarrer Brückner in einem Artikel mit dem Titel ›Umstrittenes Israel‹, wie sein ›nichtreligiöser Reiseführer‹ ihm die Flucht oder Vertreibung der Palästinenser 1948 beschrieb: »80 jüdische Soldaten feuerten 1948 aus einem selbstgebastelten Granatwerfer einige Schüsse ab. Kurz darauf setzte Regen ein. Da verließen 12.000 irakische Soldaten fluchtartig Stadt und Umgebung aus Furcht, die Juden besäßen die Atomwaffe.« Schenken wir uns einen Kommentar dazu, wie auch zu folgenden Zeilen, die in der (absolut unverdächtig projüdischen, prozionistischen) Kirchenzeitung *Weg und Wahrheit* (19.10.1975, S.24) unter dem Titel ›Für unsere jungen Leser‹ Geschichten des Alten Testaments folgendermaßen erzählt: »So kam die Tante an den

Neffen, Zwei Menschen, welche gleichgesinnt: Ein Mädchen war ihr erstes Kind!« und in zwei oder drei weiteren Folgen liest man: »… das Mordgesetz … das Mordgesetz des Königs schuf alsbald den Säuglingstötberuf … zeigt man vor den Judenknaben … und schmeißt ihn ohne Mitgefühl in hohem Bogen in den Nil …« und »Den Juden schafft in Ramses' Staate Gott ihre höchste Zuwachsrate. Nun quillt der Juden Vielzahl wie Wasser aus dem Niltal. Wer ihn erblickt auf Hof und Straße bemerkt doch seine Judennase.« Da haben wir auch das bei diesen Freunden der Juden: die Nase!

Auf welchen Abwegen (d.h. fort vom Evangelium) sich diese ›im Auftrag der Evangelischen Kirche von Hessen und Nassau‹ herausgegebene Zeitschrift befand, zeigt z.B. der Leserbrief eines Herrn Giesel darin (*Weg und Wahrheit*, Nr. 41 (12.10.1975)), der zu dem Artikel ›Jesus und Paulus waren Pharisäer‹ (*Weg und Wahrheit*, Nr. 31 (3.8.1975)) sagt: »Mir ist unverständlich, und es lässt mir keine Ruhe, dass diese jüdische Darstellung über unseren Herrn und Heiland Jesus Christus unwidersprochen bleibt … Ich meine … ein christlich-ev. Blatt sei dazu … verpflichtet, da hier die elementarsten Grundlagen unseres christlichen Glaubens … verneint werden.«

Im Zeitgeist der genannten Kirchenzeitung wurde im *Darmstädter Echo* vom 17.5.1982 über einen Vortrag der Gesellschaft für Christlich-Jüdische Zusammenarbeit im Gemeindehaus der Stadtkirchengemeinde berichtet, in dem ein Pfarrer Schenk ganz im Gegensatz zu dem Luthervers, den man früher im Konfirmandenunterricht lernte: »Erhalt uns Herr bei deinem Wort und steure deiner Feinde Mord, die Jesum Christum, deinen Sohn, wollen stürzen von deinem Thron« das ›Motto‹ (so das Wort das Pfarrers Schenk) vertrat: »Nicht der Sohn/ Gehört nicht auf den Thron« und für eine gewisse Verdrängung Christi aus dem Gottesdienst plädierte. Das ist offenbar der Preis, den diese Leute für Akzeptanz bei den anderen, also Juden, zu erbringen bereit sind.

Natürlich wird auch Luther angegriffen. Unter dem Titel ›Luther: Antisemit oder nur derber Geselle‹ wurde im *Darmstädter Echo* vom 28.11.1983 detailliert über einen entsprechenden Vortrag des holländischen Religionshistorikers und Tübinger Professors Heiko Oberman an obigem Ort und auf Einladung der selben Gesellschaft berichtet. Dabei war bereits in der Zeitung vom 25.7.1983, in einem vierspaltigen Artikel mit Titel ›Der unbequeme Luther‹ lang und breit über die Ansichten dieses Herrn berichtet worden. Nach Professor Oberman hat die Öffentlichkeit ein ›deformiertes‹ Bild des Reformators. Den Bezug auf die Gegenwart stellt er dabei durch Vokabeln wie Holocaust bzw. durch perfide Assoziationen her, z.B. indem er Justus Jonas als Luthers ›Judenreferenten‹ bezeichnet. Wie dem auch sei, dem aufmerksamen Zeitgenossen wird nicht entgehen, dass es diesen Christlich-Jüdischen um sehr viel mehr geht als nur um Luther zu re- oder deformieren oder in den Winkeln deutscher Geschichte herumzuwühlen.

Nein, hier geht es auch um eine wesentliche Änderung des christlichen Glaubens in Richtung der Juden, und da ist, wie jeder weiß, für Jesus Christus wenig drin. Die Juden weichen natürlich keinen Deut von ihrer Sicht der gesamten Bibel ab. Begierig diesen entgegenzukommen, muss deshalb an der christlichen Sicht manipuliert werden. Vom Landesamt der Evangelischen Kirche im Rheinland in Düsseldorf ließ ich mir 1980 deren Schrift genannt ›Handreichung, Nr. 39: Zur Erneuerung des Verhältnisses von Christen und Juden‹ schicken. Die Sprache darin ist sehr ungenau gewählt (wohl um proisraelische Wünsche unterschieben zu können), wie z.B. in der Faselei von K. Barth auf S. 103: »Mir liegt alles daran, dass Israel als Israel endlich als Ausgangspunkt aller Überlegungen, was Israel gegenüber zu lassen sei, ganz ernst genommen werde.« Selbst in deren Synodalbeschluss auf S. 11 gibt man sich wenig Mühe um Klarheit, z.B. in dem Satz: »Darum verneinen wir, dass das Volk Israel von Gott verworfen oder von der Kirche überholt sei.« Wofür steht das Volk Israel hier – für alle Juden auf der Welt, oder für die Siedler in Palästina, oder sind es die Gläubigen oder die anderen (völkisch gesehen) auch? Und sah Luther nicht in der Christenheit das neue Israel? Im Übrigen ist das ›Wir wollen …‹ (S. 11) der Verfasser nicht Sache des christlichen Glaubens. In Römer 9, 16 heißt es:»So liegt es nun nicht an jemandes Wollen … sondern an Gottes Erbarmen.« Und dass das Alte Testament durch Christus, d.h. durch das Neue Testament überholt ist, steht klar in Hebräer 8, 13: »Indem er sagt: ›Ein Neues‹ macht er das erste alt. Was aber alt und überjährt ist, das ist nahe bei seinem Ende.«

Der Versuch mit unscharfen Formulierungen und mit salbungsvoller Sprache, also mit Emotionen, eine Brücke zum jüdischen Glauben zu schlagen ist unredlich. Diese Kirchenleute wissen oder ahnen zumindest, dass ihre auf dem Holocaust basierenden Thesen, wie die von der ›bleibenden Erwählung Israels‹ (was sie erzwingen wollen) dann zerbröckeln (vgl. 1 Petrus 2, 9-10). Um wirklich redlich, d.h. ehrlich zu sein, hätten sie als Christen jede ihrer Behauptungen durch Zitate aus dem Neuen Testament belegen und Gegenteiliges ausschließen müssen. Leider fehlt der genannten Schrift zudem eine vollständige Liste der Verfasser, was vermuten lässt, dass Juden beteiligt waren.

Wer die Kirche noch gegen Ende des Zweiten Weltkriegs erlebt hat und das Erscheinungsbild der Pfarrer von damals mit dem der heutigen vergleicht, wird nicht umhin kommen festzustellen – und das betrifft auch jene Pfarrer in Hannover, die das oben zitierte Wort zum Attentat auf Hitler verfassten –, dass die damaligen Pfarrer viel stärker vom Glauben geprägt waren und ihr eigenes Leben danach ausrichteten als die Pfarrer und Pfarrerinnen von heute, die dem politischen und gesellschaftlichen Zeitgeist oft noch vorauseilen und damit besonders in den deutschen Medien punkten. Bundespräsident Gauck, als ehemaliger Pfarrer, der seine Familie mit vier Kindern verließ und sich eine Mätresse zulegte, ist ein schlechtes aber passendes Beispiel dafür, wie auch die Bischöfin Margot Käßmann von Hannover, die sich scheiden ließ und zumindest den Posten als Ratsvorsitzende aufgab, nachdem sie von der Polizei alkoholisiert beim Autofahren erwischt wurde. Bei den deutschen Medien wurde sie durch dieses Verhalten populär und erhielt Einladungen zu zahllosen Talkshows. Sogar der arabische Sender Aljazeera berichtete über die alkoholisierte Ratsvorsitzende der EKD! Man erkennt daran das, was man früher als sittlich-moralischen Verfall bewertete. Die Selbstdisziplin zu charakterlicher Integrität ist einem leichtfertiges Dahinleben gewichen, in dem Verantwortungsbewusstsein und Vorbildfunktion z.B. Kindern gegenüber wenig zählen. So erlebte ich eine Predigt, in der der Pfarrer seine Ehescheidung offenlegte und mit der Feststellung endete, alle Menschen seien Ehebrecher.

Eine Hemmschwelle nach der anderen zur totalen Zwanglosigkeit des Menschen wird eingerissen – Ehebruch, Pornografie, Kuppelei, Abtreibung, Homosexualität und was es sonst noch gibt. Sah man früher Argumente dagegen, sieht man heute nur noch Argumente dafür – bis auch der letzte als Nazi beschimpfte Konservative endlich schweigt. Alles Schlechte oder auch nur Unerwünschte schiebt man auf Hitler und sog. Nazis. So behauptete der TV-Moderator Ranga Yogeshwar in einer seiner Sendungen ›Quarks und Co‹, in der NS-Zeit seien Behinderte mit Down-Syndrom – damals seit langem ohne böse Absicht als mongoloid bezeichnet – einfach allesamt ermordet worden, wie viele andere Behinderte, Kranke und Alte auch. Ich erinnere mich jedoch, dass in unserer Nachbarschaft eine Familie mit einer Down-Syndrom-Tochter den Krieg überlebte, nicht jedoch deren Bruder an der Front. Unerwähnt ließ Yogeshwar, dass heute das Down-Syndrom bereits vor der Geburt erkannt wird, und die Eltern das Kind legal abtreiben, d.h. töten lassen können. Laut einem Fernsehkommentar werden heute 95 Prozent aller Down-Syndrom-Kinder im Mutterleib ermordet – im Rechtsstaat BRD. ›Auschwitz im Mutterleib‹ kann man sagen in Anlehnung an ›Auschwitz in the deep freeze‹, einem Ausdruck, dem ich im *San Francisco Chronicle* begegnete, wo über die Vernichtung einer Samenbank die Rede war. Das unter Hitler erlassene Euthanasiegesetz wurde schnell wieder zurückgenommen, als man erkannte, auf welchen Widerstand dieses in der Bevölkerung stieß. Nebenbei sei angemerkt, dass es moralische Verirrungen auch in anderen, ja sogar sehr christlich geprägten, Gesellschaften gab oder gibt. So wurden z.B. in Australien bis in die 1960er Jahre unehelich geborene Kinder per Gesetz der Mutter weggenommen und zur Adoption freigegeben – eine Handhabung, die es hierzulande nicht einmal in früherer Zeit gegeben hat.

Unzählige Jahre hindurch wurde die deutsche Öffentlichkeit mit dem Thema Abtreibung, Paragraph 218, wie sich jeder Ältere erinnern wird, drangsaliert, bis der Gesetzgeber nachgab, und heute jährlich mehr als 100.000 Abtreibungen legal durchgeführt werden, was bei den bösen Nazis vermutlich überhaupt kein Thema war. Die schon oben genannte Evangelische Kirchenzeitung brachte in Nr. 24 (1998) einen Artikel über eine ›geistig behinderte‹ Dame, ›die die Zeit der nationalsozialistischen Euthanasie-Verbrechen überlebt‹ hat. Es heißt in dem Artikel: »Seit 1991 erhält Elfriede Gorbunow als NS-Opfer für die körperliche und seelische Verletzung, die sie durch die Zwangssterilisierung erlitten hat, eine monatliche Entschädigung von der BRD.« Kein Zweifel, dass der Dame dies angetan wurde. Doch der Bericht der kirchlichen Verfasser bzw. Verantwortlichen, die immerhin ›im Auftrag der Evangelischen Kirche von Hessen und Nassau‹ das Blatt herausbrachten, ist journalistisch unredlich.

Wären die verantwortlichen Redakteure ehrlich gewesen, hätten sie ihrem Bericht vorangestellt, dass bis Anfang der 1990er Jahre im so hochgelobten demokratischen Rechtsstaat BRD jährlich etwa 1000 Menschen zwangssterilisiert wurden, also in den Worten der Kirchenredakteure Opfer ›nationalsozialistischer Euthanasieverbrechen‹ wurden – man merke: bis nach 1990! Erst um 1992 wurde die (noch aus Vor-NS-Zeit stammende) Rechtslage geändert – darüber berichtet wurde öffentlich in den ARD-Tagesthemen, 2.9.1997, 22.30 Uhr, von Ulrich Wickert (also zu später Stunde, damit es nicht jeder hört). Die Kirchenzeitungsredakteure und die Herren der Kirche haben also im Rechtsstaat BRD diese Verbrechen selbst jahrzehntelang geduldet. Ob die Behinderten für die vom Rechtsstaat BRD ihnen angetanen ›Verbrechen‹ ebenfalls Entschädigung erhielten, wurde verschwiegen.

Jahrzehnte früher sah man diese Thematik anders. Im Internet kann man in der Biografie des Rechtsmediziners Professor Helmut H. Ehrhardt lesen: »Die Sachverständigen wurden [also ca. 1961] zum Komplex Entschädigungszahlungen für Opfer von Zwangssterilisation nach dem Gesetz zur Verhütung erbkranken Nachwuchses gehört. Alle Sachverständigen sahen in dem Erbgesundheitsgesetz kein NS-Unrecht ....« Nebenbei sei angemerkt, dass es Zwangseuthanasie auch in anderen Ländern wie z.B. den Niederlanden gibt oder gab, wie z.B. in einem Leserbrief, FAZ, 3.8.1996, zu lesen war, dort unter dem Begriff ›nichtfreiwillige Euthanasie‹.

Wurde der normale Deutsche vor 20 Jahren und mehr jahrelang täglich von den Medien mit dem Thema Abtreibung und dem Paragraph 218 drangsaliert, so ist dies heute das Thema Homosexualität, das ebenfalls bis vor einiger Zeit von einem aus der Kaiserzeit stammenden Paragraphen, dem Paragraph 175 BGB, der 1994 (wie im Fernsehen berichtet) aufgegeben wurde, verboten war. Nach ARD (11.5.2016) waren in der BRD über 50 000 Homosexuelle nach diesem Paragraphen verurteilt worden. Für diese ›Schandtaten des Rechtsstaates‹ (so Justizminister Heiko Maas) sollen die Betroffenen nun Entschädigung erhalten. Da muss man wirklich staunen, da uns solche Strafverfolgungen doch immer als Naziverbrechen eingeredet worden waren. Ich merke noch folgendes dazu an. Als letzteres Thema kurz nach der Wiedervereinigung aufkam und sich an den deutschen Universitäten ›Schwulenreferate‹ bildeten, wurde im Foyer neben dem Physikgebäude an der Universität Kaiserslautern eine Wanderausstellung über Homosexuelle in Auschwitz gezeigt. Das für mich und andere, mit denen ich sprach, Erstaunliche an den gezeigten Fotos bzw. Bildern war, dass alle gezeigten Personen in einem erstaunlich gut ernährten Zustand waren, insbesondere zeigten die Fotos bestens ernährte Kinder ohne Spuren von irgendwelchen Gräueltaten. Davon zeugte lediglich eine einzige Zeichnung des bekannten Auschwitzhäftlings Ole – und solch eine Zeichnung hat keinerlei dokumentarischen Wert.

Heute macht man es sich sehr leicht mit Mordvorwürfen an die NS-Zeit – alle glauben diese sofort, niemand prüft nach. Die genannte Ausstellung lässt zudem vermuten, dass – anders als im Fall der mitten in Deutschland liegenden KZs wie Buchenwald und Bergen-Belsen, von denen es schreckliche Fotos mit zahlreichen Leichen gibt – vom Vernichtungslager Auschwitz keine Fotos von Leichenbergen existieren. Bekannt ist, dass beim Zusammenbruch des Deutschen Reiches unter britischer Massivbombardierung viele Verkehrs- und Versorgungswege zerstört waren und damit auch die Versorgung der Menschen in den Lagern, die deswegen unweigerlich hungern, ja *ver*hungern mussten. Aber ausgerechnet von Auschwitz kennt man keine Bilder dieser Art.

Nach herrschender Berichterstattung hat es in Auschwitz keine natürlichen Todesfälle gegeben – jedenfalls wird solches nicht berichtet. Das betrifft auch andere Konzentrationslager. In der von der Evangelischen Kirche von Hessen und Nassau oben genannten *Evan-*

gelischen Kirchenzeitung Nr.25 (23.6.1996), wird das bedauernswerte Schicksal der Anne Frank wie folgt beschrieben: »... das jüdische Mädchen aus Frankfurt, das 1933 mit seinen Eltern nach Amsterdam emigrierte, 1944 in seinem Versteck entdeckt und im März 1945 im Konzentrationslager Bergen-Belsen ermordet wurde.« Das Schicksal der Anne Frank ist so bekannt, dass ich keine Quellen anzugeben brauche. Sie ist nicht ermordet worden, wie hier von kirchlicher Seite behauptet wird, sondern ist an den katastrophalen Folgen von Deportation, Bombardierung von Transport und Versorgungswegen und Ansteckung durch andere an Typhus gestorben (für die EKD dennoch eine Quelle hierfür: ARD, 20 Uhr, Do. 12.6.2014). Wie andere Familien, z.B. die der Europapolitikerin Simone Veil und des bekannten Holocaustzeugen Elie Wiesel u.a., ist die Familie Frank nach Auschwitz deportiert worden – nach herrschender Meinung zum Zwecke ihrer Ermordung in den Gaskammern des Vernichtungslagers Auschwitz (was verschwiegen wird). Doch stattdessen wurden diese in der chaotischsten Lage des Deutschen Reiches im Spätsommer 1944 wieder zurück nach Westen gebracht – ein kompliziertes Unternehmen, das offensichtlich zu deren Rettung diente, und nicht zur Ermordung (was man ja in Auschwitz leichter getan haben könnte). Da wird also wissentlich die Unwahrheit gesagt. Wenn man argumentieren will, dass dies hier auf das Gleiche hinauslaufe, dann kann man der westlichen Wertegemeinschaft z.B. in der Anti-Saddam-Hussein-Allianz den Mord an einer Million Kinder vorwerfen, denen diese Demokraten, wie bekannt, mit Sanktionen notwendige Medikamente und vieles andere mehr vorenthielten.

Ohne Quellenangabe (da oft zu hören) sei noch angemerkt, dass die EKD, ausgesprochen durch mehrere Ratsvorsitzende, die Juden vom Missionsbefehl Christi (Matthäus 28, 18-20) ›alle Völker‹ in seinem Namen zu taufen usw. *expressis verbis* ausnimmt. Das ist der Weg des geringsten Widerstandes und Anpassung an den Zeitgeist, theologische Korrektheit, denn andererseits würde man sich viel Ärger einholen, wie sich jeder denken kann. In Papua-Neuguinea wurde mir auf einer Reise erzählt, sei man den Missionaren sehr dankbar, da damit das furchtbare Töten der Stämme untereinander ein Ende fand. Man sieht, dass der Taufbefehl auch positiv aufgenommen wird. Aber was halten die Juden von diesen ihren christlichen Freunden, die opportunistisch ihren eigenen Glauben zur Disposition stellen?

Was geschah an den Ziegelöfen der Ammoniter?

Im Folgenden befasse ich mich mit Fragen zum Wandel einer Bibelstelle und zum möglichenfalls aus heutiger Sicht legitimierten alttestamentlichen Völkermord. Das Thema ist brisant. Deshalb nenne ich zahlreiche Quellen, nicht zuletzt, um mich vor übereifrigen Verfolgern politisch nicht korrekter Äußerungen zu schützen. Es geht um folgendes: A. Darlegung der Verschiedenheit des Textes von 2. Samuel 12, Vers 31, in diversen Bibelausgaben, und B. Suche nach wahrscheinlicher Erklärung für die Verschiedenheit von 2. Samuel 12, Vers 31, in alten und neuen Bibeln. Ginge es nicht um Mord an Menschen, könnte man die folgende Analyse amüsant finden.

In den Jahren 1982 bis 1984, als Menachem Begin israelischer Ministerpräsident war, konnte man häufig in Fernsehberichten Israelis aller politischen Schattierungen sagen hören, ihr Anspruch auf das Land Palästina, auf Israel, Judäa, Samaria, sei historisch, d.h. von der Heiligen Schrift, d.h. vom Alten Testament, legitimiert. Diese Behauptung hört man immer wieder von allen Seiten und in zahllosen Varianten. Als jüngstes Beispiel sei der derzeitige israelische Ministerpräsident Benjamin Netanjahu genannt, der in seiner Rede vor der Vollversammlung der Vereinten Nationen im September 2014 fragte, wie man von Besetzung (Occupation) durch Israel reden könne, da das Land seit altersher ihr Land sei, d.h. das der Juden. Zunächst hierzu Quellen, zunächst zu Toppersönlichkeiten Israels, also zu Menachem Begin und zwei anderen israelischen Ministerpräsidenten.

Die terroristische Vergangenheit des Herrn Begin ist weithin bekannt und wird selbst in den proisraelischen Nachrichtenmedien der BRD erwähnt. Zum Beispiel hieß es in den Nachrichten des ZDF am 20.5.1977, 21.15 Uhr: »Menachem Begin … Bei seinem Besuch in Großbritannien … rühmte er sich, Terrorist Nr. 1 gewesen zu sein …« Insbesondere wird der israelische Premierminister immer wieder mit dem Völkermord (meine Wertung) an 250 arabischen Bewohnern, einschließlich Kinder, des Dorfes Deir Yassin 1948 in Verbindung gebracht. So heisst es z.B. in ›The Other Exodus‹ in *The*

Spectator, 18.5.1961: »The leader of the Irgun and present Minister without portfolio in the present Israeli Cabinet, Menachim Begin, had this to say about Deir Yassin: ›The massacre was not only justified, but there would not have been a state of Israel without the victory of Deir Yassin‹« (s. auch *the facts*, No.1, S. 3 (1968)). Es sei noch weiterhin erwähnt, dass – wie das bayerische Fernsehen in seiner Sendung *Kontrovers* am 3.2.2016 berichtete – Menachem Begin den Briefbombenanschlag auf Bundeskanzler Adenauer in Auftrag gegeben hatte, wie der diesen ausführende Jude als alter Mann eingestanden hatte. Bedenkt man dies, ist anzunehmen, dass der Deutschenhasser Begin für weitere Anschläge auf Deutsche verantwortlich sein könnte, so z.B. für den plötzlichen Tod des letzten Auschwitz-Kommandanten Baer in Untersuchungshaft in einem Frankfurter Gefängnis, und für Anschläge auf die unter Nasser in Ägypten arbeitenden deutschen Techniker und Ingenieure.

Begin ist jedoch nicht der einzige prominente Zionist mit terroristischer Vergangenheit. Der ehemalige Verteidigungsminister von Israel, Ariel Scharon, auch verantwortlich für die Massaker von Sabra und Shatila im Libanon vom 16. bis 18. September 1982, wird von den Palästinensern schon auf Grund früherer Verbrechen stets als ›Schlächter von Quibya‹ bezeichnet – *Süddeutsche Zeitung*, 13.8. 1987, siehe auch *Palästina Bulletin* Nr. 33, 11 (1987). Ähnliche verbrecherische Tätigkeit wird z.B. auch Itzak Shamir zur Last gelegt (z.B. bei der Sprengung des King David-Hotels in Jerusalem 1949).

Diese Hinweise auf führende Politiker Israels, drei spätere Regierungschefs, scheinen mir nicht irrelevant für den Hintergrund der folgenden Beobachtungen zu sein (besonders aus der Sicht unserer Betrachtungen am Ende). Nebenbei: Jeden Deutschen mit einer Vergangenheit wie die der genannten drei hätte die BRD-Justiz, und nicht nur diese, jahrelang hinter Gittern verschwinden lassen – und von den Siegermächten wären Deutsche mit solchen Taten gehängt worden.

Zurück zu unserem Ausgangspunkt. In der Tat wird das o.g. Argument, d.h. der biblische Anspruch der Juden auf Palästina, nicht nur von Zionisten und Rechtsextremisten in Israel oder ›rechtsextremen Juden‹, sondern von vielen Freunden Israels zur Untermauerung des Anspruchs der Juden auf das Territorium Palästinas gebraucht. Insbesondere wird dieser sogenannte ›historische‹ Anspruch der Juden auf dieses Land auch von christlichen Kirchen, bzw. deren Persönlichkeiten in Europa und Nordamerika, mit dem Hinweis auf die in den Büchern Mose genannten Versprechungen und Verheißungen Gottes gegenüber Abraham unterstützt.

Diese sehr häufigen Hinweise auf die Bibel regten mich an, das Alte Testament, heute oft auch, um dessen jüdische Herkunft zu betonen, ›hebräische Bibel‹ genannt, vorzunehmen und mit dem Blick auf die politische Argumentation in der Gegenwart zu lesen (in einer zwischen den Weltkriegen gedruckten Ausgabe, wie sie in den meisten deutschen Haushalten zu finden sein dürfte). Bei der Lektüre stieß ich sehr bald auf die Geschichte von Davids Kampf mit den Ammonitern, beschrieben in 2. Samuel, Kapitel 12, wo es in Vers 31 über David heißt: »Aber das Volk drinnen führte er heraus und legte sie unter eiserne Sägen und Zacken und verbrannte sie in Ziegelöfen. So tat er allen Städten der Kinder Ammon. Da kehrte David und alles Volk wieder gen Jerusalem.« Als ich diese Zeilen in der geerbten, 1923 von der Preußischen Haupt-Bibelgesellschaft herausgegebenen Luther-Bibel las, war meine spontane Reaktion: »Auschwitz« und »das haben die bestimmt geändert!«

Mit ›die‹ meinte ich die modernen Theologen, speziell die der EKD, die die Bibel projüdisch, ja proisraelisch, auslegen, für die der christliche Glaube, wie einige selbst sagen, ›nach Auschwitz‹ nicht der gleiche sein kann wie davor. Meine langjährigen Beobachtungen haben mich überzeugt, dass Theologen dieser Richtung heute in den Kirchen das Sagen haben (siehe auch vorhergehendes Kapitel). Aus diesem Grund hege ich ein vorsichtiges Misstrauen gegen moderne Überarbeitungen der von Luther übersetzten Bibel bzw. gegen neue Übersetzungen, und nehme diese deshalb in der Regel nicht in die Hand.

Diesmal besorgte ich mir aber neugierig geworden den modernen, von der EKD 1964 herausgegebenen ›revidierten‹ Luther-Text, um zu vergleichen, und ich las dort im 2. Buch Samuel, Kapitel 12, Vers 31: »Aber das Volk darin führte er heraus und stellte sie als Fronarbeiter an die Sägen, die eisernen Pickel und an die eisernen

Äxte und ließ sie an den Ziegelöfen arbeiten. So tat er mit allen Städten der Ammoniter. Danach kehrten David und das ganze Kriegsvolk nach Jerusalem zurück.« (Man beachte den Ausdruck ›Fronarbeiter‹, den Begriff ›Zwangsarbeiter‹ wollte man offenbar vermeiden).

Bevor wir mit dem Vergleichen beginnen, betrachten wir noch eine andere Bibelstelle, in der vom gleichen Ereignis berichtet wird. In 1. Chronik, Kapitel 20, Vers 3, der 1923 gedruckten Luther-Übersetzung heißt es: »Aber das Volk drinnen führte er heraus und zerteilte sie mit Sägen und eisernen Dreschwagen und Keilen. Also tat David allen Städten der Kinder Ammon. Und David zog samt dem Volk wieder gen Jerusalem.« In 1. Chronik, Kapitel 20, Vers 3, des ›revidierten‹ Textes von 1964 heißt es andererseits: »Aber das Volk darin führte er heraus und ließ sie mit Sägen und eisernen Hacken und Äxten Frondienste leisten. So tat David mit allen Städten der Ammoniter. Und David zog samt dem Kriegsvolk wieder nach Jerusalem.«

Angesichts des erstaunlichen Unterschieds zwischen beiden Texten ist es interessant, noch weitere Vergleiche anzustellen. Vergleichen wir die Auszüge oben mit der Übersetzung in eine andere Sprache, z.B. der englischen. In der ›Authorized King James Version‹ heißt es in 2. Samuel, Kapitel 12, Vers 31: »And he brought forth the people that were therein and put them under saws, and under harrows of iron, and under axes of iron and made them pass through the brick kiln; and thus did he unto all the cities of the children of Ammon. So David and all the people returned unto Jerusalem.« Und in 1. Chronicles 20, Vers 3, heist es: »And he brought out the people that were in it and cut them with saws, and with harrows of iron, and with axes. Even so dealt David with all the cities of the children of Ammon. And David and all the people returned to Jerusalem.«

Nehmen wir uns schließlich noch die sogenannte ›Einheitsübersetzung‹ vor – speziell ›Die Heilige Schrift, dargestellt in den berühmten 230 Illustrationen von Gustave Doré, mit Texten der Einheitsübersetzung‹ (Stuttgart 1985, S. 172). Dort heißt es zu 2. Samuel 12, 31: »Auch ihre Einwohner führte er fort und stellte sie an die Steinsägen, an die eisernen Spitzhacken und an die eisernen Äxte und liess sie in den Ziegeleien arbeiten. So machte er es mit allen Städten der Ammoniter. Dann kehrte David mit dem ganzen Heer nach Jerusalem zurück.« Die neben den Text gestellte Illustration von Gustave Doré, betitelt ›David straft die Ammoniter‹, zeigt aber etwas ganz anderes, nämlich Wagen, die von einem Gespann von sechs Pferden gezogen werden und an der Deichsel der Räder sowie am unteren Wagenrand scharfe Zinken haben, die durch das von den Soldaten Davids zusammengetriebene Volk fahren und die Ammoniter nach dem Fleischwolfprinzip auf grausamste Weise zerfleischen – reine Phantasie des Künstlers. Man beachte jedoch insbesondere, dass aus den Ziegelöfen der anderen Texte hier Ziegeleien wurden!

Wir stellen also fest: 1. Nach der ursprünglichen Luther-Übersetzung ließ David die Ammoniter töten, ›zerteilte sie mit Sägen und Dreschwagen‹, ›verbrannte sie in Ziegelöfen‹. 2. Nach der neuen EKD-Überarbeitung zwang David die Ammoniter als ›Fronarbeiter‹, d.h. heute als Zwangsarbeiter tätig zu sein, von Töten ist nicht die Rede. 3. In der Einheitsübersetzung entfällt auch der Zwang, und die Ziegelöfen werden zu Ziegeleien, David wird als Arbeitsbeschaffer dargestellt in krassem Widerspruch zu der daneben gesetzten Illustration. Interessant ist in diesem Zusammenhang die Beobachtung, dass die Konzentrationslager der Nationalsozialisten auch mit Arbeit in ›Ziegeleien‹ in Verbindung gebracht werden. So wurde z.B. am Mittwoch 1.5.1985 (bzw. 24.4.1985) im ZDF-Magazin (im Anschluss an die 19 Uhr-Nachrichten) gesagt: Die Konzentrationslager der Nazis seien in der Nähe von ›Steinbrüchen und Ziegeleien‹ errichtet worden – womit impliziert werden sollte, die Insassen der Lager seien zu Fronarbeit, d.h. zum Arbeitseinsatz, für widersinnige Bauvorhaben missbraucht worden. Glaubt man der EKD-Überarbeitung, wurde niemand auf Davids Befehl getötet. Da die eine Version mit der anderen nicht vereinbar ist, liegt auf einer Seite Unwahrheit, vielleicht Fälschung vor. Natürlich können auch beide Versionen falsch sein. Die Frage ist: Was geschah tatsächlich an den Ziegelöfen der Ammoniter ? Und wer übersetzt falsch?

Vergleichen wir die ursprüngliche Luther-Übersetzung und die der EKD mit der Übertragung der englischen King James-Ausgabe, so scheint letztere zumindest im Kapitel der Chronik mit Luthers echter Übersetzung übereinzustimmen. Die Illustration in der Doré-Bibel deutet darauf hin, dass die französische Fassung, die Doré zur Verfügung stand, ebenfalls eher Luthers ursprünglicher Übersetzung glich als dem neuen EKD-Text. Es stellt sich deshalb die Frage: Ist der für diese Passagen relevante Text der EKD-Übersetzung eine schönfärberische Fälschung? Ohne Zweifel hatte ich mit meiner Vermutung ›Das haben die bestimmt geändert‹ (einem Verdacht, den ich vor dem Nachschlagen in der EKD-Übersetzung hatte) durchaus recht.

Die Übersetzung der Bibel durch einen einzigen Mann wie Luther muß eine derartige Mammutarbeit gewesen sein, dass sie ihn hie und da überfordert haben und zu Fehlübersetzungen verleitet haben könnte – also z.B. gerade bei dem hier behandelten Text. Sollte die moderne Übertragung, die vermutlich von ›Experten‹ in Teamarbeit (inkl. Juden) und mit vielfältigsten modernen Recherchen erarbeitet worden ist, nicht korrekter sein? Es gibt (wenn man will: leider) plausible Gründe, die gegen diese Meinung sprechen. Zunächst: Wenn Luther falsch übersetzte, wieso gleicht dann ein Teil der englischen Version auch seiner? Wieso lag Doré im Französischen eine ähnliche Übersetzung vor? Spricht diese große Ähnlichkeit der alten Bibeln nicht eher für die Richtigkeit der ursprünglichen Übersetzung durch Luther? Dies muss man bejahen.

Allerdings: der englische Text »put them under saws« entspricht durchaus dem Sinn von ›Fronarbeit‹. Das »made them pass through the brick kiln« hingegen spricht für noch schlimmere Barbarei. Zweitens: Lässt sich dem Umkreis des Textes entnehmen, wie David und die Israeliten zu den Ammonitern eingestellt waren, wie sie nach deren Niederschlagung mit den Ammonitern umgehen würden? Dem unmittelbaren Umkreis des Textes lässt sich lediglich entnehmen, dass David sich an den Ammonitern rächen wollte, weil deren König seinen Gesandten nicht getraut und sie kahlgeschoren und ohne Oberbekleidung zu David zurückgeschickt hatte. Deshalb einen Krieg vom Zaun zu brechen (wie Napoleon III. den Krieg 1871/72) ist absurd, und dürfte es auch damals gewesen sein. Zudem hatten die Ammoniter guten Grund den Israeliten nicht zu trauen, schließlich hatten diese früher, wie bei Josua 2,3 berichtet, Kundschafter ausgesandt, um dann ganze Städte und deren Bewohner zu vernichten.

Fragt man sich, wie die Israeliten im Allgemeinen mit den von ihnen unterworfenen Städten und deren Einwohnern umgegangen sind, so stellt man bei der Lektüre des Alten Testaments fest, dass sie diese alles andere als human behandelt haben dürften. Das Alte Testament enthält eine Vielzahl verheerender Aufrufe zu regelrechtem Völkermord, wie weiter unten dokumentiert wird. Aber auch das Verhalten Davids, den Krieg mit den Ammonitern zu benutzen, um den Hethiter Uria, an dessen Frau er sich herangemacht hatte, in den Tod zu schicken (2. Samuel 11), ist zutiefst verabscheuungswürdig und lässt eher auf eine barbarische als eine humane oder gar soziale Handlungsweise deuten. Hierzu sei folgendes angemerkt: Im Talmud wird versucht, David von der zuletzt genannten Verfehlung frei zu sprechen – siehe ›Der Babylonische Talmud‹, hrsg. von Reinhold Mayer, München 1965, Seiten 152-153. Dieser Versuch überzeugt jedoch nicht, denn das Urteil des Alten Testaments über David ist sehr klar und unmissverständlich – z.B. 2. Samuel 11, 27, sowie 12, 9-13. Kurzum, auch der weitere alttestamentliche Umkreis des Geschehens an den Ziegelöfen der Ammoniter lässt eher auf ein grausames Geschehen als auf ein harmloses schließen, und schon gar nicht auf eine soziale Wohltat. Bleibt noch hinzuzufügen, dass das Alte Testament den Ammonitern auch im weiteren wenig wohlgesonnen ist (entgegen früherer Beteuerung, siehe 5. Mose, 2 Vers 19) und ungeniert zu deren Ausrottung aufruft – s. z.B. Jeremia 49, 1-6, Hesekiel 25, 5-10 (in den Versen 7, 13, 16 ist die Rede vom Willen des Herrn, bestimmte Völker auszurotten), Amos 1, 13-14 (auch 1. Könige 9, 20-21, wo allerdings von den ›Amorikern‹ die Rede ist). Von der im Neuen Testament geforderten Feindesliebe ist hier nichts zu finden, hingegen sehr viel von Rache (Hesekiel 25, 17). Es verstärkt sich somit der Verdacht, dass die Version der neuen EKD-Überarbeitung eine geschönte Fassung des tatsächlichen Textes ist.

Warum habe ich denn beim Lesen des ursprünglichen Luther-Textes sofort gedacht: Das haben die bestimmt geändert? Weil ich aus Erfahrung – z.B. durch Studium der EKD-Denkschriften ›Christen und Juden‹ und ›Was ist Zionismus?‹ und zahlloser anderer Äußerungen von Angehörigen der EKD – wusste, wie man sich heute gegenüber den Juden sehr freundlich gibt (hingegen ganz und gar nicht feinfühlig gegenüber den Palästinensern) und wie der sanfteste Anschein einer Äußerung, die Juden nicht behagen mag, sie sofort zu lauten Kämpfern wider den sogenannten Antisemitismus werden lässt (worunter sie auch jede Kritik an Israel verstehen). Ich vermute, die Verantwortlichen wollten es einfach nicht hinnehmen, dass die Israeliten, die sie (nicht korrekt, vgl. Arthur Koestler, ›Der 13. Stamm‹) mit den heutigen Juden volksmäßig identifizieren, selbst schon massenweise Menschen grausam behandelt, ja in Öfen verbrannt haben. Wer denkt hier nicht an die Krematorien von Auschwitz (die es als solche dort gab, auch von Zweiflern an der dortigen Existenz von Menschenvernichtungsgaskammern völlig unbestritten)!

Die Vorstellung, die ›Vorfahren‹ der Juden hätten selbst schon Grausamkeiten wie in Auschwitz begangen, ja die für Auschwitz Verantwortlichen könnten gar von den Israeliten, d.h. dem Alten Testament, Anregungen empfangen haben (z.B. rassistischer Art), ist sicher vielen prozionistischen Menschen in der EKD unerträglich. Ihr Wille verlangte also eine Änderung und die Verdrängung dessen, was die ursprüngliche Luther-Übersetzung aussagt. Dies könnte eine Erklärung für die Änderung des zitierten Bibeltextes sein. Es ist in diesem Zusammenhang interessant, sich den Ausdruck ›eiserne Zacken‹ näher anzusehen. In der alten Luther-Übersetzung heißt es zu 2. Samuel 12,31: »Aber das Volk drinnen führte er heraus und legte sie unter eiserne Sägen und eiserne Zacken…« Die ›eisernen Zacken‹ werden noch andernorts im Alten Testament genannt, z.B. in Amos 1, 3: »So spricht der Herr: ..will ich ihrer nicht schonen, darum, dass sie Gilead mit eisernen Zacken gedroschen haben.« In der neuen EKD-Überarbeitung heißt die zuletzt genannte Stelle »weil sie Gilead mit eisernen Dreschschlitten gedroschen haben« (erstaunlich, was es damals schon gegeben haben soll). Während also hier in Übereinstimmung mit Luther ein Werkzeug zur Tortur gebraucht wurde, ist in Bezug auf 2. Samuel 12,31 im neuen EKD-Text von ›eisernen Äxten‹ die Rede, die als Arbeitswerkzeuge gebraucht worden sein sollen.

Die vorangehenden Betrachtungen lassen es wahrscheinlicher erscheinen, dass die neue EKD-Übertragung des Textes vom Geschehen an den Ziegelöfen der Ammoniter eher eine (dem projüdischen Zeitgeist huldigende) verharmlosende Darstellung der tatsächlich im Urtext gewollten Geschehnisse ist als eine peinlich korrekte Übersetzung dieses Urtextes. Der Wandel des Textes vom Verbrennen der Stadtbewohner in den Ziegelöfen (Luthers ursprüngliche Übersetzung) zum Frondienst an den Ziegelöfen (EKD-Text) und zur schlichten Arbeit in den Ziegeleien (Einheitsübersetzung), also einer sozialen Großtat, ist deshalb ähnlich suspekt wie die Beschreibung des Lagers Auschwitz – nach dem Krieg als ›Vernichtungslager‹ bezeichnet – als Arbeitslager. Ja, der Begriff der Fronarbeit im EKD-Text erinnert peinlich an das ›Arbeit macht frei‹ von Auschwitz. Hat man es hier, also bei der EKD-Übersetzung des Textes von 2. Samuel 12, 31, mit einer auf das damalige Geschehen bezogenen ›Auschwitz-Lüge‹ zu tun? Hier Auschwitz irgendwie in die Nähe des Geschehens an den Ziegelöfen der Ammoniter zu rücken, wird sicher von manchen als antisemitisches Machwerk gewertet. Aber halten wir uns das, was im Luther-Text steht, doch einmal richtig vor Augen und stellen uns vor, wie die Ammoniter zu zigtausenden von Davids Armee eingetrieben und zermetzelt oder in den Ziegelöfen verbrannt werden – soll man da einfach darüberhinwegsehen, das Geschehen verdrängen, ja leugnen und die Geschichte neu schreiben? Was bedeutet hier denn das ›Vergeben ja, vergessen nein‹ von dem heute gerade in Bezug auf Gräueltaten so viel die Rede ist, *deutsche* Gräueltaten, versteht sich?

Was sich tatsächlich damals an den Ziegelöfen der Ammoniter ereignet haben mag, bleibt im Dunkel der Geschichte. Jene Juden, die in den Israeliten der Vorzeit ihre eigenen Vorfahren sehen wollen (auch wenn dies kaum der Wahrheit entsprechen mag, sich sozusagen die Rosinen herauszupicken, ›cherry-picking‹ wie der Engländer sagt, zu betreiben) und die großen Eiferer der jüdisch-christlichen Verständigung (besonders in den Kirchen) werden jedoch trotzdem zu einer Darstellung neigen, die das Verhalten Davids und seiner Mitstreiter in ein möglich gutes, humanes Licht rückt – so wie man dies heute sehen möchte, d.h. wie es die heutigen Machthabenden sehen möchten. Auf diese Weise kommt natürlich der Wille dazu, der sich über Vernunft und Verstand hinwegsetzt und die Welt in eine ihm (dem Willen der Herrschenden) gemäße Form umzugestalten versucht. Mit Wahrheitsergründung hat dies wenig zu tun.

Versucht man, die durch den Willen (oder Vorurteil) der Übersetzer entstandenen Änderungen und Fälschungen des Textes zu durchdringen und – wenn schon nicht die Wahrheit – so doch den Willen und vielleicht den Geist der Verfasser des alttestamentlichen Textes zu ergründen, so steht man vor neuen Fragen. Ist das Buch Samuel, um hier nur dieses zu betrachten, wahrhaftig ›Heilige Schrift‹, d.h. ein von Gott mitbestimmter Text von ewiger Gültigkeit? Was immer der Ursprung sein mag, der Gläubige wird zumindest einen Niederschlag des Willens Gottes in ihm sehen oder sehen wollen, ohne den der Text keinen Anspruch erheben könnte ›Heilige Schrift‹ zu sein. Der Text ist dennoch von Menschenhand geschrieben und weist im Unterschied zu allem im Neuen Testament derart fragwürdige Stellen auf – wie z.B. die Aufforderung an die Israeliten, die im verheißenen Land ansässigen Völker auszurotten (siehe unten) –, dass sich die Versuchung ergibt, in die eine oder andere schönfärberische Interpretationsweise zu verfallen, die dann aber eine Sache des Willens und nicht des Verstandes ist.

Nun werden meine Beobachtungen kaum erfreuliche Resonanz finden, und der Wille und die Emotionen des einen oder anderen werden bestrebt sein, meine Beobachtungen mit ein oder zwei Worten vom Tisch zu fegen bzw. mich als Nazi oder Neonazi oder dergleichen zu diffamieren. Versuchen wir, deren Argumente vorwegzunehmen. In einer Kirchenzeitung, genauer *Weg und Wahrheit* (Evangelische Kirche Darmstadt, März 1972) las ich den von einem Pastor R. Brückner verfassten Bericht ›Umstrittenes Israel‹. Hier schreibt der Pfarrer, ein nichtgläubiger, jüdischer Reiseführer habe seiner Reisegruppe erzählt, wie 1948 achtzig Juden aus einem »selbstgebastelten Granatwerfer« einige Schüsse abgefeuert hätten, wodurch 12 000 arabische Soldaten in die Flucht getrieben worden seien, weil diese gedacht hätten, die Juden besäßen die ›Atomwaffe‹. Ich schrieb dem Pfarrer, dass mir diese Erzählung sehr unwahrscheinlich vorkomme, worauf er mir antwortete, die Erzählung müsse im Rahmen der »Übertreibungen des Alten Testaments« gesehen werden.

Das Alte Testament enthält also Übertreibungen? Diese Frage betrifft den tatsächlichen Urtext. Eine Übertreibung im Urtext ist etwas ganz anderes als eine falsche Übersetzung. Es ist auch nicht Aufgabe eines Übersetzers ›Übertreibungen‹, sofern es sie tatsächlich im Alten Testament gibt, irgendwie abzuändern, ganz gleich wie edel sein Motiv dabei sein mag. Wenn es im Alten Testament tatsächlich Übertreibungen gibt, wer oder was sagt uns dann, wo diese zu finden sind? Und gibt es Übertreibungen nur dort, und nicht auch in der Geschichte über Auschwitz, Dresden und anderswo? Sollen wir jüdischen Gelehrten glauben? Oder ›Experten‹ der Kirchen, gar solchen aus Kreisen der christlich-jüdischen Zusammenarbeit? Oder Professoren? Das geht nicht. Sie könnten alle einer Partei angehören, sie könnten alle, wie leider viel zu oft geschehen, ihr eigenes Verständnis hineininterpretieren. Sogenannte Experten von heute könnten etwas anderes sagen als die von morgen. Außerordentlich erschwerend kommt hinzu, dass Zweifel, ja Kritik an irgendetwas, das jüdische Gefühle und Interessen berührt, heute weitgehend tabuisiert ist. Auch diese Analyse hier wird – mangels geforderter ›Empfindsamkeit‹ – als antisemitisch angesehen werden und ich, der Verfasser, als ›Nazi‹.

Fragen wir uns also selbst. Um hier wirklich eine Antwort finden zu können, müsste man das tatsächliche Geschehen der im Alten Testament berichteten Ereignisse mit den Berichten vergleichen – wie das Experiment mit der Theorie. Geschichte erlaubt dies nicht, und wie es in George Orwells Roman ›1984‹ ausgedrückt wird: »who controlls the present, controlls the past«, wer über das Heute die Macht besitzt, der besitzt auch die Macht über das Gestern, d.h. der bestimmt, was Geschichte ist und was nicht. Wenn die Behauptung von 2. Samuel 12, 31 in Luthers Übersetzung den Urtext am besten wiedergibt, warum sollte sie eine Übertreibung sein? Das Alte Testament, insbesondere z.B. das Buch Josua, belegt, dass die Israeliten kaum Skrupel hatten, vielfachen Mord zu begehen. Andererseits ist es durchaus möglich, dass der Verfasser des Buches Samuel maßlos übertrieben hat und seinen Hass gegenüber den Ammonitern und/ oder Amorikern zum Ausdruck bringen wollte, z.B. indem er sie schlicht für tot erklärte. Aber es gibt keinen Grund, einer Bibelstelle die Glaubwürdigkeit mehr zu entziehen als einer anderen, wie dies heute aus politischer Motivation vielfach geschieht.

Es ist einfach unglaubwürdig, das was den Juden schmeichelt (wie z.B. der Kampf zwischen David und Goliath) oder in ihren zionistischen Interessen liegt, wörtlich zu nehmen, also z.B. Gottes bis heute kriegbringende Verheißung an Abraham: »Denn alles das Land, das du siehst, will ich dir geben und deinem Samen ewiglich« (1. Mose 13,15), die der evangelische Theologe, Landesbischof, Professor, später Ratsvorsitzender der EKD, Eduard Lohse in seinem Buch ›Israel und die Christenheit‹ (Göttingen 1960, S. 11) glatt als »rechtsgültig zugesagt« bezeichnet, also wie eine Grundbucheintragung gebraucht, besser ›missbraucht‹, jedoch das, was Juden eher peinlich ist, als Übertreibungen hinzustellen, abzuschwächen, zu relativieren versuchen, oder als antisemitisches Machwerk abzutun.

Man beobachte z.B. wie heute – anders als vor der nationalsozialistischen Zeit in Deutschland – auch Ereignisse des Neuen Testaments von nicht wenigen Theologen ›neu gesehen‹ werden. So lastet man heute die Verantwortung für den Kreuzigungstod Christi stärker den Römern als den Juden an (dies, obwohl das Neue Testament gerade zu diesem Thema außerordentlich klar ist und viele Details angibt). In einem Artikel von M. Fuchs über ›Judentum, Das auserwählte Volk‹ (*Hörzu* Nr. 48 vom 20.11.2015, S. 23) heißt es dazu: »Die Christen machten die Juden zudem für die Kreuzigung Christi verantwortlich. Erst nach dem Zweiten Weltkrieg wurde dieser Vorwurf von der Kirche offiziell für falsch erklärt – eine Reaktion auf den Schrecken des Holocaust…« Man sieht, wie hier Geschichte geändert wird – aufgrund neuerer Ereignisse bzw. der heutigen politischen Sicht.

Der früher als Verbrecher betrachtete Barabbas gilt heute als jüdischer Freiheitskämpfer, auch Herodes wird eher positiv gesehen – und den Bethlehemitischen Kindermord soll es nicht gegeben haben. Man geht sogar soweit, heute von der Rehabilitation des Judas zu sprechen. Ein weiteres Detail der Evangelien, das jüdischen Unmut erregte, ist der Bericht über die Vertreibung der Händler aus dem Tempel in Jerusalem, nachzulesen in Joh. 2, 14 bis 16. Dazu erhielt, wie in Zeitungen zu lesen war, der Passionsspielort Oberammergau extra Besuch von einem Rabbi Tannenbaum aus New York, der, wie auch in TV-Filmen gezeigt, erzwang, dass dieses Geschehen in den Außenbezirk des Tempels verlegt wird. Ich hörte sogar den Pfarrer Jung der Stiftskirche in Kaiserslautern in einer Predigt zu diesem Thema lange Erklärungen über die unterschiedlichen Bezirksbereiche des Tempels abgeben – offensichtlich alles nur zu dem Zweck, sich der jüdischen Sicht gefällig zu erweisen. Dass die Aussage des Evangeliums über Jesus Christus damit verfälscht wird, ja dieser als Wüstling hingestellt wird, scheint selbst den Pfarrern nicht einzuleuchten. Dies alles sind Betrachtungsweisen, die eine Tendenz aufweisen, die kaum geeignet ist, Vertrauen in die Urteilsfähigkeit heutiger Theologen zu stärken, zumal diese Betrachtungen nicht selten mit klarer politischer Unterstützung für den Staat Israel verbunden sind. Dass diese Leute, z.B. der Ratsvorsitzende Schneider der EKD, die Juden von dem ›Taufet alle Völker…‹ ausnehmen, erübrigt sich zu erwähnen. Überall wird uminterpretiert oder manipuliert!

Alle obigen Überlegungen sind letztlich Fragen nach der Glaubwürdigkeit überlieferter Berichte, also der Geschichte schlechthin. Wie schlecht es um diese Glaubwürdigkeit bestellt ist, drückte Schopenhauer mit dem bekannten Satz aus: »Die Geschichte ist mit der Lüge infiziert wie eine Gossenhure mit der Syphilis«, heute könnte man sagen mit Aids. Aber schon 100 Jahre früher begann Friedrich der Große sein Hauptwerk ›Geschichte meiner Zeit‹ mit den Worten: »Die meisten Geschichtswerke, die wir haben, sind zusammengetragene Lügen mit einigen Wahrheiten vermischt«, und sehr treffend fährt er weiter unten fort: »Aber wenn uns die Neugier antreibt in die einzelnen Umstände jener entfernten Zeiten einzudringen, so stürzen wir uns in ein Labyrinth voller Dunkelheit … Vorurteil der Geschichtsschreiber, missverstandener Eifer für ihr Vaterland, Hass gegen vormals feindliche Nationen – alle diese verschiedenen Leidenschaften … haben die Tatsachen so verändert und entstellt, dass man selbst mit Luchsaugen nicht imstande wäre, durch den Schleier zu dringen.« Und auch der selbsternannte Kaiser der Franzosen, Napoleon Bonaparte, bezeichnete die Geschichte als »die Lüge, auf die man sich geeinigt« hat. Dazu sei noch einmal an George Orwell erinnert, der in seinem Roman ›1984‹ sagt: »Who controlls the present, controlls the past.«

Wir, die wir heute leben, wissen das, wenn wir ehrlich sind, weil uns die heute Herrschenden ihren Willen und ihre Sicht der Geschichte der Hitler-Ära mit dem Dogma der Offenkundigkeit und mit dazugehörigen Strafgesetzen aufoktroyiert haben, und nicht nur uns, sondern der ganzen Menschheit. Das Strafgesetz ist kein glaubwürdiger Geschichtsschreiber. Und die Deutschen wissen auch, was schon die Römer sagten: »Der Sieger schreibt die Geschichte« (z.B. über Katyn) und nicht der Verlierer, und ferner: »Wehe dem Besiegten!« Es ist also schlimm bestellt um die Wahrhaftigkeit der Geschichtsschreibung.

Die Vernunft sagt uns, dass es schwer vorstellbar ist, dass Menschen zumal in alttestamentlicher Zeit in Ziegelöfen verbrannt wurden, die sicher sehr primitiv waren und Menschentötungen wohl kaum erlaubten (wenn überhaupt) – dennoch kann dies der Verfasser des ursprünglichen Textes, z.B. wie Friedrich der Große es ausdrückt, aus Hass gegen andere, genau so behauptet haben. Und auch in unserer Zeit gibt es ähnliche schwer glaubwürdige Behauptungen über tatsächliche oder angebliche Verbrechen der Deutschen, was nicht heißt, dass ›Auschwitz‹ anzuzweifeln wäre. Da gibt es Berichte z.B. über Erschießungen mit einer einzigen Kugel durch mehrere Köpfe, das Absingen der Internationale in einer Menschenvernichtungsgaskammer, die Themen Judenseife und Lampenschirme aus Menschenhaut, und vieles andere mehr – vielleicht hier und da auch vermischt mit einigen Wahrheiten. Viele solche abenteuerliche Behauptungen über die Deutschen werden von den tonangebenden Meinungsmachern und Medien heute mehr und mehr verschwiegen.

Meinen obigen Bemerkungen zum Alten Testament soll nicht zu entnehmen sein, dass der Bibel insgesamt nicht zu trauen ist. Die Briefe des Apostels Paulus z.B. sind von solcher Aufrichtigkeit und Überzeugungskraft geprägt, dass es jedem, der sie liest, nicht vorstellbar sein dürfte, dieser sei Täuschern oder Betrügern auf den Leim gegangen. Sieht man in der Bibel die Quelle des Glaubens, genügt es, die peinlich genaue Übersetzung des Urtextes zu besitzen. Nicht tolerierbar ist jedoch, dass – wie in unserer Zeit – Teile des Alten Testaments zu politischen Zwecken ge- oder missbraucht werden – also speziell für Besitzansprüche auf den Boden Palästinas. Dass die Israeliten mit den Völkern, deren Gebiete sie auf dem Weg nach Palästina durchquerten, nicht zimperlich umgingen, ist schon den Büchern Mose zu entnehmen. Als Beispiel ihrer Barbarei sei der Text in 5. Mose 2, Verse 33-35 zitiert: »Aber der Herr, unser Gott, gab ihn dahin vor uns, dass wir ihn schlugen mit seinen Kindern und seinem ganzen Volk. Da gewannen wir zu der Zeit alle seine Städte und verbannten alle Städte, Männer, Weiber und Kinder, und ließen niemand übrig bleiben. Allein das Vieh raubten wir für uns und die Ausbeute der Städte, die wir gewannen.« Hält man sich letztlich den Gesamtkomplex des christlich-jüdischen Verhältnisses vor Augen, das gekennzeichnet wird durch (neuerdings) eine Hinwendung der Christen zu den Juden, durch ein gefälliges, unkritisches Akzeptieren jüdisch-zionistischer Meinungen und Positionen bis hin zur Preisgabe eigener Positionen bzw. Anbiedern, dann sieht man in dem Wandel des Textes von 2. Samuel 12,31, den ich weiter oben betrachtete, lediglich ein weiteres Glied in der Kette projüdischer/prozionistischer Entstellungen, auf die z.B. auch Kenneth M. Lewan in seiner Analyse der das christlich-jüdische Verhältnis betreffenden Denkschriften der EKD aufmerksam machte (Kenneth M. Lewan, ›Sühne oder neue Schuld, Deutsche Nahostpolitik im Kielwasser der USA‹ (Ottawa 1984).

Kommen wir zum Schluss noch zu dem problematischsten Aspekt des Alten Testaments, problematisch deswegen, weil dieser Aspekt Zündstoff für heutige Kriege und unermessliches menschliches Leid im Nahen Osten ist. Sehen wir uns Zitate aus dem Alten Testament an, in denen die Ausrottung bestimmter Völker (damals vermutlich Gruppierungen von vielleicht maximal einigen hunderttausend Menschen), d.h. der Völkermord, gefordert wird. Viele Menschen meinen, die Bibel enthalte nur Erbauliches und die Aufforderung Gutes zu tun wie z.B. in der Bergpredigt. Anders als das Neue Testament enthält jedoch das Alte Testament, von heutigen Neutheologen auch ›hebräische Bibel‹ genannt, konkrete Aufforderungen an die Israeliten, den größten Teil der in Palästina lebenden Völker auszurotten, weil der Gott Israels ihnen, den Israeliten, dieses Land versprochen habe, vgl. 1. Mose 13, 15. Dieser Völkermord-Aspekt des Alten Testaments wird heute größtenteils übergangen, verschwiegen, verdrängt, vielleicht auch verharmlost, wirkt aber in der Gegenwart in verheerender Weise fort.

In der Bibel der Preußischen Hauptbibelgesellschaft, Berlin 1923, liest man: »Das 11. Kapitel, Ausrottung vieler kananitischen Stämme« – letzteres die zusammenfassende Unterüberschrift. In Josua 11,14/15 heißt es: »Und allen Raub dieser Städte und das Vieh teilten die Kinder Israel unter sich; aber alle Menschen schlugen sie mit der Schärfe des Schwerts bis sie die vertilgten und ließen nichts übrig bleiben, das Odem hatte/Wie der Herr Mose, seinem Knecht, und Mose Josua geboten hatte, so tat Josua.« In Josua 11, 21/22 heißt es: »Zu der Zeit kam Josua und rottete aus die Enakiter von dem Gebirge von Hebron, von Debir, von Anab und von allem Gebirge Juda und von allem Gebirge Israel und verbannte sie mit ihren Städten/ Und ließ keine Enakiter übrig bleiben im Lande der Kinder Israel außer zu Gaza, zu Gath, zu Asdod, da blieben ihrer übrig.«

Lesen wir nun im Buch Mose, zunächst im Fünften Buch, das für die Juden auch heute noch besondere Bedeutung hat – so las ich im Evangelischen Kirchenblatt für Hessen und Nassau vom 28.9.1986 auf Seite 2 unter einem Bild (auf dem die Mitglieder der jüdischen Gemeinde in Frankfurt Michel Friedman, Ignatz Bubis, Kinder, sowie der Rabbiner E. Zelmanovich zu sehen waren): »... brachte Rabbiner E. Zelmanovich am rechten Türpfosten eine sogenannte ›Mesusa‹ an: eine Kapsel mit einem Pergamentblatt mit Texten aus dem Fünften Buch Moses, die bei Ein- und Ausgehen von den Juden berührt wird.« Lesen wir also, was da steht. In 5. Mose 20,13 heißt es: »Und wenn sie der Herr, dein Gott, dir in die Hand gibt, so sollst du alles, was männlich darin ist, mit des Schwertes Schärfe schlagen.« Weiter in 5. Mose 20, 16-17: »Aber in den Städten dieser Völker, die dir der Herr, dein Gott, zum Erbe geben wird, sollst du nichts leben lassen, was Odem hat/Sondern sollst sie verbannen, nämlich die Hethiter, Amoniter, Kananiter, Pharesiter, Heviter und Jebusiter, wie der Herr, dein Gott, geboten hat.« (siehe auch Josua 10). Und in 5. Mose 19,1: »Wenn der Herr, dein Gott, die Völker ausgerottet hat, welcher Land dir der Herr dein Gott geben wird, dass du es einnehmest und in ihren Städten und Häusern wohnest…« Haben nicht genau das die Zionisten getan und wohnen in den Städten und Häusern der Palästinenser? Wer immer noch Zweifel an solchen Aussagen hat, lese 1. Samuel 15, 2-3: »So sprach der Herr Zebaoth: Ich habe bedacht, was Amelik Israel tat, und wie er ihm den Weg verlegte, da er aus Ägypten zog./ So zieh nun hin und schlage die Amelekiter und verbanne sie mit allem, was sie haben. Schone ihrer nicht; sondern töte Mann und Weib, Kinder und Säuglinge, Ochsen und Schafe, Kamele und Esel.« Und zu Vertreibung heißt es in 4. Mose 33, 52/55/56 : »So sollt ihr alle Einwohner vertreiben vor eurem Angesicht und alle ihre Säulen und alle ihre gegossenen Bilder zerstören und alle ihre Höhen vertilgen./Werdet ihr aber die Einwohner des Landes nicht vertreiben vor eurem Angesicht, so werden euch die, so ihr überbleiben lasst, zu Dornen werden in euren Augen und zu Stacheln in euren Seiten und werden euch drängen in dem Lande darin ihr wohnt./ So wird's dann gehen, dass ich euch gleich tun werde, wie ich gedachte ihnen zu tun.«

Diese (keineswegs alle) im Alten Testament zu findenden Aufforderungen an das »auserwählte Gottesvolk« an den Völkern Palästinas schonungslosen Völkermord zu begehen, sind durch nichts zu beschönigen und durch nichts zu entschuldigen. Argumente, wie die Zitate seien aus dem ihnen eigenen Zusammenhang gerissen, oder sie seien nicht wörtlich zu nehmen, oder sie stellen der Antike zeitgemäße Übertreibungen dar, oder sie werden durch Aufrufe Gutes zu tun ausgeglichen bzw. wirkungslos gemacht usw. usf. können alle nicht gelten, sofern das Alte Testament ›Heilige Schrift‹ ist, d.h. von Gott inspirierte Schrift, die Zeugnis seines Willens ist. Für den gläubigen Christen dürfte sich daraus kein unüberwindlbares Problem ergeben, denn er weiß, dass die Geschehnisse des Alten Testaments nur menschlich-verbrämtes Vorspiel jenes einmaligen Geschehens sind, von dem das Neue Testament für ihn, den Christen, Zeugnis ablegt: Vom Kommen, Leiden und Auferstehen Jesu Christi und seiner an alle Völker gerichteten Botschaft, durch ihn, den Sohn Gottes, Erlösung vom Diesseits und Seligkeit im Jenseits zu erlangen – so jedenfalls diese Botschaft. Für den Christen hat das Alte Testament deshalb einen definitiv geringeren Wert als das Neue Testament, das schlichtweg ›besser‹ (Hebräer 8, 6-13) und in manchen Punkten (siehe z.B. Beschneidung) überholt ist, d.h. für den Christen ist die Gültigkeit des Alten Testaments vom Standpunkt des Neuen Testaments aus beschränkt. In der Tat schreit das Negative im Alten Testament geradezu nach etwas Besserem, um dem Menschen innerlich Frieden zu geben, den das Alte Testament ihm nicht oder noch nicht beschert, wie man meines Erachtens an den Juden sieht.

Es wird oft salopp gesagt (z.B. wenn Privatleute im Fernsehen zu Kriegsereignissen interviewt werden), das Böse der nationalsozialistischen Zeit sei alles bereits klar in Hitlers ›Mein Kampf‹ angekündigt worden. Zum Beispiel sagt der Kirchenmann Eduard Lohse in seinem Buch ›Israel und die Christenheit‹ auf S. 44 über den ›Kampf gegen die Juden‹: »… er ist in unerbittlicher Folgerichtigkeit von Anfang an geplant und bis zum furchtbaren Ende durchgeführt worden.« Dieser Kirchenmann, auch Ratsvorsitzender der EKD, macht es sich zu leicht. Ähnlich leicht macht er es sich in seinem Buch mit der Flucht und Vertreibung der über 800.000 Palästinenser 1948, indem er die Schuld dafür den Palästinensern selbst bzw. deren Verantwortlichen zuschiebt und eine damalige aber falsch erwiesene Behauptung vertritt, diese hätten selbst zur Flucht ihrer Landsleute aufgerufen (selbst wenn dem so gewesen wäre, hätten die Juden diese nicht zur Rückkehr auffordern können?).

So präzise und folgerichtig wie der biblische Aufruf an die Israeliten die anderen dortigen Völker auszurotten (siehe obige Zitate) dürfte der Mord an den Juden kaum angekündigt und durchgeführt worden sein (meines Wissens hat man bis heute keinen ›Hitler-Befehl‹ dazu vorgelegt, vielmehr beruht dies alles auf Interpretationen – vgl. weitere Kapitel). Wahrscheinlicher ist, dass man aus heutiger Sicht in ›Mein Kampf‹ und andernorts manches zwischen den Zeilen findet oder hineininterpretiert, was aus der Sicht der 30er Jahre kaum zu sehen war. Wenn in weltlichen Schriften zu kriminellen Taten aufgerufen wird, dann ist dies schlimm – noch schlimmer ist es jedoch, wenn ›Heilige Bücher‹ dazu aufrufen, wo sie doch Leittexte eines angeblich gottgefälligen Lebenswandels sein sollten!

Was berechtigte eigentlich das ›auserwählte Volk‹ raubend, plündernd und schließlich ganze Völker ausrottend im Nahen Osten umherzuziehen? Die Verheißungen Gottes. Sollte was diesem Volk recht ist, nicht anderen Völkern billig sein? Die Geschichte zeigt leider, dass es so ist – und zwar nicht, weil die Israeliten Vorbilder waren und sich so verhielten, sondern weil jedem Volk, ja jedem Interessenverband ein diesem eigener Erhaltungstrieb innewohnt. So wie die Israeliten die Völker Palästinas ausrotteten, um das Land ungestört für sich allein zu haben, so wurden immer wieder Völker ganz oder teilweise ausgerottet – z.B. die Urbevölkerung Nordamerikas von europäischen, vornehmlich angelsächsischen Siedlern, nicht anders im Süden und andernorts, z.B. die Ureinwohner von Tasmanien von britischen Siedlern (der letzte verstarb bereits im 19. Jahrhundert), auch die von Australien, die sich erst in jüngerer Zeit wieder vermehren. Auch die Vernichtung der europäischen Juden gehört dazu und lässt sich durchaus als eine Verfolgung der Art betrachten, wie sie von den Israeliten an den Völkern Palästinas (sogar auf Befehl Gottes) begangen wurde.

Das Alte Testament hat leider weder in israelitischer Vorzeit noch in der Neuzeit in Palästina friedenstiftend gewirkt. Im Gegenteil; wer ehrlich ist wird wohl eingestehen, dass die Verheißungen an Abraham (1. Mose 3) damals wie heute zu verheerenden Auswirkungen führten. Den christlichen Kirchen, insbesondere auch dem Rat der EKD, muss man den Vorwurf machen, dass sie trotz bester Kenntnis des Alten Testaments ihre Augen vor den heutigen furchtbaren Konsequenzen dieser Verheißungen verschlossen und so tun, als sei der Anspruch der Juden auf das Territorium Palästinas (den sie unterstützen) von der alttestamentlichen Aufforderung, die dort lebende Bevölkerung auszurotten, zu trennen. Das Alte Testament macht recht deutlich, dass beides zusammengehört: der Anspruch auf das Land und die Ausrottung der dort lebenden Nichtjuden.

Genau das demonstrieren auch die diesem Kapitel vorangestellten Hinweise auf die Taten der israelischen Politiker Begin, Sharon und Shamir. Die Siedler der Gush-Emunim-Bewegung, der Kreis um den Knesseth-Abgeordneten Rabbi Meir Kahane, die rechtsreligiösen Rabbiner in Israel und deren Gefolgsleute und Gesinnungsgenossen sprechen dies lediglich offener und ehrlicher aus als andere (auch als Mitglieder des Rats der EKD), die dies sehr gut wissen. Es ist deshalb nicht verwunderlich, dass es jüdische Kreise gibt, in denen die Frage, was mit den Palästinensern zu tun sei, sehr direkt und alttestamentlich angesprochen wird. Ich zitiere hierzu am besten die hebräische Presse.

In einem Beitrag von Yoram Peri, der auf hebräisch in der israelischen Tageszeitung DAVAR vom 3.8.1984 erschien (siehe ›Israeli Settler Violence in the Occupied Territories: 1980-1984, The Palestine Human Rights Campaign‹, 1985. Abgedruckt auch in *Palästina Bulletin* 14/86 vom 4.4.1986, S.4: ›Die dritte Lösung ist kaltblütig kalkulierter Völkermord‹) heißt es: »Professor Uriel Tal hielt einige Wochen vor seinem Tod eine brillante Rede, in der er Gush Emunim und ihr Umfeld analysierte. Professor Tal behauptete, dass der messianische Zionismus in seinem Verhältnis zu den Arabern in Israel drei Stadien durchläuft. Im Grunde ist es eine rassistische Ideologie. Das erste Stadium ist die Beschränkung von Rechten. Das ist die gemäßigste Situation. Das zweite Stadium ist die Deportation. Die dritte Lösung – und hier zitterte die Stimme des Redners – ist Völkermord. Ja, kaltblütig kalkulierter Völkermord … Die Idee der Deportation… basiert – wenn man die messianische Bewegung genau betrachtet – auf einem metaphysischem Plan. Ihr ist das Land Israel heilig und deshalb darf sich auf ihm keine ›unreine‹ Person befinden. Die Araber sind die Söhne Ameliks, und diese sind ›unrein‹. Deshalb müssen sie deportiert werden … Die Lösung, Araber auf Lastwagen zu verschieben, ist noch nicht das Ende. Es gibt, was die Araber betrifft, noch ein drittes Stadium. Die Ideologen des rassistischen Zionismus äußern sich nicht sehr klar darüber, weil die Lage dafür noch nicht reif ist. Aber die Prinzipien sind klar, und man kommt nicht an ihnen vorbei. Es ist Völkermord – der Massenmord am palästinensischen Volk. Die erste Enthüllung dieses Plans wurde im Februar 1980 in der Zeitung Bat Kol der Bar-Ilan Studenten gemacht. Rabbi Hess erklärte darin, dass die Araber Nachkommen der Amalik seien, und wie wir alle wissen fordert die Bibel uns auf, die Amalik zu vernichten [siehe 1. Samuel 15,3 – Zusatz M.-K.]. Das Judentum akzeptiert seit Generationen die Vorstellung, dass ›Sanherib‹, der assyrische König, kam und ›die Welt verwirrte‹, d.h. man kann nicht wissen, wer von wem abstammt, und von daher besteht keine Notwendigkeit diesem Gebot Folge zu leisten. Aber Rabbi Hess denkt da anders. Er schreibt klar und deutlich: ›Der Tag ist nicht mehr fern, an dem wir alle aufgerufen werden, diesen heiligen Vernichtungskrieg gegen die Amalik zu führen.‹ Der Artikel des Rabbi Hess verursachte keinen Schock in der jüdischen religiösen Welt. Kein Rabbiner widersprach ihm… Ein Soldat schrieb an die Zeitung Bhei Akivai: ›Und vielleicht sollten die Araber wie die Amalik behandelt werden?‹ Und in der Zeitung der Siedlungen in Judäa und Samaria, Nekuda, erklärte jemand, dass es keine Frage sei, dass ›die Araber die Amalik von heute sind‹…«

Liest man dies (wohlgemerkt in jüdischen Schriften), fragt man sich: Und wie steht's mit der Moral? Hierauf der Artikel: »Professor Tal … zitiert die Prinzipien des messianischen Zionismus: ›Die Bibel verlangt vom Volk Israel geheiligt und nicht moralisch zu sein. Die Identifizierung von Moral und Heiligkeit ist eine Erfindung Kants, eine rationalistische Erfindung der modernen Zeit.‹« Und Moses' Zehn Gebote (der selbst Mörder eines ägyptischen Soldaten war) – gelten die nicht? Wer vermutet, die eben zitierten Äußerungen seien irgendwie hergesucht, der lese noch folgendes, das ich dem Buch ›The New Middle East‹ des BBC-Chefs Paul Danahar entnahm. Auf S. 221/222 berichtet der Verfasser über sein Gespräch mit einem jüdischen West Bank-Siedler, den er David nennt. Danahar: »David believed God wanted him to live here. He believed it was his duty to live here, and if that meant killing Arab children to stay, then no man could tell him that wasn't right….« Der Siedler: »… It is a matter of war. In the Christian understanding of the Bible, which is based on a mistranslation of the Ten Commandments, the Christians reckon it says: ›Thou shalt not kill.‹ It does not say that in Hebrew, it says: ›Thou shalt not murder.‹ Killing is fine.«

Man lese das nochmal: ›Killing is fine‹ sagt der jüdische Siedler. Verfassungsschutz, Deutsch-Israelische Gesellschaft – wo sind sie alle, auch sie aus den christlich-jüdischen Kreisen und von der Woche der Brüderlichkeit – sind sie alle blind? Man kann nur hoffen, dass die christlichen Kirchen und ihre Repräsentanten, auch und gerade die der EKD, die ohne Zweifel für das Andauern des Konflikts im Nahen Osten aufgrund ihrer klaren Parteinahme für Israel als jüdischen (und somit rassistischen) Staat mitverantwortlich sind, nicht zuletzt dadurch, dass sie die Palästinenser und deren Situation mit Schweigen übergehen, endlich im Neuen Testament den Mut finden, den zionistischen Ambitionen in Palästina zu widersprechen. Vielleicht ist es noch nicht zu spät. Das Alte Testament hat leider weder in israelitischer Zeit noch in der heutigen Zeit friedenstiftend gewirkt.

Immer wieder hören wir in den Tagesnachrichten von Streit um den Felsendom in Jerusalem (von Juden Tempelberg genannt). Vernehmen wir dazu die – sollen wir sagen prophetischen? – Worte Schopenhauers (›Arthur Schopenhauer's sämmtliche Werke‹, Fünfter Band: ›Über Religion‹, Fussnote S. 311): »Wenn ein Mal, im Lauf der Zeiten, wieder ein Volk erstehn sollte, welches sich einen Gott hält, der ihm die Nachbarländer schenkt, die sodann als Länder der ›Verheißung‹ zu erobern sind; so rathe ich den Nachbarn solches Volkes, beizeiten dazu zu thun und nicht abzuwarten, daß nach Jahrhunderten endlich ein edler König Nebukadnedzar komme, die verspätete Gerechtigkeit auszuüben, sondern solchem Volke zeitig die Verheißungen auszutreiben, wie auch den Tempel des so großmüthig die Nachbarländer verschenkenden Gottes bis auf den letzten Stein zu zermalmen, – und das von Rechtswegen.«

Ab und an in der Geschichte fragten sich Bibelgelehrte, wieviel Gültigkeit das Alte Testament für die Christenheit hat. Dies begann schon im 2. Jahrhundert mit Marcion (ca. 85 – 160), wurde im Mittelalter unterdrückt, von Adolf von Harnack (1851 – 1930) neu belebt, um danach in den Wirren der Antisemitismus-Diskussionen von heute zu enden. Für Luther dürfte es da kein Problem gegeben haben – für ihn war nach Christus die Christenheit das neue auserwählte Volk, das mit dem Glauben alle Menschen umfasst. Wie die liberalen Protestanten sahen auch die sog. Deutschen Christen die Verbindlichkeit des Alten Testaments in Teilen eingeschränkt, nicht weil solche Teile als jüdisch empfunden wurden, sondern als nicht christlich. Wie in Zeitungen zu lesen war, ist das Thema wieder aufgeflammt (u.a. durch den Berliner Theologen Notker Slenczka), weil es da Leute in den Kreisen der Christlich-Jüdischen Zusammenarbeit gibt, für die jede Kritik am Alten Testament ein Angriff auf die vom Holocaust betroffene Judenheit ist. Man fordert also ›theologische Korrektheit‹. Da haben wir auch das! Oben sahen wir, welchen Rang Moral bei den zionistischen Siedlern einnimmt, nämlich einen untergeordneten (dies obgleich besonders die Juden, aber nicht nur diese den Deutschen immerfort ›moralische Verantwortung‹ abverlangen). Das zeigt auch die Äußerung der jungen israelischen Vize-Außenministerin Tzipi Hotovely, wie von der ARD am 31. Mai 2015 wiedergegeben: »Die internationale Gemeinschaft beschäftigt sich mit Fragen von Moral und Gerechtigkeit. Dem müssen wir unser prinzipielles Recht auf dieses Land gegenüberstellen. Dieses Land ist unser, ganz und gar unser. Wir sind nicht hierhergekommen, um uns dafür zu entschuldigen.«

Das Beste für die Region wäre, ein jüdischer Gorbatschow träte auf, erteilte allen zionistischen Ambitionen eine klare Absage und kehrte die Politik Israels radikal um. Demokratie verhindert das vermutlich, und somit bleibt der Region der Unfrieden auf lange Zeit erhalten. Die Hauptverantwortlichen für die Erhaltung dieses Konflikts sind ganz klar die Präsidenten der USA. Die einfachste Lösung des Konflikts wäre (z.B. nach Befragung der Palästinenser) die Wiederherstellung des Zustands von vor dem Krieg von 1967, d.h. Angliederung der Westbank an Jordanien und des Gaza-Streifens an Ägypten – da beide Länder Friedensabkommen mit Israel haben, erübrigten sich viele Probleme, die ein Abkommen mit einem palästinensischen Staat von Israels Gnaden liefert. Aber, wie gesagt, die USA im Verein mit deren Vasallen verhindern solche Lösung und damit den Frieden.

Die 4 Millionen von Auschwitz

Der Ortsname Auschwitz steht heute weltweit für den übelsten Aspekt deutscher Geschichte, einem Thema, das alle anderen für jedermann in der Welt in den Schatten stellt. Auschwitz steht, wie auch die Begriffe Holocaust (aus dem Griechischen, wo dies ›vollständige Verbrennung‹ bedeutet) und Shoa, für die von Deutschen in Auftrag gegebene und wissentlich und penibel geplante und industriell durchgeführte Ermordung vieler Millionen Juden und anderer Menschen in eigens dafür ›planmäßig‹ (wie es immer heißt) ausgedachten und errichteten Gaskammern an Orten, die damals als Konzentrationslager oder Arbeitslager bezeichnet wurden und heute Vernichtungslager genannt werden. Zu den Ermordeten gehörten auch, wie uns immer wieder gesagt wird, Angehörige anderer Gruppen, insbesondere Sinti und Roma, damals seit altersher als Zigeuner bezeichnet (im Englischen *gypsy*, heute noch gebräuchlich), Homosexuelle und russische Kriegsgefangene.

Die den Deutschen zugeschriebenen Taten während der Regierung Hitler, im deutschen Fernsehen als Schreckensherrschaft Adolf Hitlers und des Naziterrors von 1933 bis 1945 bezeichnet, werden häufig noch auf gezielte Ermordung, Ausrottung und Vernichtung der im Osten lebenden slawischen Völker erweitert, insbesondere der Polen – unter der Bezeichnung Arisierung und der Ausbeutung dieser zu Tode gequälten Zwangsarbeiter und Arbeitssklaven mit dem Ziel der ›Welteroberung‹ – so jedenfalls das uns täglich eingegebene Vokabular der deutschen Politiker, Journalisten und Historiker. Diese Aussagen stehen als Dogma unter dem Schutz des deutschen Strafgesetzes sowie der deutschen Gerichte, für die diese Aussagen (egal wie belegbar oder nicht) als ›offensichtliche Tatsachen‹ gelten, die keinerlei Beweis erfordern.

Würde man sich dennoch für Beweise interessieren, müsste man u.a. zwei Themen bearbeiten: einerseits die Planung und Durchführung des Mammutverbrechens, andererseits die Opferseite, insbesondere die Zahl der Ermordeten. Interessant wäre zudem zu erfahren, wie genau die Kenntnis der diesbezüglichen Geschichte in den

Köpfen derer war oder ist, die die Strafgesetze gegen Ungläubige (genannt Holocaustleugner) erarbeiteten. Haben sich die Politiker, Richter, Historiker, Journalisten vorher eingehend um Kenntnis der Sachlage bemüht, um Tatsachenergründung, um das, worauf ihr Dogma basiert (immerhin haben die Politiker den Eid geschworen ›vom deutschen Volk Schaden abzuwenden‹), oder haben sie sich von feindlichen Emotionen oder anderem (von Propaganda wollen wir nicht reden) leiten, beeinflussen oder beeindrucken lassen? Wir wissen es nicht, doch ist dies im Folgenden eine der vielen Fragen. Dabei berücksichtige ich auch die Darstellung des Themas in der deutschen Öffentlichkeit, insbesondere die im ZDF-info z.B. Mittwoch, 18.8.2015, ausgestrahlte und von Historikern erarbeitete 90-minütige Dokumentation mit Titel ›Die Wahrheit über den Holocaust‹ und Untertitel ›Mordfabriken‹, die ich mir angesehen habe und die schon in der Zeitschrift *Hörzu* mit der Zahl von 1,1 Millionen Ermordeten in Auschwitz, davon »90 Prozent Juden«, angekündigt wurde. Die Sendung wird übrigens wiederholt, wie auch andere zu dieser Thematik.

Machen wir einen Zeitsprung. November 1989. Am 9. November erstürmten Berliner Bürger die Ost- und Westberlin trennende Mauer der DDR. Bundeskanzler Helmut Kohl befand sich auf einer Reise in Polen. Am 15. November 1989 berichteten die deutschen Zeitungen über dessen Besuch in Auschwitz. Das *Darmstädter Echo* berichtete auf den ersten zwei Seiten, auf der Titelseite mit einem Foto. Unter diesem Bild heißt es: »Bundeskanzler Kohl besuchte zum Abschluss seiner Polenreise Auschwitz, wo Deutsche vier Millionen Menschen ermordet haben. Nachdem er ein Blumengebinde niedergelegt hatte, stimmte der polnische Landesrabbiner Joczkowicz (links) das jüdische Todesgebet an.« Zwischen Kohl und dem Rabbiner sieht man auf dem Foto den damaligen Vorsitzenden des Zentralrats der Juden in Deutschland Heinz Galinski, um dessen Mitreise es vorher Streit gegeben hatte, da die Polen ihn nicht mochten. Auf Seite 2 ist noch einmal von ›4 Millionen‹ die Rede. Nun war man gewohnt, solches zu lesen und zu schlucken. Aber die Behauptung, »wo Deutsche vier Millionen ermordet haben« und deren Wiederholung machten mich stutzig, und meine innere Reaktion war:

»Das glaube ich nicht.« Vier Millionen lassen sich nicht so schnell in zwei Jahren, also zwischen 1942 und 1944, ermorden, selbst wenn man das wollte. Ich schnitt den Artikel aus und verwahrte diesen griffbereit. Und ich sollte ihn bald brauchen.

Am Donnerstag, 30. Juli 1992, berichtete das ZDF in den ›heute‹-Nachrichten um 19 Uhr, wie auch die ARD-Nachrichten um 20 Uhr, Außenminister Klaus Kinkel habe Auschwitz besucht; dort, so meine sofortige Notiz auf dem Artikel vom 15. November 1989 aus dem *Darmstädter Echo*, »in Auschwitz und Birkenau seien ungefähr 1,5 Millionen Menschen, zum großen Teil Juden, aber auch Sinti und Roma und russische Kriegsgefangene, ermordet worden« (von Deutschen bzw. den Nationalsozialisten oder, wie man auch liest, von SS-Schergen). In den 21.45 Uhr ZDF-Nachrichten hieß es nochmals »eineinhalb Millionen Juden in Auschwitz ermordet worden«. Meine sofortige Reaktion war: Was? Das kann doch nicht wahr sein! Ich hatte mir doch den Zeitungsteil mit der Zahl 4 Millionen extra ausgeschnitten! Teilen die also jetzt meine Zweifel? Fällt nach der Mauer nun auch die Zahl der Holocaust-Opfer? Eine weitere Freude für die Deutschen? Oder träume ich? Was ist da los? Abwarten! dachte ich. Einige Wochen später setzte ich mich hin und schickte folgende Anfrage an das *Darmstädter Echo*:

9.9.1992

Betr.: Auschwitz-Lüge

Sehr geehrte Damen und Herren,
in Ihrer Ausgabe vom 15.11.1989, Seiten 1 und 2, sagen Sie zweimal, dass in Auschwitz 4 Millionen Menschen ermordet worden bzw. umgekommen seien. Am 30.07.1992 nannten ARD und ZDF in ihren Nachrichten hingegen die Zahl von eineinhalb Millionen. Den großen Unterschied kann man nicht als Korrektur deuten. Wie soll man wissen, was wahr ist? Als Leser Ihrer Zeitung wüsste ich gern, ob Sie bei Ihrer Behauptung (d.h. 4 Millionen) bleiben. Für eine Antwort wäre ich Ihnen sehr dankbar. Zu Ihrer Information die Anlage.
Mit freundlichen Grüßen usw.

Am 21.09.1992 erhielt ich Antwort mit Zeichen rhs/ra, 18.9.1992:

Sehr geehrter Herr ...
Wir haben keinen Grund, die von uns genannten Zahlen zu korrigieren. Wie es zu der Differenz kommt, kann ich nur vermuten, da ich die von Ihnen angeführten Nachrichtensendungen nicht gesehen habe. Eine Fehlerquelle könnte die Bezifferung unterschiedlicher Teilmengen sein: Das eine Mal ist von Juden die Rede, das andere Mal unbestimmt von Opfern. – Möglicherweise ist in den Berichten der elektronischen Medien auch auf die planmäßige Ermordung von Juden in den von der Wehrmacht eroberten sowjetischen Gebieten abgestellt worden: Die Zahl dieser Opfer wird auf eben 1,4 Millionen geschätzt. – Die zynische Gründlichkeit der Nationalsozialisten hat es mit sich gebracht, dass das ganze Ausmaß des Völkermordes nur vermutet werden kann. Immerhin hat Kommandant Rudolf Höss das Lager Auschwitz die ›größte Menschenvernichtungsanlage aller Zeiten‹ genannt. Da die SS in den letzten Tagen des Krieges damit begonnen hat, die Spuren zu verwischen – so akkurat wie sie vorbereitet wurden – verliert sich manches im Dunkel dieser Zeit. Die Zahl von sechs Millionen ermordeten Juden wird von seriösen Historikern aber nicht in Frage gestellt.
Mit freundlichen Grüßen
(Rainer H. Schlender)

Dieser Redakteur behauptet also, weder Agenturmeldungen (wie die der dpa) noch Fernsehberichte gesehen zu haben! Lieber erstmal abwarten, was andere sagen. Doch verkneifen wir uns hier eine weitere Analyse seines Schreibens – unten zeige ich, dass die Zeitung die Änderung später übernahm. Ich zitiere auch weitere Antworten auf Anfragen, die allesamt die Hilflosigkeit der Schreiber entlarven – die Auschwitz-Änderung hatte Politiker, Journalisten, Richter und Historiker, die uns doch laufend beschworen hatten, alles sei klar bewiesen, wie man sagt ›kalt erwischt‹. Man beachte auch im obigen Schreiben, wie in weiteren Zitaten unten, die panische Angst um den Bestand der 6 Millionenzahl. Was war geschehen?

Blenden wir noch einmal zurück. »Am 10.10.1982 zelebrierte der polnische Papst Johannes Paul II. vor den steinernen Tafeln der Gedenkstätte Auschwitz, die in 19 Sprachen von dem dort begangenen Mord an 4 Millionen Menschen durch die Deutschen während des Zweiten Weltkrieges kündeten, einen Gedenkgottesdienst. Er bestätigte mit der Autorität seines Amtes vor aller Welt jene in Stein gemeißelten Aussagen« (so in *Historische Tatsachen* 52 (1992), S.6). Das Foto dazu ging um die Welt und zeigt den Papst in seinem weißen Gewand inmitten des schwarz gekleideten Stabes des Vatikans. Doch dann geschah das Unglaubliche. Im Juli 1990, so liest man in o.g. Quelle (die Medien scheuten sich, dies groß zu melden), ließ der neue Direktor des Auschwitzmuseums Franciszek Piper die Tafeln entfernen – alle 19, jede mit der Zahl 4 Millionen. Auf der englischsprachigen Tafel hatte gestanden: »Four Million people suffered and died here at the hands of the Nazi murderers between the years 1940 and 1945.« Jahrzehntelang waren Präsidenten und Könige, Politiker und Kirchenvertreter, Millionen Menschen dorthin gepilgert und hatten erschaudernd davorgestanden – und nun plötzlich alles weg? Ein Erdbeben? Machen wir es kurz. Die Polen ersetzten die deutsche 4-Millionen-Inschrift durch folgende: »Dieser Ort sei allezeit ein Aufschrei der Verzweiflung und Mahnung an die Menschheit. Hier ermordeten die Nazis über anderthalb Millionen Männer, Frauen und Kinder. Die meisten waren Juden aus verschiedenen Ländern Europas. Auschwitz-Birkenau 1940-1945.«

Etwa zweieinhalb Millionen der 4 Millionen ermordeten Menschen (also die meisten) hat es in Auschwitz als Mordopfer der Deutschen nach Angaben der Polen nicht gegeben! Freuen wir uns darüber! Ist das kein Grund sich zu freuen – darüber, dass 2,5 Millionen Menschen dort nicht, wie vorher von aller Welt behauptet, von Deutschen ermordet wurden? 1,5 Millionen – immer noch schrecklich – ist auch die Zahl, die uns laufend als Opferzahl der von Türken ermordeten Armenier genannt wird – wird der Auschwitz-Genozid zahlenmäßig dem Armenier-Genozid gleichgesetzt?

Die Polen, d.h. deren Regierung, werden sich nur sehr widerwillig und im Einvernehmen mit dem Internationalen Auschwitz Komitee und dem Auschwitz-Birkenau-Direktorium zu dieser Änderung durchgerungen haben (der Druck muss groß gewesen sein) und werden die verbliebene Zahl mit Sicherheit noch möglichst hoch angesetzt haben, weshalb alle anderen, wie die eingangs zitierte Zeitung *Darmstädter Echo* die Zahl noch reduzieren (s. unten). Peinlich – erschüttert diese Änderung doch die Glaubwürdigkeit der vorher behaupteten Geschichte auch derer, die den Polen einfach glaubten. In *Der Spiegel* 30 (1990) S. 111, sagt der Pole Ernest Skalski dazu: »Was mich betrifft, empfinde ich als Pole vor allem Verlegenheit, weil die Situation außerordentlich peinlich ist. Der Irrtum, obwohl vor langer Zeit von anderen begangen, bleibt tendenziös.« Außerordentlich peinlich! Nur peinlich? Vor dieser Äußerung sagt der Pole dies: »Gar nichts ändert sich in der Generalbilanz dieses unfassbaren Verbrechens. In ihr stehen auch weiterhin sechs Millionen von den Nazis ermordete Juden zu Buch…« Auch hier die panische Angst um die Zahl 6 Millionen. Immerhin sagt er, die Sache bleibe ›tendenziös‹. Da haben wir auch das: Auch wenn die Zahl der Gesamtmenge der Auschwitzopfer nicht stimmt(e), die Zahl 6 Millionen mit ihrer Auschwitz-Teilmenge bleibt richtig, wie auch oben im Brief des aufgeschreckten Zeitungsredakteurs.

Die Polen haben also falsche Zahlen in die Welt gesetzt, und alle Welt, insbesondere deutsche Journalisten und Politiker, aber auch der polnische Papst, hatten sich, die Deutschen anklagend, darauf gestürzt! Wie es dieser polnische Papst, der inzwischen im Eilverfahren heilig gesprochen wurde, mit der Wahrheit nahm, sieht man auch an seiner Äußerung am 23.6.1996 vor dem Brandenburger Tor in Berlin, wo er sagte: »Der freie Mensch ist zu Wahrheit verpflichtet.« Nun, offensichtlich hat er sich selbst von dieser Verpflichtung ausgenommen. Kein Heiliger war er, sondern ein normaler Mensch, zudem ein polnischer Chauvinist! Nebenbei sei erwähnt, dass sich dieser Heilige wie ARTE (16.2.2016) in einem TV-Bericht mit Titel ›Schüsse auf dem Petersplatz‹ berichtete, sogar jahrzehntelang eine Geliebte geleistet hatte. Das Hauptthema der Sendung war die Beziehung dieses Papstes zu seiner amerikanisch-polnischen Geliebten Anna-Theresa.

Wenn dieser Papst sich schon eine Geliebte leistete, dann muss dieses Verhalten doch jedem Priester, jedem Mönch, jeder Nonne erlaubt sein! Sollte ein Papst nicht die strengsten Maßstäbe seiner Lehre zuallererst an sich selbst anlegen? Außerdem musste er sich bewusst sein, dass die Öffentlichkeit noch hinzuphantasiert und er seine Kirche schwerstens beschädigt.

Bei allen diesen Äußerungen von öffentlichen Personen sollte man bedenken, dass diesen Leuten zahllose Quellen, Dokumente und Hilfeleistungen von ›Experten‹ zur Verfügung stehen, in die andere (wie ich) keinen Einblick haben – und wenn man uns einfachen Menschen für falsche Äußerungen kein Pardon gewährt, dann verdienen diese Leute erst recht kein Pardon. Im Übrigen hätte der polnische Papst als Oberhaupt eines freien, unabhängigen Staates wie dem Vatikan wohl zumindest die Deutschen vor der Katyn-Lüge in Schutz nehmen sollen – aber er war eben ein ganz normaler fehlerhafter Mensch und ließ diese und andere Lügen wissentlich stehen, ganz abgesehen vom Thema Vertreibungen. In seinem Buch ›The (Honest) Truth About Dishonesty‹ (New York, 2013) sagt der in Israel aufgewachsene Psychologe Dan Ariely (S. 137): »...the first dishonest act is the most important one to prevent.« Zur Erklärung schreibt er schon zuvor (S. 136) über die erste Unredlichkeit: »... once one such act has been established it can bring about a looser moral standard and a higher tendency to cheat elsewhere.« So ist es also mit Lüge und Wahrheit! Trotz dieser Meldungen und Fotos, die keineswegs um die Welt gingen, rollte die Propagandawelle weiter, als sei nichts geschehen. Wie der oben zitierte Pole sagt: »Nichts ändert sich.« Wirklich? Der Pole will zwanghaft an dem alten Bild festhalten. Sehen wir uns nun die Reaktionen weiterer Journalisten und Politiker an.

Ich richtete folgendes gleichlautende Schreiben an die Nachrichtenredaktionen von ARD und ZDF:

21.Oktober 1992

Betr.: Ihre Nachrichten, 30.7.1992

Sehr geehrte Damen und Herren, In Ihren Nachrichten (ARD, 20 Uhr, ZDF, 19 Uhr und 21.45 Uhr) am 30.7.1992 behaupteten Sie im Rahmen Ihres Berichtes über den Besuch von Außenminister Kinkel in Polen, in Auschwitz seien »eineinhalb Millionen« Menschen, zumeist Juden, ermordet worden. Wie Sie wissen, ist die üblicherweise genannte Zahl etwa 4 Millionen, und diese ist wesentlicher Bestand-

teil der Gesamtzahl von etwa 6 Millionen jüdischer Opfer; letztere Zahl ist von gerichtlicher Seite (s. Anlage) als »historisch gesichert anzusehende Tatsache« bezeichnet worden. Ich habe flüchtig gehört, dass auf dem Gelände des ehemaligen Lagers Auschwitz bzw. Auschwitz-Birkenau die Tafeln mit der Zahl »4 Millionen« inzwischen entfernt worden sind. Es wird hierzulande jedoch weiterhin behauptet (s. Beilage, Antwort des Darmstädter Echo*), dass die alten Zahlen richtig (bzw. seriös) seien. Ich wüsste gern, wer nun der Wahrheit näher ist. Können Sie mir bitte erklären, wie Sie die von Ihnen genannte Zahl von ›eineinhalb Millionen‹ begründen? Darf ich fragen: Ist inzwischen gegen Sie Strafanzeige erstattet worden?*
Für Ihre Antwort meinen besten Dank.
Mit freundlichen Grüßen...

Am 28.10.1992 erhielt ich Antwort von Hans-Joachim Rohleder, NDR, 26.10.1992:

Sehr geehrter Herr ..., In der Tat haben wir am 30.7. die Zahl der in Auschwitz ermordeten Menschen falsch angegeben. Es waren vier und nicht 1,5 Millionen. Unsere Quelle war eine Meldung der Deutschen Presse Agentur. In der Eile der Sendevorbereitung ist uns nicht aufgefallen, dass die dort genannte Zahl sich offenbar nur auf einen Teil der ausgedehnten Lager bezog, die zum Komplex Auschwitz gehörten. Wir bitten Sie, den Fehler zu entschuldigen. Wir werden uns bemühen solche Fehler künftig zu vermeiden, die bei der Fülle des zu bearbeitenden Materials leider nie ganz abzustellen sind. – Mit freundlichen Grüßen ...
(Rohleder)

Aus der ZDF-Chefredaktion erhielt ich am 6.11.1992 Antwort von Axel Rückert, 4.11.1992:

Sehr geehrter Herr...,
Wir müssen leider zugeben, dass wir in der Meldung über Kinkels Besuch in Auschwitz einen Fehler gemacht haben: Der betreffende Kollege hat darin die Zahl von 1,5 Millionen Opfern übernommen,

eine Zahl, die an diesem Tag von den Nachrichtenagenturen DPA und REUTER verbreitet wurde – und die ganz erheblich abweicht von den früher immer genannten 4 Millionen. Grund dafür dürften wohl auch neuere Untersuchungen sein, die zu anderen Ergebnissen geführt haben (dazu legen wir diesem Schreiben einige Zeitungsberichte bei). * Welche Zahl nun stimmt (und die eine ist so grauenhaft wie die andere), das herauszufinden ist Aufgabe von Historikern – falls es überhaupt noch möglich ist. Falsch war es also auf unserer Seite, diese 1,5 Millionen aus den Agenturmeldungen zu übernehmen. Hätten wir einfach gesagt »Millionen von Opfern« – niemand hätte daran Anstoß nehmen können. Ein Fehler, der uns zu noch größerer Vorsicht mahnt – wir danken Ihnen für Ihren Hinweis.*
Mit freundlichen Grüßen ...
(Axel Rückert)

Alle diese Antworten entlarven die Rat- und Hilflosigkeit der Verfasser – lieber die möglichst hohe Opferzahl bestätigen, dann kann ihnen nichts passieren, denken sie offenbar. Feiglinge! Das sind die Journalisten, die immerfort von kritischem Hinterfragen reden, sich als kritische Journalisten präsentieren. Offenbar ist das Thema total tabuisiert und schützt damit – ja, was? Themen, Machthaber, interessierte Kreise?

Sehen wir uns nun an, wie Politiker auf meine Frage reagierten, also die Leute, die Auschwitzlügengesetze erlassen und Zweifler in Kerker verbannen. Wussten oder wissen die besser Bescheid? Keineswegs! Beginnen wir mit Außenminister Klaus Kinkel, der war ja

* Die genannten Beilagen waren drei Artikel, die die neue Zahl begründen sollten; in dem Artikel von Michael Wolffsohn (FAZ, 9.1.1991) wurde sogar so getan, als ob es sich bei dieser neuen Zahl – Wolffsohn beziffert die Auschwitzopferzahl mit 1,35 Millionen – um einen ›alten Hut‹ handelt: Das zeithistorische Minenfeld sei längst geräumt, d.h. wohl das Tabu der falschen Zahl. Der Redakteur Rückert versuchte mit dieser Beilage sich hinter dem Juden und Israeli Wolffsohn zu verkriechen bzw. abzusichern – so nach dem Motto ›Dann kann mir nichts passieren‹. Ein Angsthase! Im Übrigen: Eine Zahl mit zwei Dezimalstellen soll gewissenhafte Forschung suggerieren, aber man traue dem nicht. Andere produzieren andere Zahlen!

nun vor Ort und konnte sich informieren. Hier seine Antwort (schon die Bezeichnung ›Bundesaußenminister‹ verrät Nachlässigkeit des Schreibers!).

Auswärtiges Amt, 012-303 E, Bonn, 26. August 1992:
Sehr geehrter Herr ...,
Bundesaußenminister Dr. Klaus Kinkel hat mich gebeten, den Eingang Ihres Schreibens vom 10.August 1992 zu bestätigen und Ihnen dazu folgendes mitzuteilen: In der Nachrichtensendung am 30.Juli 1992, 19 Uhr, brachte das Zweite Deutsche Fernsehen einen kurzen Bericht über die Zeichnung des Deutsch-polnischen Abkommens in Warschau sowie über die Kranzniederlegung des Außenministers an der Gedenkstätte in Auschwitz. Dabei führte der Nachrichtensprecher aus, dass dort 1,5 Millionen Mitbürger jüdischen Glaubens umgekommen seien. Außenminister Dr. Kinkel wurde nicht zitiert, auch hat er zu keinem Zeitpunkt Zahlen über die Opfer des Nationalsozialismus genannt – dies wäre angesichts dieser ungeheuren Verbrechen auch eine unangemessene Betrachtungsweise. Ich füge die Erklärung des Bundesministers des Auswärtigen, Dr. Klaus Kinkel, die er aus Anlass der Zeichnung des Deutsch-polnischen Abkommens am 29. Juli 1992 in Warschau gehalten hat, bei.
Mit freundlichen Grüßen ...
(Wilson)

Wir sehen: Die Antwort ist ein nichts aussagendes Schreiben. Ein Schreiben an den Bundespräsidenten Professor Dr. Roman Herzog blieb unbeantwortet, wie später ein detailliertes Schreiben an den Bundespräsidenten Rau und den Ratsvorsitzenden der Evangelischen Kirche in Deutschland, Präses Kock. Keine Antwort ist auch eine Antwort! Gleichlautende Schreiben bzw. Anfragen richtete ich mit der Bitte um Aufklärung, ob 4 oder 1,5 Millionen an den Bundeskanzler Dr. Helmut Kohl, an die Bundestagspräsidentin Rita Süssmuth u.a. Zunächst der genaue Wortlaut meines eigenen Schreibens an den Bundespräsidenten (die anderen Briefe sind praktisch gleichlautend):

21.6.1995

Sehr geehrter Herr Bundespräsident,

Wie Sie wissen (und in der Beurteilung Ihrer Reden selbst erfahren haben) nimmt das Thema ›Auschwitz‹ in Politik und Gesellschaft fortlaufend an Bedeutung zu: so soll jetzt z.B. der Tag der Befreiung des Lagers auch zu einem öffentlichen Gedenktag erhoben werden. Bis 1990/91 war behauptet worden, in Auschwitz seien etwa 4 Millionen Menschen, zumeist Juden, von Deutschen ermordet bzw. vergast worden, wie man z.B. in den Berichten zum Besuch Bundeskanzler Kohls [im Schreiben an BK Kohl: zu Ihrem Besuch] in Auschwitz im erinnerungsträchtigen November 1989 nachlesen kann (z.B. Darmstädter Echo, *15.11.1989, S. 1 und 2). Als nicht ganz drei Jahre später Außenminister Kinkel Auschwitz besuchte, berichteten u.a. ARD und ZDF (30.7.1992), in Auschwitz seien etwa 1,5 Millionen Menschen von Deutschen ermordet worden, und in diesem Jahr, anlässlich der 50-Jahr Gedenkfeiern, war gar von 1,1 Millionen die Rede (*Darmstädter Echo, *17.1.1995, S. 3). In Anbetracht der unvergleichbaren Bedeutung des Themas ›Auschwitz‹ in Politik und Gesellschaft und Justiz wüsste ich als Bürger gern von Ihnen, wie Sie diese Veränderung der Opferzahlen aufnehmen. Betrachten Sie die Veränderung als bedeutungslos? Regt die Veränderung Sie zum Nachdenken an? Haben Sie sich informiert, wer warum die Zahl 4 Millionen bis zu 1,1 Millionen reduziert? Haben Sie sich an den polnischen Staatspräsidenten oder die Leitung der Gedenkstättenverwaltung gewendet und um Richtigstellung oder Information gebeten? Haben Sie Zeitgeschichtler (Professoren, die seit Jahrzehnten auf diesem Gebiet als Fachleute gelten) beraten? Haben Sie Ihre Kollegen in Politik und Justiz beraten, die Auschwitzlügengesetze erstellen und Zweifler an der jahrelang gegebenen Darstellung von Auschwitz als Schwerverbrecher aburteilen? Kurzum: Was haben Sie unternommen? Was ist die eigentliche, tatsächliche Wahrheit (in etwa, sagen wir mit einem 5% Fehler)? Sie müssten doch da Bescheid wissen – schon aufgrund Ihrer Ämter.*

Ich wäre Ihnen sehr dankbar, wenn Sie mir über Ihr Büro eine Antwort geben lassen könnten – allerdings bitte nur eine verbindliche, dem Kern der Frage nicht ausweichende Antwort.

Mit freundlichen Grüßen...

Vom Bundespräsidenten kam keine Antwort! Allerdings vom Bundeskanzleramt. Diese Antwort ohne Bezug auf meine Fragen interpretiere ich als ein Schreiben, dass er vermutlich vielen Fragestellern unterschiedlicher Art zuschicken ließ.

Bundeskanzleramt, Az.: 012-K 410 331/95/0001, 10. Oktober 1995:
Sehr geehrter Herr ... ,
der Bundeskanzler hat mich beauftragt, Ihnen für Ihr Schreiben vom 2. Oktober 1995 zu danken.
Ihre Ausführungen sind aufmerksam gelesen worden, wenn auch nicht alle Ihre Wertungen geteilt werden können.
Die Verbrechen und Menschenrechtsverletzungen, die unter dem Nationalsozialismus in unserem Namen begangen wurden, dürfen nicht verdrängt, die Erinnerung daran muß vielmehr wachgehalten werden. Alle Deutschen, auch wenn sie – wie insbesondere unsere Jugend – ohne persönliche Schuld daran sind, stehen in der Verantwortung für unser gesamtes geschichtliches Erbe und damit auch für die dunklen Epochen unserer Geschichte, die weder geleugnet noch durch Aufrechnen mit historischer Schuld anderer Völker relativiert werden können.
Jene, die damals unschuldig ihr Leben verloren, und jene wenigen, die die Schrecken überlebten – sie alle mahnen, nicht zu vergessen, dass die unveräußerliche Würde des Menschen immer und überall Maßstab unseres Handelns bleiben muss. Gerade bei uns in Deutschland darf die Erinnerung an das Vergangene nicht verloren gehen. Sie ist uns Deutschen eine schwere Last, aber sie hat uns auch geholfen, zunächst im Westen und jetzt auch im Osten unseres Vaterlandes eine stabile freiheitliche Demokratie aufzubauen, die sich ihrer Feinde erwehrt.
Das Erinnern schulden wir zuallererst den Opfern. Wir schulden es aber auch unseren Kindern und Enkeln. An sie müssen wir die Einsicht wiedergeben, dass es alles andere als selbstverständlich ist, in Freiheit und Frieden leben zu dürfen.
Aus unserer Vergangenheit erwächst uns, über unsere Bemühungen um Wiedergutmachung der Folgen des nationalsozialistischen Unrechts – soweit dies menschenmöglich ist – hinaus, die Verpflich-

tung, die Menschenrechte überall auf der Welt engagiert zu verteidigen und alles zu tun, daß bei uns nie wieder ein totalitäres System entsteht und von deutschem Boden nie wieder Krieg ausgeht. Dabei garantiert uns nur eine erinnernde Aufarbeitung einen freiheitlich-demokratischen Rechtsstaat und lässt uns ein gleichwertiges Mitglied in der Völkergemeinschaft sein.
Dies ist für den Bundeskanzler Leitlinie seines politischen Handelns. Er wäre dankbar, wenn Sie ihn in diesem Sinne auch in Ihrem Bereich unterstützten.
In diesem Zusammenhang lehne ich es ab, mich mit Ihnen in eine Diskussion über die exakte Zahl der Opfer einzulassen. Darüber zu streiten, erscheint mir angesichts des Ausmaßes der Verbrechen und der Leiden der Menschen unwürdig.
Es wäre zu begrüßen, wenn Sie nicht den pseudowissenschaftlichen Versuchen einiger Publizisten, den Holocaust zu leugnen oder durch die Vorlage angeblich neuer Zahlen der Opfer des Nationalsozialismus zu relativieren, auf den Leim gingen. Diese Bestrebungen, die historische Wahrheit zu verfälschen, sind scharf zu verurteilen. Sie sind völlig ungeeignet, sich mit dieser dunklen Epoche deutscher Geschichte auseinanderzusetzen. Im Gegenteil, die Leugnung des Holocaust stellt eine Beleidigung der Überlebenden des jüdischen Volkes dar und ist dazu angetan, unsere Verantwortung für diese Taten in Abrede zu stellen.
Mit freundlichen Grüßen
Hildegard Blumenstein

Hier wird im Auftrag von Bundeskanzler Kohl die Zahlenänderung als »historische Wahrheit zu verfälschen« hingestellt und scharf verurteilt. Nach Bundeskanzler Kohl ist also die 4-Millionen-Zahl ›historische Wahrheit‹, die von den Polen (und denen folgend von vielen anderen) verfälscht wird/wurde. Man beachte auch: Wie aus dem Briefdatum folgt, wusste Bundeskanzler Kohl über die Zahländerung durch die Polen bestens Bescheid! Trotzdem bleibt er bei der alten Zahl von 4 Millionen.

Als nächstes die Antwort der Präsidentin des Deutschen Bundestages vom 24.11.1995:

Sehr geehrter Herr ...,
die Präsidentin des Deutschen Bundestages, Frau Prof. Dr. R. Rita Süssmuth, hat mich gebeten, Ihnen für Ihr Schreiben vom 2. Oktober dieses Jahres zu danken. Aufgrund der großen Anzahl der hier eingehenden Post ist es mir leider erst heute möglich, Ihnen zu antworten. Ich bitte Sie hierfür um Ihr Verständnis.
Zu der von Ihnen aufgeworfenen Frage, wieviele Menschen tatsächlich in Auschwitz gestorben sind – ob 4 Millionen oder 1,5 Millionen oder 1,1 Millionen – möchte ich anmerken, daß die Zahl in diversen Lexika, darunter der Große Brockhaus, mit 2,5 bis 4 Millionen Ermordeten angegeben wird. Kann auch die genaue Zahl der Ermordeten, insbesondere Juden, nicht präzisiert werden, so gibt Frau Präsidentin doch zu bedenken, dass die konkrete Zahl nichts an der Ungeheuerlichkeit der Verbrechen, die von Deutschen begangen wurden, ändert. Das Fehlen einer genau feststellbaren Zahl darf jedoch nicht dazu führen, dass die Nazi-Greuel von Rechtsextremisten verharmlost werden. Nach Ansicht der Präsidentin ist das Wissen um das Ausmaß der begangenen Verbrechen und die grundsätzliche Gefahr ihrer Wiederholbarkeit erforderlich, um in Politik und Gesellschaft verantwortlich zu handeln.
Zur Klärung, woher die vom Darmstädter Echo *angeführten Zahlen stammen, bittet Frau Präsidentin Sie, sich doch einmal direkt an die genannte Zeitung zu wenden.*
Frau Präsidentin lässt Ihnen auf diesem Weg herzliche Grüße ausrichten und wünscht Ihnen alles Gute.
Mit freundlichen Grüßen ...
(Claudia Emonds)

Die Bundestagspräsidentin behauptet also, im November 1995 noch nichts von der Änderung in Auschwitz um 1991 gewusst zu haben!?!? Wer glaubt denn das?

Alle diese wiedergegebenen Antworten von Politikern und Journalisten haben eines gemeinsam: Sie steigern deutsche Verbrechen, deutsche Schuld ins Unermessliche – erbarmungslos schließen sie jedes noch so minimale Debattieren aus, verdammen sog. Aufrechnen, Relativieren, Verharmlosen usw. (mittlerweile Standardvokabular). Da gibt es kein Erbarmen, keine Gnade. Als solche Schuldextremisten trifft sie die Änderung in Auschwitz besonders hart, besonders die Politiker, die ja mit dem Eid gemäß dem Grundgesetz geschworen haben, Schaden vom deutschen Volk abzuwenden. Wenden sie, also Bundeskanzler Kohl und die anderen, Schaden vom deutschen Volk ab, indem sie entgegen selbst der Behauptungen der Polen, die von 1,5 Millionen sprechen, die Opfer deutscher Verbrechen auf 4 Millionen hochreden? Dass sie sich selbst damit beträchtlicher Glaubwürdigkeit berauben, scheint ihnen nicht einzuleuchten – derart verklemmt, verblendet, verängstigt und verkrampft reagieren sie. Die oben wiedergegebenen Antworten zeigen zudem, dass es völlig sinnlos ist, mit diesen Leuten herumzuargumentieren. Für diese gilt nur: Might makes right.

Natürlich interessiert nun auch, wie die Änderungen in Auschwitz von jüdischer Seite aufgenommen wurden. Statt eigener Wiedergabe zitiere ich aus der Zeitschrift CODE (Nr.9, September 1992, S.6), wo es gegen Ende des Artikels ›Zum Tode von Heinz Galinski‹, dem langjährigen Vorsitzenden des Zentralrats der Juden in Deutschland, heißt: ›Auch weigerte er sich stets, Deutschland entlastendes Material anzuerkennen. So heißt es in einer Meldung der Deutschen Presse-Agentur (dpa) vom 17. Juli 1990: »Heinz Galinski empört über polnische Historiker. ›Unzulässige Relativierung der Nazi-Verbrechen und eine Verhöhnung der Ermordeten‹. Empörung unter Repräsentanten der deutschen Juden haben jüngst Untersuchungen polnischer Historiker ausgelöst, wonach die Zahl der im NS-Vernichtungslager Auschwitz-Birkenau Ermordeten angeblich niedriger war als bisher angenommen. – Der Vorsitzende des Zentralrats der Juden in Deutschland, Heinz Galinski, sprach von einer ›Verhöhnung der Opfer‹ und von ›Zahlenspekulationen‹. So etwas diene nur einer unzulässigen Relativierung der Nazi-Verbrechen. Für ihn, fuhr Galinski fort – der selbst Überlebender von Auschwitz ist –, sei es historisch erwiesen, dass dort vier Millionen Menschen umgebracht worden sind. – Heinz Galinski bezog sich auf einen Bericht der Warschauer Solidarnosc-Zeitung *Gazeta Wyborcza*, demzufolge polnische Geschichtsforscher aufgrund jüngster Untersuchungen von 1 bis 1,5 Millionen Ermordeter ausgehen. Im Konzentrationslager sei inzwischen die Tafel mit der Zahl von 4 Millionen Opfern entfernt worden, meldete das Blatt weiter, dessen Chefredakteur, der frühere Dissident Adam Michnik, jüdischer Herkunft ist.« So weit dpa.‹

Heinz Galinski war am 19. Juli 1992 im Alter von 79 Jahren verstorben. Im Internet war zu lesen, dass er sich letztlich doch, anders als Bundeskanzler Kohl, mit der reduzierten Zahl von 1,5 Millionen abgefunden habe – sicher nicht leichten Herzens, musste er sich doch verbittert sagen, dass dies möglichenfalls auch noch nicht das letzte Wort zu der Geschichte sein würde. Ein bitterer Gedanke für ihn am Ende seines Lebens. Wer glaubt den deutschen Politikern und Journalisten die Ahnungslosigkeit, die diese in den oben wiedergegebenen Antworten zur Schau stellen? Zweifellos waren sie alle informiert (man vergleiche die Daten)! Ihre Antworten sind einzigartige Dokumente ihrer Feigheit und Unredlichkeit dem eigenen Volk gegenüber. Das sind die Leute, die die Auschwitzlügengesetze geschaffen haben, um in der Geschichte des eigenen Volkes dieses eigene Volk schwer belastende Behauptungen zu verankern und zu zementieren.

Uns lehrt und diktiert man, dass ungeachtet der massiven Reduzierung der Opferzahl von Auschwitz, die Gesamtzahl von 6 Millionen ermordeten Juden gesichert sei. Dies ist ein politisch-diktiertes Dogma unabhängig vom Einmaleins. Im *Darmstädter Echo* vom 24.6.1988, S. 2, kann man nachlesen, dass ein Lehrer, der von der ›6 Millionen-Lüge‹ gesprochen hatte, von einem Gericht verurteilt wurde, da er mit dem Wort ›6 Millionen-Lüge‹ ›historisch gesichert anzusehende Tatsachen über die Judenverfolgung so dargestellt hat, als ob daran wissenschaftlich begründete Zweifel bestünden‹ (so die Mitteilung in der Presse). Diese Verurteilung fand statt, als die Auschwitz-Opferzahl (allgemein und speziell von der berichtenden Zeitung) gesichert als 4 Millionen angegeben wurde, eine Zahl, welche sie alle, die Polen, die deutschen Medien, ja selbst andere (wie oben und unten gezeigt) wenige Jahre danach auf 1,5, 1,3, 1,1 oder 0,7 Millionen reduzierten. Ich erlaube mir anzumerken: Wissenschaft beruht auf der Logik vom Einmaleins und das auf 1+1=2. Ist die Zahl 4 Millionen wissenschaftlich einwandfrei verifizierbar, dann begehen alle die, die die kleinere Zahl nun verbreiten, genau das, was sie verurteilen: Verharmlosen, Relativieren, Aufrechnen usw. Die

Auschwitzlügengesetze waren doch geschaffen worden, um genau dieses zu verbieten und zu bestrafen! Und nun lügen ausgerechnet die Polen?

Betrachten wir also nochmal Auschwitz – und unter Auschwitz verstehe ich hier immer den gesamten Komplex bestehend aus Auschwitz I (Stammlager), Auschwitz II (Birkenau) und Auschwitz III (Außenlager). Da gab es noch die anderen Opfer: Zigeuner, heute genannt Sinti und Roma, russische Gefangene und Homosexuelle. Insbesondere Bundeskanzler Helmut Kohl hatte sich zu der Zahl der ermordeten Zigeuner geäußert und bezifferte diese auf »500 Tausend und mehr« (der Revisionist Udo Walendy hatte versucht Kohl wegen dieser Äußerung zu verklagen, doch das Gericht in Köln wies den Antrag ab). Diese Behauptung hatten Bundespräsidenten u.a. übernommen, und ich hörte sie auch in den englischsprachigen Nachrichten des Senders Aljazeera. Nun müssen diese nicht alle in Auschwitz ermordet worden sein, doch gilt Auschwitz als Ort von deren Ermordung. Ziehen wir diese 0,5 Millionen (und einige mehr für die anderen Opfer) von der neuen deutschen Gesamtzahl von (s. unten) ca. 1,2 Millionen ab, verbleibt als Zahl ermordeter Juden in Auschwitz etwa 0,5 Millionen, d.h. dass Juden und Zigeuner dort in etwa gleicher Anzahl ermordet wurden – was jeglicher bisheriger Darstellung total widerspricht.

Und hier erkennt man das Problem. Man kann nicht einfach an einer Teilzahl von Auschwitzopfern herumdrehen, wie es die Polen und deutschen Journalisten und Historiker nun tun, ohne andere Teilzahlen unglaubwürdig zu machen. Die ganze Geschichte von Auschwitz gerät mit der Änderung der 4-Millionen-Zahl ins Wanken. Alle diese simplen Überlegungen auf der Basis des kleinen Einmaleins, d.h. der Logik von 1+1=2, blieben den Machthabenden natürlich nicht verborgen. Und das zwang sie zu handeln. Sie (insbesondere dafür verantwortlich: Bundespräsident Roman Herzog) führten hier in Deutschland den Tag der Befreiung des Lagers Auschwitz durch die Rote Armee am 27.1.1945 als offiziellen Gedenktag ein (mit Trauerbeflaggung öffentlicher Gebäude), die Auschwitzlügengesetze wurden verschärft, und das gigantische Holocaust-Mahnmal in Berlin wurde errichtet zur ewigen Zementierung der Holocaustgeschichte, d.h. auch und erst recht der Geschichte von Auschwitz und nach Bundeskanzler Kohl der Opferzahl von 4 Millionen daselbst. Da sie Auschwitz weltweit zum Zentrum des Holocausts gemacht haben, steht (oder fällt) der Holocaust mit (den Gaskammern in) Auschwitz. Man könnte vermuten, dass die Zementierung dieses Geschichtsbildes, an dem nicht gerüttelt werden darf (wie auch die obigen Briefe bezeugen) in irgendeiner Form, notfalls mit Geheimdokumenten, der deutschen Regierung bei der Wiedervereinigung direkt oder indirekt aufgezwungen wurde, aber das ist Spekulation. Praktisch parallel wurde der Tag der Befreiung des Lagers Auschwitz auch noch zu einem Gedenktag der UNO, d.h. der Welt und der ganzen Menschheit erhoben. Am 50. Jahrestag 1995 in bitterer Kälte versammelten sich Präsidenten, Könige und sonstige Herrscher auf dem Planeten vor Ort, um dort der 4 Millionen (oder wie vielen?) Ermordeten zu gedenken.

Als weiteres interessiert natürlich, wie die Fachwelt auf die Änderungen in Auschwitz reagierte. In einer Buchhandlung fand ich folgendes Werk: B.Bailer, W. Benz und W. Neugebauer (Hrsg.) ›Wahrheit und 'Auschwitzlüge', Zur Bekämpfung 'revisionistischer' Propaganda‹ (Wien 1995). Ich empfehle jedem Interessierten dieses Buch zu erwerben, das, wie ich ausdrücklich betone, meiner eigenen Meinung nach (und die kann falsch sein), eine Sammlung unsachlicher und wütender Ausbrüche über die Revisionisten enthält, denen die Auschwitz-Änderung selbstverständlich in die Hände spielte und die nun darauf warten würden, dass sich noch mehr ändert, denn wer kennt den Spruch nicht: Wer einmal lügt, dem glaubt man nicht, und wenn er auch die Wahrheit spricht. Die Herausgeber und Verfasser (darunter bekannte Überlebende wie der Kommunist Langbein), die seit Jahrzehnten nichts gegen die 4-Millionen-Zahl in Auschwitz unternommen hatten, sahen sich nun gezwungen, möglichst bei Beibehaltung ihrer früheren Forschungsergebnisse und Publikationen, die neue Zahl zu übernehmen. Eine unangenehme Sache, besonders für Professoren! Auch verständlich deren Empfindlichkeit und Hysterie wie die der veröffentlichten Meinung.

Das eingangs genannte *Darmstädter Echo* übernahm zum Auschwitztag am 27.1.1994, die Zahländerung mit Publikation eines langen erklärenden Artikels des Berliner Antisemitismus-Professors und Wissenschaftlichen Beirats der Holocaustmahnmal-Gründer, Wolfgang Benz, der darin von 1,2 Millionen Opfern spricht – gut verpackt neben Erlebnisberichten sogenannter Zeitzeugen, damit der Leser nicht auf politisch inkorrekte Gedanken kommt oder gar solche Schlüsse zieht. Da haben wir die neue Zahl von 1,2 Millionen von dem Topexperten in Deutschland! Nach Bundeskanzler Kohl (siehe oben) verfälscht er aber damit die historische Wahrheit! Da Professor Benz wissenschaftlicher Berater der Erbauer des gigantischen Holocaust-Mahnmals in Berlin war, kann man die Zahl von 1,2 Millionen Opfern als die amtliche, d.h. von der Bundesregierung sanktionierte oder akzeptierte Auschwitz-Opferzahl betrachten – nach Kohl und anderen eine Fälschung der Geschichte!

Die uns Regierenden versuchen mit Tabu, Zensur, Literatur- und Existenzvernichtung, Verbot und immer schärferen Strafgesetzen dem Bürger den Zutritt zu der Frage nach dem, was in Auschwitz wirklich geschah, zu verwehren. Sie zeigen damit, dass sie selbst Angst davor haben, dass möglichenfalls wie mit der 4-Millionen-Zahl etwas nicht stimmt, was sie vertreten, und dass das bekannt werden könnte. Aber der Mensch ist nun mal ein neugieriges Wesen. Da erdreistete sich ausgerechnet der Redakteur Fritjof Meyer des politisch korrekten Magazins *Der Spiegel*, der Frage nach der Zahl der Opfer in Auschwitz nachzugehen und – noch schlimmer – seine Überlegungen in der Zeitschrift *Osteuropa* (Mai 2002), in deren Herausgeberkollegium Rita Süssmuth saß, zu veröffentlichen. In dem im Internet einsehbaren Artikel wird nicht nur die Gesamtzahl dramatisch weiter auf 0,51 Millionen reduziert, sondern zudem das Mordgeschehen in zwei nicht mehr existierende, aber auf alten Bildern zu erkennende Bauernhäuser verlegt. Man kann sich denken, dass sich die Sympathisanten der Holocaustleugner wie Raubvögel auf diesen Herrn stürzten und ihn verklagten. Doch erstaunlich, Fritjof Meyer überstand schadlos alle Beschuldigungen. Seltsam?

Natürlich war Meyer nicht der erste und auch nicht der einzige, der zu einer geringeren Zahl kam. Als des Revisionismus unverdächtig muss der französische Apotheker Jean-Claude Pressac gelten, der in langen Nachforschungen im Auftrag des jüdischen Ehepaars Klarsfeld (bekannt als sog. ›Nazijäger‹) bzw. deren Stiftung zu der Zahl von ca. 700 000 Ermordeten kam (vgl. dessen Buch ›Die Krematorien von Auschwitz‹ – von der revisionistisch unverdächtigen Springer-Zeitung *Welt am Sonntag* hochgelobt als Beweis dafür, dass die Revisionisten Falsches sagen). Dies sind Zahlenergebnisse aus Sicht absoluter Nazigegner. Würde man auch die deutsche Seite entlastende Gesichtspunkte berücksichtigen, würde die Zahl vielleicht noch weiter nach unten gehen – aber solches Denken wollen wir nicht betreiben und ist nicht erlaubt.

Die 4-Millionen-Zahl dürfte unmittelbar nach Ende des Krieges aus Hass- und Rachsucht der Polen, Sowjets, Juden und der Sieger entstanden sein – als sich deren schon lange vor 1939 angestaute Wut über die besiegten Deutschen entlud – mit barbarischer Vertreibung, Ermordung und vielen anderen Völkermord-Racheakten an der deutschen Zivilbevölkerung. Die Zahl 4 Millionen war auch damals schon eine reduzierte Zahl von anfangs amtlichen bis zu 10 Millionen, wie man im Internet und in dokumentierter Literatur nachlesen kann. In solcher Atmosphäre dürfte es kaum möglich gewesen sein, eine redlich begründete Opferzahl zu erstellen – und dasselbe dürfte auch auf manche andere damals entstandene Behauptungen zutreffen, d.h. nicht nur die 4-Millionen-Zahl war/ist falsch. Man denke z.B. an die Behauptungen über Judenseife und Lampenschirme aus Menschenhaut und dergleichen.

Was kann ein Geschichtslaie über dokumentarisch-gesicherte Anordnung, Planung, Finanzierung, Organisation und Durchführung des als Holocaust bezeichneten Mammutverbrechens, und besonders dem an den 4 Millionen Menschen in Auschwitz, erfahren – immerhin predigt man uns doch täglich, das Morden sei ›planmäßig‹ durchgeführt worden? Sicher wenig. Dennoch liest der Laie einiges – insbesondere in Quellen, die den Herrschenden nicht anrüchig sein dürften – also z.B. von Juden oder der Springerpresse, deren Journalisten sich auf den Holocaust und Israel verpflichten müssen. Ich zähle hier einige Beobachtungen auf.

Gab es eine Anordnung Hitlers? Dies ist eine zentrale Frage. In der *Welt am Sonntag* (Springer-Verlag) vom 18.1.1998, S. 9, war zu lesen: »Belege für Hitlers direkten Eingriff – Hitler soll nach Erkenntnissen des Berliner Historikers Christian Gerlach persönlich den Auftrag zur Judenvernichtung gegeben haben. Bislang suchten Wissenschaftler vergeblich nach einer direkten Anordnung Hitlers für den Holocaust. Nach Ansicht von Norbert Kampe, Leiter der Berliner Gedenkstätte Wannsee-Konferenz, besteht Gerlachs Verdienst darin, bereits bekannte Schriftstücke mit Hilfe jüngst aufgefundener Dokumente neu interpretiert zu haben...« Nach diesem Herrn Gerlach (damals 34 Jahre alt) soll Hitler am 12. 12. 1941 » ... seine Entscheidung bekanntgegeben haben, die europäischen Juden auszurotten.« In der proisraelischen Zeitung *Welt am Sonntag* mit jüdischem Redakteur Cramer wird also gesagt, dass Historiker bis 1998 noch keinen Beleg für eine »direkte Anordnung Hitlers« hatten – bis sie der junge Historiker Gerlach aus Schriftstücken herausinterpretierte. Mehr als fünf Jahrzehnte lang, nun fast sieben Jahrzehnte lang, hatte alle Welt so etwas gesucht und nichts gefunden. Und auch jetzt nur ›Interpretation‹. In Klartext: Sie haben nichts!

Der Richter Zündels sagte in seiner Urteilsbegründung (siehe nachfolgendes Kapitel): »Hitlerbefehl, kein Hitlerbefehl.« Das präzise angegebene Datum des Historikers Gerlach braucht nicht zu verwundern, musste der Hitlerbefehl doch *vor* der berühmt/berüchtigten Wannseekonferenz im Januar 1942 datiert werden, bei der es angeblich um die Ausführung des Befehls gegangen sein soll – wie es in dem oben genannten Artikel am Ende heißt: »...dass die Teilnehmer der Wannseekonferenz auf den im Monat zuvor ausgesprochenen Hitlerbefehl gehandelt haben.« Hitler selbst habe an der Wannseekonferenz nicht teilgenommen. Es gibt also kein einziges Dokument, dem sich irgendwie entnehmen ließe, dass Hitler den Holocaust anordnete. Auch in der o.g. ZDF-Info-Sendung (also des staatlichen Fernsehens) ›Die Wahrheit über den Holocaust‹ (18.8. 2015) wurde dies dreimal ausgesprochen: »kennen keinen schriftlichen Befehl«, »kein schriftlicher Befehl – sollte im Verborgenen geschehen« (letzteres ist Meinung) und »bis heute hat die Forschung nicht den schriftlichen Befehl zur Endlösung der Judenfrage gefunden«.

Dennoch behauptet (also ohne jeglichen Beweis) der Historiker Ian Kershaw in der Sendung, habe es den »Befehl alle Juden zu töten« gegeben, und zwar nach »allgemeinen Anweisungen« von Hitler und Himmler am 16.8.1941 mit der »Anweisung auch Frauen und Kinder zu ermorden«. Schon im Juli 1941 heißt es ferner in der Sendung »gab [Hitler] grünes Licht für die Ermordung der Juden [in der Sowjetunion]«. Halten wir fest: Die Experten haben in 70 Jahren intensivster Forschung keinerlei Dokument gefunden, dass eine Anordnung Hitlers zur Ermordung der Juden aufweist! Im Internet findet man unter ›Endlösung‹ und auch unter ›Wannsee-Konferenz‹ ein Dokument, von dem es da ohne Beleg oder Beweis heißt, dass es die Anordnung zur Ermordung der Juden enthalte. Dieses Dokument ist ein Schreiben Görings an Heydrich vom 31.7.1941, in dem Göring Heydrich beauftragt, »die Judenfrage in Form der Auswanderung oder Evakuierung einer den Zeitverhältnissen entsprechend möglichst günstigen Lösung zuzuführen«. Von Töten oder Morden steht hier nichts. Doch wird das Schreiben so interpretiert.

Kommen wir zur Wannseekonferenz. Über dieses Treffen von 15 hochrangigen Regimeangehörigen in einer Villa im Stadtteil Wannsee, Berlin, am 20.1.1942 wird viel geschrieben, selbst im Film wurde das Treffen nachgestellt. Aber was weiß man wirklich? Adolf Eichmann soll Schriftführer gewesen sein, Heydrich (der später von Tschechen ermordet wurde) der Leiter. Jeder kann Bücher einsehen, in denen Faksimiles des Geheimprotokolls dieser Konferenz in 16. Fassung von zwei sog. Originalen einzusehen sind, zweimal das 16. Exemplar im Original (mit sehr kleinem Unterschied – und nur diese angeblich erhalten)! Waren Fälscher am Werk? Denn es kann nicht zweimal dasselbe 16. Original geben. Beide Papiere kamen aus den USA, bzw. aus der Hand des amerikanisch-jüdischen Anklägers Robert Kempner, der mit der US-Flagge auf dem Sarg beerdigt wurde – beide Papiere wurden also in den USA ›bearbeitet‹. Die USA weigern sich dieses Vorkommnis zu erklären – ihre Diplomaten unterstehen wie andere auch lebenslanger Schweigepflicht. Was steht nun drin? Die einzigen wesentlichen und immer wieder genannten Punkte sind (alles andere ist Interpretation oder Unterstellung) eine Auflistung der Anzahl der Juden in Europa (nach Ländern, insgesamt über 10 Millionen) und dessen Zweck »die Endlösung der Judenfrage« (so dort) – immerhin hatten deren internationale Organisationen in unterschiedlicher Weise dem Deutschen Reich den Krieg erklärt. Das Wort ›Endlösung‹, ›final solution‹, gilt insbesondere in den USA als Synonym für den Holocaust. Hier begegnet man wieder dem Problem wie oben bei dem gesuchten Hitlerbefehl: Alles beruht auf Interpretation. Endlösung soll, so lehrt man uns ohne Vorlage von Beweisen, als Tarnbegriff für Ermordung/Vergasung stehen, und der Begriff soll zu diesem Zweck erdacht worden sein (von dem Konferenzteilnehmer Heydrich – so jedenfalls heißt es z.B. in dem Buch von Bill Bryson, natürlich ohne Beleg).

Doch, wie schon in einem früheren Kapitel erwähnt, im Neuen Brockhaus von 1938 unter Deutschland (S. 555) liest man: »Die ... Regierung, die wieder von einem sozialdemokratischen Kanzler geleitet wurde, nahm den Young-Plan von 1929/30 an, der die Endlösung der Reparationsfrage bedeuten sollte.« Also war ›Endlösung‹ ein Wort der Zeit. Das Wannseeprotokoll sagt nichts über Tötungen und wird selbst von israelischen Historikern heute als bedeutungslos angesehen (als »silly story«, so Professor Yehuda Bauer, Hebräische Universität, Jerusalem, in *The Canadian Jewish News*, 20. Januar 1982, S.8. Dieser Professor Bauer war mit seiner Behauptung auch in o.g. TV-Produktion ›Die Wahrheit über den Holocaust‹ eingeblendet worden). Für andere Historiker ist das Wannseeprotokoll ein sog. ›Schlüssel-Dokument‹. Man liest im Internet, dass nach dem Krieg noch lebende Teilnehmer befragt wurden; diese äußerten, dass über Töten nicht gesprochen wurde – nur Eichmann soll sich in seinem Prozess anders geäußert haben. Dort liest man auch, dass mit den zwei ›Faksimiles‹ alles seine Richtigkeit habe. Egal, wie man die Dinge sieht, das Doppeldokument liefert wenig bis nichts.

Wo ist nun der Mordplan, wenn nicht im Wannseeprotokoll? Immerhin liest man immer wieder von ›planmäßiger‹ Ermordung? Zum Beispiel verbürgen sich die Verfasser der Denkschrift ›Christen und Juden‹, herausgegeben vom Rat der Evangelischen Kirche in Deutschland, auf den Seiten 30, 31 für »Planung und Vernichtung« (die Anzahl ermordeter Juden geben sie darin als 6.029.500 an). Wo ist der Mordplan? In der Denkschrift wird er auf jeden Fall nicht reproduziert. Bei der Einweihung der Wannsee-Gedenkstätte in Berlin sagte Bundeskanzler Kohl, dort sei der Völkermord an den

Juden mit bürokratischer Akribie geplant worden. Wo ist der Plan, denn im o.g. Protokoll steht nichts dergleichen? Hat Kohl das Wannseeprotokoll nicht gelesen? Gehen wir zu einer anerkannten jüdischen Autorität, zu den Büchern von Raul Hilberg, ›The Destruction of the European Jews‹, 1. Auflage (Chicago 1961). Auf S. 177 ist da von dem ›Befehl‹ die Rede, die Juden zu vernichten. Aber in der 2. Auflage von 1985 wird kein einziger Befehl mehr erwähnt, und es heißt dort auf S. 53, dass es keinen ›basic plan‹ gegeben habe, und (auf S. 55) dass »no single organization directed or coordinated the entire process« (of destruction). Dann auf S. 62 heisst es: »No special agency was created and no special budget was devised to destroy the Jews of Europe.«

Wie also ist es dann zu Planung und Vernichtung gekommen? Hilberg sagt dazu – nach Ernst Gauss (alias Revisionist Germar Rudolf, dennoch – wenn man will – glaubwürdig zitierend), Grundlagen der Zeitgeschichte (Tübingen 1994, S.12), in einer Äußerung zu einem Vortrag am 22. Februar 1983 – durch »an incredible meeting of minds, a consensus-mind-reading by a far-flung bureaucracy«. Also Ausführung und Ermordung per Telepathie? Forschen wir weiter – im heutigen Internet, ganz einfach unter Hitlerbefehl. Da lese ich (am Ende ›Axel Springer AG, 2012‹, also unverdächtig): »Hitler gab nicht ›den‹ Befehl zum Holocaust. Lange haben Historiker erfolglos nach Hitlers Weisung für den Völkermord gesucht. Es gab sie nicht, weil sie im System des Dritten Reiches nicht notwendig war.« Verfasser: Sven Felix Kellerhoff. »Am nationalsozialistischen Völkermord gibt es nichts zu zweifeln. Nachweislich haben im Zweiten Weltkrieg 5,29 Millionen europäische Juden ihr Leben verloren, eher 6,1 Millionen…« Eine Bemerkung dieser Art wird immer vorausgeschickt, denn man kann nicht sicher sein…

Dann heißt es: »Obwohl diese Tatsachen unverrückbar feststehen« (Verfasser Kellerhoff findet es besser, dies nochmal zu wiederholen), »gibt es eines nicht, den einen schriftlichen Befehl Adolf Hitlers, mit dem das Jahrhundertverbrechen angeordnet worden ist. In keiner Akte ist dieses Dokument aufgetaucht, es gibt kein Zitat daraus und nicht einmal halbwegs verlässliche Zeugenaussagen, wann diese Weisung ergangen sein soll. Für Leugner des Holocaust ist das ein entscheidendes ›Argument‹…« Kellerhoff behandelt dann eine Anzahl Ereignisse und schließt aus diesen: »Diese und viele einzelne Ereignisse zeigen deutlich, dass der Holocaust nicht auf eine zentrale Weisung Hitlers zurückging, sondern sich zwischen Sommer 1941 und Frühjahr 1942 schrittweise entwickelte… Deshalb brauchte es gar keine Hitlerweisung um den Massenmord umzusetzen – das geschah aufgrund von regionalen Initiativen der SS und (vor allem im besetzten Jugoslawien) der Wehrmacht. An der zentralen Rolle des Diktators ändert das nichts [sicher, als oberster Politiker trug er die Verantwortung], denn ohne die von höchster Seite [wer oder was ist diese höchste Seite, wenn nicht Hitler?] stets signalisierte Zustimmung [was ist hier das Signal?] zur Menschenvernichtung wären die mittleren Befehlshaber nicht darauf gekommen ihr grausames Geschäft bis zur äußersten Konsequenz zu treiben. Jede Suche nach dem einen Hitlerbefehl wird also erfolglos bleiben. Es hat ein solches Papier nicht gegeben, es war gar nicht nötig.«

Seltsam: Wenn auf mittlerer Ebene nicht ohne Zustimmung von ›höchster Seite‹ (also Hitler oder dessen Umfeld) gehandelt worden ist, wie Kellerhoff sagt, dann muss es also ein Signal von dort geben haben – und was ist das anderes als ein Befehl? In o.g. Sendung ›Die Wahrheit über den Holocaust‹ spricht man von »grünem Licht«, das zum Morden gegeben worden sei. Ein anderes Wort? Diese Argumentation, die einen Hitlerbefehl erübrigt, bezeichnet (laut Verfasser Kellerhoff) die Geschichtswissenschaft als ›polykratisch‹. Nach diesem ›polykratisch‹ genannten Prinzip, so Kellerhoff, »funktionierte das gesamte Dritte Reich von 1933 bis 1945«. Man fragt sich natürlich, ob diese Argumentation nicht zurechtgebogen wurde, weil eine Erklärung hermusste. Nach Wikipedia charakterisiert Polykratie »nicht klar abzugrenzende, ineinandergreifende Machtstrukturen«. Das Jahrhundertverbrechen wird also auf untere Ebenen verlagert – in Erdenken, Ausführen und Verantwortung. Ein wenig anders als Kirchenblätter und Bundespräsident Richard von Weizsäcker (am 8.5.1985), die dies alles auf das gemeine deutsche Volk verschieben (siehe Thorsten Hinz, ›Der Weizsäcker-Komplex‹, Berlin 2012), wird im obigen Zitat die Verantwortung immerhin auf SS, Wehrmacht u.a. delegiert.

Analoges gilt nach der z.B. im Internet zu findenden Geschichtsschreibung über Ärzte in den KZs: Überall in den KZs haben deutsche Ärzte an Menschen herumexperimentiert, sie gequält (zumal in erbärmlich gefoltertem, verhungertem Zustand) und schließlich ermordet – so in Auschwitz, Buchenwald usw. In Buchenwald wurde beispielsweise der Pfarrer Paul Schneider vom Lagerarzt Erwin Ding-Schuler, dessen ›Schreiber‹ Eugen Kogon war, mit einer Überdosis Strophantin ermordet.

Die Wahrheit ist ein Rätsel. Alles, so wird uns suggeriert, diente nur dem Morden – und alle machten mit. Da der Rat der EKD (Sitz in Hannover) in Publikationen von der Ermordung des Pfarrers Schneider sprach, bat ich den Rat um Beweis. In der Antwort nannte man mir drei Bücher. Zwei wählte ich aus und besorgte mir diese über Universitäts-Fernleihe: Nichts darin über dessen Ermordung. Anders in einer Fernsehsendung – darin hieß es, die genauen Umstände des Todes von Paul Schneider seien nicht bekannt…

Trotzdem entdeckte ich schließlich eine Quelle, die einen Befehl Hitlers nennt. In der Internetbiographie des britischen Historikers David Irving heißt es über Adolf Eichmann, Heydrich habe ihm Ende 1941 einen mündlichen Führerbefehl zur Judenvernichtung weitergegeben [H. Lichtenstein (Blick nach Rechts, 9. März 2000) Kronzeuge Eichmann]. Eine Äußerung dieser Art soll sich in den Tagebüchern Eichmanns befinden. Auch hier bleibt die Wahrheit ein Rätsel. Es ist ja nicht auszuschließen, dass selbst dann, wenn Hitler sich so geäußert haben sollte, dies ein emotionaler Ausbruch oder dergleichen gewesen sein könnte. Irving wollte offenbar dieser Spur nachgehen, aber man verwehrte ihm Zugang zu der Quelle in Israel.

Kommen wir zu den Massenmordinstrumenten, den Gaskammern. An einem Sommertag 1969 oder 1971 besuchte ich das ehemalige KZ Dachau. Dort wurde den Besuchern eine Gaskammer gezeigt, etwa 5 x 5 qm groß, in die man von einem größeren Vorraum aus hineinsehen konnte. Im Vorraum stand ein großer Tisch, auf dem ein Gästebuch lag. Ich blätterte darin herum – Besucher aus aller Welt drückten ihr Erschaudern aus über das dort geschehene oder behauptete Verbrechen, der Vergasung unzähliger Menschen mittels Gas aus dem Brausekopf einer Dusche in der gegenüber gelegenen sog.

Gaskammer. Jahrzehnte später ließ die bayerische Staatsregierung die Gedenkstätte überarbeiten. Nun heißt es dort, wie ich las, die Gaskammer sei nicht genutzt worden (d.h. zur Vernichtung von Menschen).

Das KZ Dachau war von den US-Truppen erobert worden, die sofort das SS-Personal an eine Mauer stellten und völkerrechtswidrig erschossen (es gibt Aufnahmen davon). In dem Buch ›Der Jahrhundertbetrug‹ (1977) des revisionistischen (also angeblich unglaubwürdigen) US-Amerikaners A. Butz kann man Aufnahmen sehen, die zeigen, wie die US-Truppen in Dachau mit Vergasungsnachstellungen herumalberten und sich amüsierten. Besucher um 1970, wie ich, waren also belogen worden, wenn es dort keine Menschenvergasungen gegeben hat. In der englischen Ausgabe des von Timur Vermes (London 2014) mit dem Vermerk auf dem Außendeckel: »Be warned, This book is funny, Very funny« verfassten Buches ›Er ist wieder da‹ (›Look Who's Back‹) legt der Verfasser auf S. 297 Hitler folgende Bemerkung in den Mund: »...Even back then, passing off a gas chamber as a shower room was not exactly the height of subtlety.« Man sieht hieran, welche Vorstellung sich im Laufe der Zeit über diese Duschköpfe in der Allgemeinheit etabliert hat. Aber wieviel davon ist wahr, wenn die Politischkorrekten an der Geschichte Änderungen vornehmen?

Wie war es nun in Auschwitz? Eine umfangreiche Literatur besonders von seiten der Revisionisten befasst sich mit nahezu jedem Detail der Vernichtungsmaschinerie. Sind die Werke der Revisionisten alle Spinnerei? Allein schon der Umfang an Material ist erstaunlich. Soviel Propaganda bzw. Lügenwerk? Keine Ecke von Auschwitz, ob Stammlager oder Birkenau (genannt Auschwitz II), bleibt unbeobachtet – den Empfindlichkeiten der Menschen auf allen Seiten entgeht keine noch so kleine Veränderung dort oder an anderen ehemaligen KZs. Man sieht auch an den oben zitierten Äußerungen von Antirevisionisten, wie diese die Revisionisten bekämpfen – oder meinen bekämpfen zu müssen. Fühlen sie sich von diesen bedrängt oder gar bedroht? Es gibt noch heute Menschen, die Einsteins Relativitätstheorie zurückweisen wollen – aber niemand in der Fachwelt nimmt diese ernst oder zur Kenntnis. Falsches erledigt sich normalerweise von selbst, wie in England die ›Flat Earth Society‹. Richtig wäre wohl – unbestritten – eine ernsthafte wissenschaftliche Argumentation mit Für und Wider, was natürlich freie Meinungsäußerung voraussetzen würde, auch unangenehmes Hinterfragen, scharfe Behauptungen, auch gegenteilige usw., was jedoch derzeit nicht erlaubt ist aus Rücksicht auf die Gefühle der jüdischen Überlebenden. Und wenn zahllose Personen damit beschäftigt sind, die Deutschen belastendes Material zu suchen, warum nicht auch nach *Entlastendem* fahnden – ist das nicht erlaubt? Wohl nicht.

Vergasung leuchtet vielen Menschen bildlich sehr leicht ein – Menschen in die Kammer reingeschoben, Tür zu, Gashahn auf (vielen bekannt durch einen Gasherd, oder durch den Bunsenbrenner im Chemieunterricht), und, so die Vorstellung, alle sind in kurzer Zeit tot. Leichen raus und verbrannt, gleich die nächste Menschenmasse in die Kammer und so fort. Diese simple (allerdings falsche) Vorstellung gepaart mit Phantasie und Böswilligkeit verleitet sehr leicht zu dem Verdacht der Vergasung. Als 1975 in Frankfurt der Flughafen für die großen 747-Flieger umgebaut wurde, mussten die gelandeten Passagiere unschöne tunnelartige Notausgänge durchlaufen. Damals in den USA las ich dazu (wahrscheinlich in der *New York Times*) einen Leserbrief, in dem der Schreiber seinen Unmut darüber bei seiner Ankunft in Frankfurt dort so äußerte: »When do they turn on the gas?«

Was eigentlich ist ›das Gas‹? Das früher zum Kochen gebräuchliche sogenannte Leuchtgas – wie sich die meisten das vorstellen? Deutsche Journalisten beklagen die Perversität der sog. Nazis, die unter vielem anderen auch darin bestanden hätte, dass sie die Spuren ihrer Verbrechen vernichtet hätten. Nun, Spuren vernichten, das machen alle Verbrecher, aber auch andere. Kein Zweifel, die Deutschen vernichteten vieles vor ihrem Abzug von Auschwitz I, II, III. Machen das etwa die US-Amerikaner oder die jüdischen Israelis in ihren Kriegen anders? Als ich im Junikrieg Israels 1967 durch Ausgehverbot in meiner Unterkunft in Beirut gefangen war und häufig zum Fenster hinausschaute, sah ich von der nahegelegenen US-Botschaft Rauch mit Funken vermischt in den sternklaren nächtlichen Himmel aufsteigen. Jeder wusste: In dieser CIA-Hochburg wurden aus Angst vor dem Mob Akten verbrannt, denn im heißen Sommer dort dürften die US-Amerikaner kaum geheizt haben. Auch die Deutschen haben vor ihrem Abzug vieles gesprengt, wie man Fotos entnehmen kann.

Aber nicht alles ließ sich offenbar sprengen oder vernichten, und die Russen und Polen fanden noch etliches vor. Insbesondere blieb die Decke von ›Krema II‹ (Krematorium) erhalten, die Decke eines Gebäudes, in dem sich nach Aussagen von Überlebenden bzw. Zeugen eine Gaskammer befunden haben soll, dazu Krematoriumsöfen, deren Existenz dort von niemandem bestritten wird (auch nicht von Revisionisten, Rechtsextremisten, Nazis, Neonazis usw.), und die auf keinen Fall mit Gaskammern zu verwechseln sind. Wie ich die Literatur verstehe, entzündet sich an diesem erhaltenen Gebäude oder Gebäuderest ein Streit zwischen der offiziellen bzw. sogenannten seriösen Geschichtsschreibung und der der Pseudogeschichtsschreiber bzw. Holocaustleugner.

Ein Hauptzeuge und Überlebender von Auschwitz II ist der in Toronto vernommene slowakische Chemiker Rudolf Vrba, allerdings scheiden sich auch an diesem die Geister, da selbst jüdische Historiker ihm nicht alles abnehmen. Ein anderer ist der gebürtige Tscheche Erich Kulka, Verfasser des Buches ›Die Todesfabrik‹. Ich versuchte der Sache auf den Grund zu gehen und bestellte mir über Universitäts-Fernleihe dieses Buch. In diesem Buch wird das ganze grauenhafte Geschehen ausführlich beschrieben – die von Deutschen zu verantwortende industrielle Vernichtung von Menschen, wie uns auch von Pfarrern von der Kanzel gepredigt wird, und was nach dem Bundespräsidenten Gauck, einem ehemaligen Pfarrer, zur ›Identität der Deutschen‹ geworden ist (bzw. von ihm gemacht wurde). Nach diesem offiziellen und bezeugten Verständnis fand die Ermordung in der mit Menschen gefüllten Gaskammer (Erich Kulka in seinem Buch: »Kinder oben drauf geschmissen«) durch Einwurf von Zyklon B in der Decke von Krema II (wie auch anderswo) statt, und zwar von außen (die Krematorien in Auschwitz-Birkenau bezeichnet man mit den römischen Ziffern II, III, IV, V; römisch I soll sich auf das Stammlager beziehen). Das eingeworfene Gift Zyklon B bestand aus Kügelchen (pellets) aus Kieselgur, das absorbierte Blausäure (hydrocyanic acid) enthält, das wenn der Luft ausgesetzt verdampft – und diese Dämpfe sind das tötende Gas. Nach heutigem offiziellen Verständnis wurden auf diese Weise in den Konzentrationslagern viele Menschen in hoher Millionenzahl ermordet, insbesondere in Auschwitz II (Birkenau).

Für die Revisionisten bzw. Holocaustleugner bzw. Nazis ist der Beweis der Existenz der Einwurfluke ein wesentliches Beweiselement (der französische Revisionist Faurisson: »No holes, no holocaust«). In der renommierten *New Encyclopedia Britannica* (15th Edition, 1992) heißt es über Birkenau jedoch anders (s. dort Auschwitz): »There the SS later developed a huge extermination complex – including Badeanstalten (›bathhouses‹) used for gassing prisoners to death, Leichenkeller (›corpse cellars‹) used for storing their bodies, and Einäscherungsöfen (›cremating ovens‹) – all for the ›final solution‹, the annihilation of European Jews… Estimates of the total number who died at Auschwitz from all causes vary greatly, usually cited as between 1 000000 and 2500000 but sometimes reaching 4000000.« [Die deutschen Wörter stehen dort so, sind nicht von mir hinzugefügt].

Da hat man sie wieder: die Badeanstalten (vermutlich mit Duschen, aus denen das die Menschen vernichtende Gas von Zyklon B geströmt sein soll – es heißt ja ›for gassing‹)! In einer Fernsehsendung 2015 wurde als bildlicher Beleg einer Menschenvernichtungsgaskammer das Bild einer Tür mit dem Schild ›Brausebad‹ für den Bruchteil einer Sekunde eingeblendet (wie auch in der o.g. ZDF-Info-Sendung ›Die Wahrheit über den Holocaust‹, das Wort Dusche war damals vermutlich noch unüblich). In dem amerikanischen Film ›Escape from Alcatraz‹ (1979) wird eine Szene gezeigt, in der sich die Häftlinge in einer Halle unter vielen dampfenden Duschen waschen. So etwa muss man sich vermutlich die in der *Britannica* genannte ›Badeanstalt‹ vorstellen. Doch niemand verrät uns auch hier, wie nun die Zyklon-B Dämpfe durch die Duschköpfe auf die Häftlinge hinabgetrieben wurden – denn das ist doch wohl die Behauptung. Manchmal wird auch Kohlenmonoxyd (CO) ins Gespräch gebracht.

Im ersten Bericht über Auschwitz nach dessen Befreiung bzw.

Eroberung durch die Rote Armee wurde allerdings in der *Prawda* vom 2. Februar 1945 – wie Revisionisten herausfanden – von einem »elektrischen Fließbandvernichtungssystem mit Hochofenverbrennung« berichtet, jedoch auch ohne Beweis (Hochöfen sind keine Einäscherungsöfen, sondern auf English ›blast furnaces‹, für die man Koks (*koke*) benötigt, wie in der Reduktion von Eisenerz). In einer Dokumentation über ›Die Arier‹ (ZDF-Kultur, 15.5.2015) wurde einer Gruppe von etwa acht Dorfbewohnern in einer entlegenen Gegend im Iran, die vor ihrer einfachen Lehmhütte saßen, von einem deutschen TV-Team ein Fotoalbum mit Bildern Deutscher aus den dreißiger Jahren gezeigt mit der Frage, ob so Arier aussähen. Nein, sagten alle. Sie wussten aber, dass in ›Hitlers Öfen‹ die Nichtarier, besonders Juden, verbrannt wurden. So wird diese Geschichte der ›Öfen‹ in die entlegensten Winkel der Erde getragen, so dass selbst Analphabeten diese Geschichte kennen.

Gaskammern, Duschräume, Elektrovernichtung, Öfen – ja, was und wie? – oder alles? Auch diese unterschiedlichen Behauptungen dienen dem Erhalt des Dogmas, denn sollte in der Zukunft die eine oder andere Möglichkeit ausgeschlossen werden, bleiben noch die anderen. Es sei erwähnt, dass Zyklon B mengenmäßig in den KZs in viel größerem Ausmaß für Entwesungszwecke, also zum Wohl von Menschen, verwendet wurde, und auch nach dem Krieg in der BRD und in der DDR noch produziert wurde, ja wie Spiegel TV/Nov. 2003 berichtete, wird das Menschenvernichtungsmittel Zyklon B sogar in Israel, also von Juden, hergestellt, dort jedoch unter einem anderem Namen. Beachten wir auch, dass uns im Fernsehen nie eine Gaskammer gezeigt wird, bestenfalls für den Bruchteil einer Sekunde ohne Kommentierung oder Ortsangabe das Bild einer Tür mit Aufschrift ›Brausebad‹.

Zu manchem weiterem Verwunderlichen an dieser Geschichte gehört noch Folgendes. Von den drei führenden Auschwitzkommandanten wurden die ersten zwei, Rudolf Höß und Arthur Liebehenschel, von den Polen (je nach Meinung) hingerichtet bzw. ermordet. Der dritte und letzte, Richard Baer, wurde (laut Internet) erst 1960 unter dem Namen Karl Neumann als Waldarbeiter »auf dem Gut des Otto Fürst von Bismarck« bei Hamburg entdeckt und befand sich danach zwei Jahre in Untersuchungshaft in einem Frankfurter Gefängnis, bis er trotz bester Gesundheit plötzlich verstarb – oder doch ermordet wurde? Der spätere Friedensnobelpreisträger Menachim Begin, der das Attentat auf Adenauer (wie man heute weiß) organisiert hatte, dürfte doch kaum dem Auschwitzkommandanten Baer ein besseres Schicksal erlaubt haben. Einer der besten Zeugen zu Auschwitz verschwand damit wortlos aus der Geschichte! Der Frankfurter Auschwitzprozess begann nach dessen Tod.

Noch eine Anmerkung zu den Krematorien. Angeblich sollen viele Millionen Menschen, wie weiter oben dokumentiert etwa 4 Millionen, in Auschwitz vergast und verbrannt worden sein. Bekannt ist, dass die Betreiber der Verbrennungsöfen, die Fa. Topf & Söhne, viele Probleme mit deren Funktionsfähigkeit hatten. Kein Wunder, heißt es doch selbst über hochmoderne Öfen in einem Bericht des ‚*Darmstädter Echo* (vom 18.3.1992, S. 11) über die zwei im dortigen Krematorium: »Der Verschleiß von Öfen ist ohnehin sehr groß, weil sie hohen Temperaturen (bis zu 1000 Grad) ausgesetzt sind« und »Sieben bis acht Einäscherungen sind pro Tag und Ofen möglich, mit rund 2000 … (im) Jahr.« Wer will, kann somit für modernste Öfen und mit Kenntnis der in der Literatur genau bekannten Zahl an Öfen in Auschwitz eine obere Grenze der dort stattgefundenen Verbrennungen ermitteln, denn die damaligen Öfen in Auschwitz konnten nicht besser sein als die modernsten von heute.

In der ZDF-Info Sendung ›Die Wahrheit über den Holocaust‹ (18.8.2015) wurde behauptet, in Auschwitz wären täglich bis zu 4.000 Menschen vergast und verbrannt worden. Wer möchte, kann aus den bekannten Zahlen (auch der Zahl der Muffel, zu finden in der Literatur) die mögliche Höchstzahl an Einäscherungen berechnen. Ich verzichte hier darauf. Nehmen wir jedoch folgende zwei Wahrheiten der o.g. Sendung des staatlichen Fernsehens, die von etablierten Wissenschaftlern des Fachs erarbeitet wurde, zur Kenntnis. Nach diesen wurde (a) ab März 1942 die Tötung von Menschen ›wie Ungeziefer‹ mittels Zyklon B vorgenommen (und bis gegen Ende 1944 betrieben), und (b) ›bis zu 4.000 wurden pro Tag verbrannt‹. Diese Daten liefern die Zahl von ungefähr 4 Millionen Opfern [4000 x (2x365 +270)], aber nicht annähernd die Zahl von 1,2 Millionen. Man beachte: Da auf der Wannseekonferenz im Januar 1942 nach herrschender staatlicher Lehre der Massenmordplan ausgearbeitet worden sein soll, legt deren Datum die früheste Vergasung fest (wie behauptet, ab März 1942).

Kommen wir zum Schluss. Wenn die Polen, die sog. seriösen Historiker und Wissenschaftler und andere, mit der geschätzten Auschwitz-Opferzahl zu weit heruntergehen, dann erledigt sich die Frage nach der Gaskammer von selbst. Das kann oder darf natürlich nicht sein. Wir sahen: Nach Bundeskanzler Kohl und anderen Politikern, nach Experten der veröffentlichten Meinung und Fachleuten ist und bleibt die Zahl von 4 Millionen ungefähr korrekt. Abweichler werden als Nazis, Unverbesserliche, Unbelehrbare, als Volksverhetzer, Revisionisten, Rassisten usw. bekämpft – ausgenommen Polen und Juden. Man kann nicht oft genug wiederholen: Die Auschwitzlügen-Strafgesetze waren doch von der deutschen Regierung geschaffen worden, also von Bundeskanzler Helmut Kohl, Minister Wolfgang Schäuble u.v.a., um gerade solches wie die von den Polen und nun auch Professor Benz betriebene Reduzierung der Auschwitzopferzahl und ähnliches zu verbieten und zu bestrafen. Wie wir oben projüdischen und politisch korrekten Quellen entnahmen: Eine Anweisung zum Massenmord hat man in 70 Jahren nicht gefunden (was der großen Öffentlichkeit unbekannt sein dürfte); das gleiche gilt für Vernichtungspläne und dergleichen – im Deutschen Reich herrschte Polykratie. Und alle Deutschen wollten die Vernichtungen und unterstützten sie oder duldeten sie zumindest (vgl. Daniel Goldhagen: ›Hitlers willige Vollstrecker‹, Berlin 2013, über die »ganz gewöhnlichen Deutschen« als Täter).

Tatbeweise erübrigen sich damit ebenfalls, denn wie die Gesetzgeber beschlossen haben, waren die Taten, und damit der Holocaust, offensichtlich (self-evident), und für jedermann sichtbar (entgegen andererseits behaupteter Geheimhaltung). Die mit Verkrampftheit immerfort beschworene Zahl von 6 Millionen (die EKD weiß es genauer: 6 029 500 – so nachzulesen in ›Die Denkschriften der EKD‹, Gütersloh 1981, Bd. 1/2, S.155), Polykratie und Offensichtlichkeit zementieren dieses Geschichtsbild für alle Zeiten (bzw. sollen dies). Angesichts der fragwürdigen Beweislage lässt sich verstehen, dass die Regierenden, die mit der Frage, ob 4 oder 1,5 Millionen ihre verheerende Unkenntnis offenlegten, deshalb scharfe Strafgesetze schufen und die deutsche Justiz heute, mehr als 70 Jahre nach den Geschehnissen, auch einfache Menschen, die sich damals am Unrechtsort Auschwitz befanden – ob als Wachposten oder sonst etwas niedriges – des Mordes an Hunderttausenden beschuldigt und verurteilt. Die Väter der gleichen Justiz hatten all das in den ersten 10 bis 20 Jahren nach dem Krieg, wie bekannt, völlig anders gesehen und beurteilt. Wir sehen auch hier den schon in früheren Kapiteln beschriebenen Wandel im Denken der BRD-Gesellschaft. Auch der von den Medien hochgelobte Bundespräsident Richard von Weizsäcker muss diesen Wandel beobachtet haben. Er hätte sich fragen sollen, ob er als Sohn eines (nach heute herrschender Ansicht) Hauptverbrechers, Massenmörders und SS-Schergen sich nicht hätte schämen und seinen Namen ändern sollen, statt im Fernsehen seinen Vater noch mit einer Äußerung Churchills zu verteidigen. Wie dieser Bundespräsident machte der ganze Weizsäcker-Clan mit seiner NS-Herkunft Karriere.

Es sei noch angefügt, wie wir bereits oben (in einem früheren Kapitel) sahen: Wer sich gegenüber den Opfern und Überlebenden oder dem gegenwärtigen deutschen Staat besonders gefällig zeigen möchte, legt auf die 6 Millionen gern noch ein oder zwei drauf – sozusagen aus Freundlichkeit.

Der Zündelprozess

Am 1. März 2005 startete in Toronto, Kanada, ein Flugzeug mit Ziel Frankfurt am Main mit nur einem einzigen Passagier an Bord – dieser aber in Begleitung deutscher Kriminalbeamter. Nein, kein Mörder oder Bombenleger, kein Geheimnisverräter oder Islamist oder Salafist. Auch kein Demjanjuk oder Raketeningenieur aus dem Team Wernher von Brauns. Nein, ein Kriegsdienstverweigerer, Pazifist, ein Mann mit eigener Meinung, mit Mut, den eigenen Verstand zu gebrauchen, also mit einem Kopf, wegen dessen Gedankeninhalt ihn die vier am meisten hochgerüsteten Staaten BRD, USA, Kanada und Israel (und hinter diesen einflussreiche internationale Organisationen) verfolgen ließen: Ernst Zündel, der Holocaustleugner. Der gefährlichste Mann auf dem Planeten? In Frankfurt wurde er von weiteren Kriminalisten in Empfang genommen und in ein Gefängnis nahe Mannheim gebracht. Gefangenschaft in den USA, zwei Jahre Einzelhaft in Toronto, Prozesse und Anschläge auf sein Haus und ihn selbst lagen hinter ihm – lange Gefangenschaft erwartete ihn in der BRD, dem ›freiesten Staat, den es je auf deutschem Boden gab‹, wie es immer wieder heißt.

Den Holocaust zu leugnen gilt heute in vielen Ländern als das schlimmste, das am entschiedensten zu verurteilende Verbrechen überhaupt, schlimmer als Mord, Todschlag, Kindstötung, Vergewaltigung und was es sonst noch an Abscheulichkeiten gibt. Holocaustleugnen wird demzufolge am härtesten bestraft, denn – ganz abgesehen davon, dass Gewalttäter aller Art in den meisten Fällen schon nach Verbüßen der Hälfte ihrer Haftzeit freigelassen werden und das heißt nach wenigen Jahren – der schnell freigelassene Mörder erhält oft psychologische Entlastung und danach ein staatliches Resozialisierungsangebot, das ihn in die Gesellschaft zurückintegriert, und wenn nicht sein Gewissen, so doch die Gesellschaft seine Tat vergessen macht. Nicht so im Fall des Holocaustleugners, dessen Maximalstrafe z.B. fünf Jahre Haft beträgt (im Fall des Rechtsanwalts Horst Mahler sechs Jahre), also etwas weniger als die eines richtigen Mörders, den aber darüber hinaus Existenzvernichtung droht

(Berufsausübung usw.) und tatsächliche lebenslange Ächtung durch die Gesellschaft verbunden mit Verlust der persönlichen Ehre und menschlichen Würde. Wer setzt sich einer derartigen Vernichtung aus? Gigantische Steuerhinterziehung wie die des ehemaligen Fußballers Uli Hoeneß, 28 Millionen Euro und mehr, sind ›peanuts‹ dagegen, und Prominente wie der ehemalige Ministerpräsident Edmund Stoiber brüsten sich nach wie vor mit dessen Freundschaft. Drei Monate nach Antritt seiner Haftstrafe von fünf Jahren durfte dieser Delinquent wieder tagsüber raus, ins Freie. Der milliardenschwere russische Oligarch und verurteilte Steuerhinterzieher Michail Chodorkowski wurde nach Begnadigung in Russland vom ehemaligen Außenminister Dietrich Genscher am Flughafen von Berlin sogar wie ein Staatsgast empfangen und ins noble Adlon-Hotel begleitet.

Wir wissen aus der Geschichte, dass es immer wieder und zu allen Zeiten Einzelgänger gab, die allen Gefahren zum Trotz selbst bis zum Tod den Weg ihrer Überzeugung gingen – und nicht jede dieser Überzeugungen erwiesen sich im Laufe der Zeit als richtig. Ohne Zweifel waren/sind auch Menschen dabei, die einer absolut abwegigen oder falschen Ansicht anhingen, sich in diese verbohrt hatten und z.B. fanatisch wurden. Die meisten sind wohl vergessen. Es hat aber auch die anderen gegeben, man denkt sofort an den Apostel Paulus, an Luther, an Galilei und an Gandhi. Wenn es richtig ist, Menschen mit falschen Meinungen oder Überzeugungen auf das schärfste zu verfolgen und zu bestrafen, wie unterscheidet man dann zwischen diesen und den anderen mit korrekten oder angeblich korrekten Ansichten, was ist eine korrekte Überzeugung, was ist Wahrheit?

Die Bestrafung geht immer von den Machthabenden aus, ob Kaiser, Päpste oder Regierende, ob Demokraten oder Putschisten oder sonstige, die Gesetze erlassen. Das Amt des Juristen als Stellvertreter des Staates ist, vorhandene Gesetze anzuwenden (ohne diese auf Verbesserung zu untersuchen). In aufgeklärter Zeit könnte man meinen, das was die Leute denken und gegebenenfalls zu Papier bringen und verbreiten, könnte man gelassen hinnehmen, denn niemand erleidet dadurch körperlich oder sachlich Schaden, möglichenfalls nur Ärger, Kränkung oder Beleidigung. Wenn dem so wäre, hätte man Luther und die anderen nicht verfolgt. Ich zitierte schon oben den Satz: »The pen is mightier than the sword.« Das schriftliche Verbreiten von machtgefährdenden Gedanken, denen andere zustimmen könnten, gilt als Gefahr, denn den Mächtigen geht es kaum um geistige Hygiene, auch wenn sie das behaupten wie hierzulande mit der Bekämpfung ›nationalsozialistischen Gedankenguts‹ (was bedeutet diese Formulierung konkret?). Es geht primär um Macht. Der Holocaust ist ein Machtinstrument über Menschen, Völker, ja die ganze Menschheit (da von der UNO übernommen). Die Machthabenden trauen ihren Wählern nicht; am liebsten würden sie sich selbst das gewünschte Volk zurechtzimmern. Kant drückte es so aus: Wenn die eine Schale der Gerechtigkeit nicht sinken will, legt der den Staat vertretende Jurist das Schwert hinzu.

Ich hatte ab etwa 2004 nach Auffinden der von Ernst Zündels Ehefrau, Dr. Ingrid Rimland, geführten ›Zundelsite‹ im Internet das Schicksal Zündels verfolgt und las da über dessen Auslieferung an die deutsche Justiz und den ihm bevorstehenden Prozess. Nun war Zündel nicht der einzige, der in Sachen Holocaustleugnung mit dem deutschen Gesetz in Konflikt gekommen war, ich hatte schon über andere gelesen. Auch Luther war bekanntlich nicht der erste Reformator, es gab vor ihm Hus und andere, die zum Schweigen gebracht oder verbrannt worden waren. Ich fragte mich: Stell dir vor, der Prozess gegen Luther (genauer wohl dessen Anhörung durch Kaiser Karl V.) beginnt morgen im nahegelegenen Worms – wäre es nicht interessant da hinzugehen? Solltest du dir diese Gelegenheit entgehen lassen, auch wenn sich herausstellen sollte, dass der Delinquent im Unrecht und ein Scharlatan ist? Wäre es nicht interessant zu erfahren, wie die Schuld festgestellt und geurteilt wird? Genau dazu sollen die Prozesse ja in einem sogenannten Rechtsstaat öffentlich geführt werden, damit die Öffentlichkeit die Argumentation verfolgen und nach eigener mangelhafter Kenntnis überprüfen bzw. sich ein Bild machen kann.

Der Prozess gegen Zündel sollte im nahegelegenen Mannheim stattfinden – kein Problem da hinzukommen, auch nicht für einen Pensionär. Ich entschied mich wenn möglich hinzugehen. Nun könnte man aus heutiger Sicht entgegnen, im Fall Luthers sei doch klar, dass ein Prozess gegen ihn falsch war, und der Fall von Zündel völlig anders liege. In der Tat. Im Fall Zündels ging es um das Schlimmste in der deutschen Geschichte, wenn nicht der Welt – um industrielle Vernichtung von Menschen besonderer Gruppen, also um das allerschlimmste menschenmögliche Verbrechen der Geschichte, das dem deutschen Volk vorgeworfen wird – Zivilisationsbruch, wie man sagt. Wenn dem so ist, sollte nicht jeder Deutsche hingehen und sich anhören, was auch ihn selbst betrifft, weshalb er heute mehr denn je allenorts Gedenktafeln, Mahnmälern, Stolpersteinen usw. begegnet und täglich im Fernsehen und Zeitungen auf vielfältige Weise damit konfrontiert wird, auch mit zahlreichen Gedenktagen? Sind das nur Spinner, die da hingehen? Rechtsradikale, Unbelehrbare, Nazis, NPDler? Je ferner die Zeit des Nationalsozialismus von der Gegenwart ist, um so intensiver wird sie uns täglich vorgehalten. Und haben die Deutschen nicht gesehen, wie im vorhergehenden Kapitel dargelegt, dass sie mit der Zahl von 4 Millionen von aller Welt, einschließlich dem Papst, vielleicht sogar belogen worden waren? War das nicht Grund genug sich diesen Prozess anzusehen?

Ich versuchte im Internet Ort und Termine des Zündelprozesses zu erfahren. Der Ort war leicht zu finden – das Landgericht befindet sich gegenüber des Haupteingangs des wiederaufgebauten, riesigen barocken Mannheimer Schlosses aus rotem Sandstein, dessen Rückseite schon vom Bahnhof erkennbar ist. Die Termine waren nicht so leicht festzustellen, aber dank der *zundelsite* fand ich einen, der allerdings schon der dritte etwa war: Donnerstag, 9. März 2006. Ich sah zahlreiche Polizeifahrzeuge vor dem Gerichtsgebäude. Eine lange Schlange im Vorraum wartete auf Einlaß. Es ging zu wie beim Sicherheitscheck auf dem Frankfurter Flughafen. Mitgebrachte Gegenstände mussten in Schließfächern abgelegt werden. Ich fragte einen neben mir stehenden Mann, ob der Personalausweis geprüft würde. Der meinte Nein. Ein bunt durcheinander gewürfelter Haufen von Menschen, die sich unterhielten und offensichtlich vorhergehende Sitzungen erlebt hatten. Der Sitzungssaal war offensichtlich übervoll und nur wenn jemand herauskam, wurde ein anderer reingelassen. Interessant, dachte ich. Nach längerer Zeit sprach mich ein neben mir stehender jüngerer Herr in weißem Hemd und schwarzem Anzug mit einer belanglosen Bemerkung an. Er hatte mich wohl erkannt. Ich vermutete, nach seiner Kleidung sei er sicher Rechtsanwalt. Er bejahte und erzählte, dass er an der Technischen Universität Kaiserslautern angefangen hatte, Mathematik zu studieren, sich dann aber entschieden habe in Heidelberg Jura zu studieren. Später kam der Zündelverteidiger Dr. Bock auf ihn zu und ließ sich von ihm Papiere geben – vermutlich war er dessen Mitarbeiter. Wir wechselten hin und wieder ein paar Bemerkungen über das, was wir beobachteten. Endlich, nach zwei Stunden Stehen in der Schlange kam ich durch den security check und durfte in den Gerichtssaal. Ich saß gleich am Eingang neben dem Juristen.

Ich war noch nie zuvor in einem Gericht gewesen und kannte mich in dessen Zusammensetzung überhaupt nicht aus. Nun saß ich zum ersten Mal in einem Saal, in dem ge- und verurteilt wird. An den Wänden standen viele Polizisten. Die Zuhörer saßen auf langen Bänken, etwa 15, auf denen jeweils 15 bis 20 Leute Platz hatten. Die ersten paar Reihen waren größtenteils leer – reserviert für die Presse, wie ich feststellte. Da saß an der Seite auch ein Zeichner, weil offenbar nicht fotografiert werden durfte. Dem Publikum gegenüber saß das Gericht hufeisenförmig geordnet. Links vom Publikum gesehen saß, gewöhnlich völlig allein, der Staatsanwalt Andreas Grossmann, nach Kommentaren im Internet ein Jude (ich vermute falsche Unterstellung). Dieser gönnte sich hin und wieder einen Schluck aus einer Mineralwasserflasche, auch mal eine Banane, was den Rechtsanwalt neben mir belustigte. Dem Staatsanwalt gegenüber saß Zündel mit seinen Verteidigern und zwischen diesen erhöht auf einem Podium der Richter umgeben von je einem weiteren Richter bzw. einer Richterin und weiter außen je einem oder zwei Geschworenen.

Ganz rechts neben einer Tür, durch die der Richter mit seinem Team den Saal betrat oder verließ, saß, ebenfalls erhöht, eine weitere Gerichtsperson mit einem Laptop (m.W. kein Protokollführer, da in deutschen Gerichten, anders als in angelsächsischen, nicht Protokoll geführt wird, die schlauen Juristen also auch nicht für Verbales belangt werden können). Zwei weitere Juristen, die Pflichtverteidiger, also Zündel aufgezwungene Verteidiger, saßen von ihm entfernt vor den Journalisten. Wie ich las, besaßen diese zwei nicht das Vertrauen Zündels und mussten deshalb auch außerhalb seiner Hörweite und der seiner Vertrauensverteidiger platziert werden. Funktionen und Namen der Personen wurden mir erst im Verlauf der ersten Stunden und Sitzungen bekannt. Rechts von Zündel, also dem Richterpodium am nächsten, saß sein Hauptverteidiger Dr. Ludwig Bock, ein Jurist mit viel Erfahrung, der schon den ehemaligen NPD-Vorsitzenden Günter Deckert, einen Studienrat für Englisch und Französisch, verteidigt hatte (erfolglos, dieser verlor seinen Job und erhielt Gefängnisstrafen) und vermutlich noch andere. Links von Zündel saßen seine anderen Verteidiger, die Rechtsanwältin Sylvia Stolz, der Rechtsanwalt (auch NPD-Rechtsberater) Jürgen Rieger, und der österreichische, damals schon 84-jährige hochrespektierte Rechtsanwalt Dr. Herbert Schaller (auch Verteidiger von Irving in Wien). Einer der beiden Pflichtverteidiger hieß Beust und war SPD-Mitglied.

Als ich mich gesetzt hatte, blickte ich um mich. Das Publikum lauschte, der Vorsitzende Richter Dr. Ulrich Meinerzhagen verlas etwas, es dauerte recht lange und schien mir ziemlich uninteressant zu sein. Als der Richter fertig war, verlasen zwei der Verteidiger Stellungnahmen. Danach gab es einige kurze Gespräche der Verteidiger Zündels mit dem Richter. Dann war die Sitzung beendet, und der Richter gab den nächsten Termin bekannt. Jetzt wusste ich also, wann und wie und wo das Verfahren weiterging, nämlich Mittwoch, 5. April 2006, 14 Uhr. Ich hatte genug Zeit rechtzeitig am Gericht zu sein, auch an der Spitze der wartenden Schlange. So erlebte ich nun auch den Anfang einer Sitzung. Als Zündel von Polizei hereingeführt wurde, klatschte das Publikum Beifall. Darunter waren auch alte Männer, ehemalige Soldaten, die sich über Kriegsereignisse unterhielten. Der Jurist saß in meiner Nähe, neben mir ein alter Franzose, dem Deckert, der direkt hinter mir saß, seine Beobachtungen auf Französisch zuflüsterte. In einer anderen Reihe saß der Rechtsanwalt Horst Mahler, aus RAF-Zeiten bekannt und in meinem Alter. Später wurde dieser wegen seiner öffentlichen Äußerungen über den Holocaust wegen Volksverhetzung von einem anderen Gericht zu sechs Jahren Gefängnis verurteilt.

Diesmal ging es in Mannheim zur Sache. Der schlanke Vorsitzende Richter machte einen erregten Eindruck. Wieder gaben die Verteidiger Stellungnahmen ab, dann aber wurde die Sprache scharf. Richter Dr. Meinerzhagen ordnete den Rauswurf der Verteidigerin Sylvia Stolz an. Da diese sich weigerte, den Saal zu verlassen, halfen Polizisten, die protestierende Rechtsanwältin hinauszutragen. Ich weiß nicht mehr genau, was diese gesagt hatte, aber irgendwann rief sie: ›Heil Hitler‹! Letzteres war bestimmt nicht sehr klug, half auch Zündel nicht. Aber man sieht daran, dass es ein politischer Prozess war.

Am 12. Mai 2006, einem Freitag, bin ich wieder nach Mannheim gefahren. Hauptgegenstand diesmal war die Anhörung eines Sachverständigen für den Vergleich von nordamerikanischem, besonders kanadischem mit deutschem Recht. Der vom Gericht geladene Sachverständige war ein 33-jähriger Mitarbeiter des Max-Planck-Instituts in Freiburg, der einen miserablen Eindruck machte. Bevor er eine Frage beantwortete, dachte er erst lange nach – mehrere Minuten, so dass man den Eindruck hatte, er wolle überhaupt nichts sagen. Besonders Rechtsanwalt Rieger nahm den Mann in die Zange und drohte ihm, ihn notfalls unter Eid aussagen zu lassen. Das Auftreten dieses Sachverständigen und Juristen war insgesamt so, dass man für diesen kein Mitleid empfand. Doch dann platzte die Bombe. Warum hatte man ihn geschickt, wollten die Verteidiger wissen, warum nicht seinen Vorgesetzten, der der eigentlich eingeladene Sachverständige war? Es stellte sich heraus: Dessen Chef war eine Chefin, hieß Silverman und war Jüdin! Bei den Richtern brach Panik aus. Die Sitzung wurde unterbrochen und das Gericht zog sich durch die o.g. Tür zur Beratung zurück. Ich fuhr nach Hause.

Es folgten nun in unterschiedlichen Zeitabständen weitere Anhörungen durch das Gericht. Ich erinnere mich an eine Sitzung, in der als weiterer Zeuge ein deutscher Kriminalbeamter über eine Befragung der zweiten Ehefrau von Zündel, mit der er nur ganz kurze Zeit verheiratet gewesen war, aussagen musste. Offensichtlich sollte mit diesem Schritt des Gerichts der Charakter und Ruf Zündels in Frage gezogen werden. Dass dabei nichts zur Sache herauskam, kann man sich denken. Die Sitzungen zogen sich nun hin, wurden langweiliger, unterbrochen und vertagt, und auch die Zahl der Zuschauer verringerte sich zusehends, sodass auch die security checks laxer gehandhabt wurden, und die Zuschauerbänke teilweise leer waren. Der größere Teil der Sitzungen verlief so, dass die Verteidiger Zündels (nicht seine Pflichtverteidiger, die praktisch unbeschäftigt blieben) schriftlich vorbereitete Anträge verlasen, das Papier dann dem Mann am Laptop überreichten und sich wieder setzten. Kurzes Fragen und Antworten zwischen dem Vorsitzenden Richter und den Verteidigern, dann zog sich das Gericht für eine halbe Stunde zurück, um danach lapidar zu verkünden, dass die Anträge abgelehnt worden seien, z.B. aufgrund der Offensichtlichkeit des Holocausts. So lief das also: Keinerlei Anträge zum Beweis dessen, wofür Zündel angeklagt worden war, wurden zugelassen. Einmal war der Name Genscher gefallen – da wollte ein Verteidiger, wohl Rieger, diesen als Zeugen befragen lassen, weil dieser sich einmal öffentlich zum Holocaust geäußert hatte. Er hatte gesagt, die Vergasungen der Juden hätten in Birkenau (auch Auschwitz II genannt) stattgefunden und nicht im Stammlager Auschwitz (auch Auschwitz I genannt). Was Genscher nicht gesagt hatte war, dass die Polen jahrzehntelang Millionen von Besuchern im Stammlager Auschwitz (dort wo über dem Eingang ›Arbeit macht frei‹ steht) eine nach dem Krieg von ihnen rekonstruierte Gaskammer zeigten.

Ein andermal fiel auch der Name des *Spiegel*redakteurs Fritjof Meyer, der einige Zeit davor in einem Artikel die Zahl der Auschwitz-Ermordeten gewaltig reduziert hatte, aber trotz Anklagen vor einem Gericht unbeschadet geblieben war. Zündel selbst äußerte sich nie, nur ein- oder zweimal antwortete er auf direkte Frage des Richters Meinerzhagen mit Ja oder Nein. Man sah ihn aber in Pausen sich freundlich mit seinen Verteidigern unterhalten, nicht jedoch mit den Pflichtverteidigern. Die Rechtsanwältin Sylvia Stolz war inzwischen ausgeschlossen worden und saß im Publikum neben Horst Mahler. Einmal saßen die beiden neben mir. Ich erinnere mich, einmal war der Vorsitzende Richter Ulrich Meinerzhagen sehr erregt und drohte dem Publikum mit Strafen, wenn es sich nicht ruhig verhielte. Gleich danach betrat ein sehr alter, klappriger Mann nichtsahnend den Saal, setzte sich und rief, weil er nichts verstand: »Lauter!« Sofort ordnete Richter Meinerzhagen an, den alten Mann hinauszuführen und seine Personalien aufnehmen zu lassen.

Nun war es mittlerweile den Jägern der deutschen Holocaustleugner gelungen, des über England und Mittelamerika in die USA entflohenen Diplomchemikers Germar Rudolf habhaft zu werden, der ihnen aus den USA ausgeliefert worden war. Dieser wurde nun auch in das Mannheimer Gefängnis und vor das Mannheimer Landgericht gebracht. Einmal, so berichtet Rudolf im Internet, sei er Zündel dort im Gefängnis begegnet, er habe hohen Respekt vor diesem, hatte dann aber die Justiz gebeten ihn in eine andere Anstalt zu verlegen (wo er leichter von seiner Familie besucht werden konnte). Der Prozess gegen Rudolf, auf den ich weiter unten eingehe, begann in Mannheim, noch bevor der Zündelprozess beendet war. Informationen, auch über Zündels Erlebnisse im Gefängnis, konnte man der von seiner Ehefrau geführten *zundelsite* entnehmen, die diese Seite praktisch täglich mit Berichten fütterte und die Leser aufforderte, ihrem Mann Briefe zu schreiben, ein paar wenige Briefmarken dürfe man beilegen usw. Zündel erhielt daraufhin massenweise Post aus aller Welt und da die Gefängnisleitung alles sichten musste, wusste diese zeitweise sich nicht mehr zu helfen und Zündel musste lange auf seine Post warten.

Dort im Gefängnis, erfuhr man von der *zundelsite*, war Zündel eine Prominenz, und galt unter den Mördern und Vergewaltigern als ein weißes Schaf unter schwarzen, zumal er auch zu jedermann freundlich und entgegenkommend war. Da diese *zundelsite* dem Richter Meinerzhagen ein Dorn im Auge war, machte er Ingrid Rimland das Angebot, wenn sie bereit wäre, zur Aussage vor das Gericht nach Mannheim zu kommen, würde er ihr zusichern, dass ihr nichts geschähe und sie sicher wieder in die USA nach Hause zurückreisen könne. Dies konnte man in der *zundelsite* lesen. Natürlich machte Ingrid Rimland von diesem Angebot keinen Gebrauch, diesem war nicht zu trauen. Der Richter war darauf erpicht, Zündels Frau ebenfalls vor Gericht zu bringen, wie auch aus den Erklärungen bei seiner Urteilsverkündung (s. unten) hervorging.

Man erinnere sich: Es war die Zeit, als Israel wieder einmal, Juli/August 2006, einen Krieg im Libanon führte, und George W. Bush

(USA) und Tony Blair (GB) am 30.12.2006 Saddam Hussein in Bagdad erhängen ließen. Ich besuchte Zündel-Prozesstermine noch am 30.6., 4.8., 19.10., 10.11., 30.11., 21.12. und dann 2007 an den Tagen 12.1. und 15.2. Der Rudolf-Prozess lief parallel im Jahr 2006 an den Tagen 14.11., 4.12., 6.12., 20.12., und dann im Jahr 2007 an den Tagen 10.1., 21.1., 29.1., 12.2., 5.3. Den letzten Prozesstag des Rudolf-Prozesses mit Urteilsverkündung am 15.3. habe ich mir erspart, da die Angelegenheit (s. unten) vorher erledigt war.

Am 12.1.2007, teilweise am 15.2., gaben alle ihre Schlussworte. Der anklagende Staatsanwalt Andreas Grossmann hatte es wohl am leichtesten. Dieser zitierte aus Schriften und Pamphleten Zündels, die ihm für eine Verurteilung Zündels genügten; für fünf Jahre Haft, versteht sich, die maximal mögliche Strafe. Zündel hingegen glänzte mit seinem von Aufrichtigkeit, Demut und Anstand geprägten Schlusswort, für das er vom Publikum tosenden Beifall erhielt. Er schilderte darin seine bescheidene Herkunft, gedachte seiner frommen Mutter, erinnerte an den Grund seiner Auswanderung nach Kanada – seine Weigerung sich als Pazifist nach den Schrecken des Krieges einberufen zu lassen – und sagte, wenn er Juden gekränkt habe und man ihm beweise, dass er Unrecht habe, würde er von Synagoge zu Synagoge gehen und die Juden um Verzeihung bitten.

Sehr eindrucksvoll war noch das Schlusswort des alten österreichischen Verteidigers Dr. Herbert Schaller, der gestand, den Auffassungen Zündels zuzuneigen, wofür er ebenfalls lauten Beifall des Publikums erhielt. Am 15.2.2007 fand dann die Urteilsverkündung statt. Zuvor hatte noch der Pflichtverteidiger Beust sein Schlusswort gesprochen, dem sich der andere anschloss. Diese meinten darin, dass die zweijährige Haft Zündels in Kanada bei dem Urteil berücksichtigt werden sollte (aber sehr ernst gemeint klang das nicht).

Die Urteilsverkündung begann um 12 Uhr. Es waren viele Menschen gekommen, es gab eine lange Warteschlange. Man sah neue Gesichter, darunter in meiner Hörweite die Holocaustleugnerin Ursula Haverbeck und vor mir eine Gruppe minderjähriger Kinder, die sich wie vor einem Kinobesuch benahmen – für mich bis heute ein Rätsel, wer diese trotz Schulzeit dahingeschickt haben mag. Polizei ringsherum, auch vor den Wänden im Gerichtssaal. Richter und

Juristen aus dem Hause waren gekommen und standen an der hinteren Wand. Medien waren vertreten. Der Vorsitzende Richter Meinerzhagen und der Staatsanwalt Grossmann wurden interviewt. Dann musste das Blitzen aufhören. Richter Dr. Meinerzhagen hatte riesige Stapel Akten oder Papiere vor sich auf dem Tisch. Er richtete sich zunächst an das Publikum und sprach diverse Drohungen aus, falls sich jemand nicht korrekt benähme – angefangen mit dem Aufstehen zur Urteilsverkündung. Die Atmosphäre war beklemmend. Die Augen aller waren auf den Vorsitzenden Richter gerichtet, der Zündel die höchstmögliche Strafe zusprach und ihm die Prozesskosten aufbürdete.

Danach durfte sich das Publikum setzen, und Richter Meinerzhagen begann, das Urteil zu begründen – in freier Rede, ohne jegliche Protokollierung, hin und wieder zu den Papieren greifend, die vor ihm lagen. In seiner nicht ohne Erregung vorgetragenen Rede bezeichnete er Zündel als Nationalsozialisten, als Brandredner und Brandstifter, Hetzer, Agitator und diverses andere mehr. Er vergass auch nicht dessen Frau zu erwähnen, die er offenbar wegen der *zundelsite* ebenfalls gern vor Gericht gebracht hätte, eine Amerikanerin. Auch die Verteidiger Rieger und Schaller bekamen ihr Fett weg, Rieger in Abwesenheit, da sich dieser, wie der Richter erwähnte, bei einem anderen Gericht zu verantworten hatte.

Ich fuhr nach Hause und fragte mich, wie dieses Urteil später einmal von der Geschichtsschreibung aufgenommen werden würde – es ging ja nicht nur um das hier überhaupt nicht behandelte Thema Holocaust, sondern darüber hinaus um das Menschenrecht auf freie Meinungsäusserung und auf freie wissenschaftliche Erkenntnissuche. Und Zündel ist nicht der einzige. Er war einer der prominentesten, die dieses Schicksal erlitten, ja, aber es gab nicht wenige andere in vielen Ländern der Welt. Warum sollte ich die gegen Zündel gerichteten Schimpftiraden des Richters als gerechtfertigt ansehen? Mein Vater sagte häufig: Wer schimpft hat Unrecht.

Hätte das Gericht sich nicht der eigentlichen Thematik widmen müssen? Die Politik schrieb ihm die Handhabung offenbar mit Gesetzen vor, und dieser musste das Gericht folgen. So war es wohl. Dennoch blieb bei mir mehr als ein ungutes Gefühl. Die Urteilsbegründung war meiner Beobachtung nach nichts weiter als eine negative Bewertung des Charakters von Zündel. Der Holocaust wurde nur am Rande erwähnt. Ich setzte mich noch am selben Abend hin und verfasste die folgende Darstellung meiner Wahrnehmung, die ich an Zündels Ehefrau Ingrid Rimland schickte.

The Verdict

After pronouncement of the verdict (Feb. 15, 2007, 12.a.m.) – a five years jail sentence – Presiding Judge Dr. U. Meinerzhagen began to explain and justify the sentence. The sentences on 14 individual charges added up to something like 15 years which in some legal package allowed the judge to make it a total of 5 years. Soon it became very clear that for the justification of the sentence the judge had worked through a lot of Zündel's papers (particularly Germania Letters or Circulars) with the aim to fish out what he considered the most detestable, most revolting antisemitic, racist, fashist remarks he could find. Judge Meinerzhagen read these passages out aloud with a rapidly increasing volume of his voice and up to fanatic shouting (thus unmasking his defensive role). Some people in the audience were obviously so abhorred by this that they stood up and walked out (including Deckert and a strange group of 5 fidgeting 10 to 12 year old children who must have been exempted from some school to attend this). This behavior of the judge was in sharp contrast to the calm and collected way in which Zündel had before made his last statement, in which he had picked up a remark of the judge to the effect that only an international committee of experts would be eligible to consider the issue. Zündel expressed support of this idea, and added that if such a fact-finding body would prove him wrong, he would apologise to the whole world, particularly jews, also in synagogues and other places. Judge Meinerzhagen became very personal in attacking Zündel. He said Zündel's honest and trustworthy (G.: bieder) appearance was deceptive (my word), in actual fact Zündel, so the judge, is not a truth-seeker, nor a truth-finder (his words), but a convinced national-socialist, a racist, a staunch antisemitic and a follower Hitler's.* The judge called Zündel a ›Brandredner‹ (inflammatory orator), once also a ›Brandstifter‹ (arsonist). The judge stepped up his emotional outburst to such an extent that when he began to cite from some writings of Thomas Mann's (probably from Joseph's Brothers?) I lost track of what he was trying to say – he talked about Moses and fire and whatnot. Defense attorney Dr. Schaller sat at his table with his hands covering his face. A rather ›normal‹ feature of the judge's discourse was his use of superlatives of evil – thus not concentration camps but extermination camps, ›NS-Unrechts- und Gewaltherrschaft‹, Hitler greatest criminal etc., i.e. dogmatic and totalitarian terms which outlaw any arguing. The judge seemed to have some notes on one side and a stack of papers to cite from on the other side, but no properly and complete manuscript to read from as Zündel had. Weak spots were clearly noticeable. In reference to some book, he referred to a ›Hitler-Befehl‹ (meaning an order of Hitler's to gas jews) but immediately retracted: ›kein Hitler-Befehl‹ (these are the traps of free speech!). Towards the end he said he wanted to comment on the ›selfevidence‹ (G: Offenkundigkeit) of the holocaust, and referred to a book of 2005 where – so he implied, I do not recall his exact words – this is allegedly proven. Clearly a weak argument in a country where only such officially sanctioned claims are allowed, and others are censored and punished. Very frequently the judge referred to Zündel's wife Dr. Rimland, questioning her role in the authorship of Zundelsite Z-grams (which he wanted to attribute to Zündel), and once referred clearly to the existing warrant for her arrest (unbelievable: a German judge eager to snatch a law-abiding non-German from the middle of the US!). With reference to one letter of Zündel's

* G. Rudolf (Feb. 12. 2007) tried to ward off charges of anti-Semitism by presenting the court 3 books of Finkelstein's and other jews with antisemitic statements much worse than anything one might find in his own works, and told the Presiding Judge Schwab straight into his face: If you give me five years, these people deserve 15 years!

in which he explained to his wife his patience in facing his conviction and compared this with Christ's appearance before Pilate, judge Meinerzhagen accused him of blasphemy – a weak point in a society which is expected to tolerate the worst form of blasphemy as a form of freedom of speech or art. Similarly the judge rejected reference to the fate of Luther. – On the whole a very depressing event, and the judge's delivery a poor presentation of poor arguments, designed to intimidate rather than convince, and supplying media representatives with what these people want: An authorized slander or defamation.

In den Medien fand das Urteil, wenn überhaupt, nur kurze Erwähnung. Offensichtlich hatte in Politik und Medien kaum jemand ein Interesse diesem Beachtung zu schenken. Aber man nehme hier aus dem Mund des Richters zur Kenntnis: »kein Hitler-Befehl«. Ein diesbezüglicher Freispruch? Hätte er das Gegenteilige stehen lassen, hätte er damit rechnen müssen nach Beweisen gefragt zu werden. Wir sahen oben: Nichts derartiges haben Forscher und Feinde trotz endlosen Suchens in mehr als sechs Jahrzehnten zu Tage gefördert, wie auch in der o.g. ZDF-Info Sendung ›Die Wahrheit über den Holocaust‹ (18.8.2015) mehrmals klar ausgesprochen wurde, also im staatlichen Fernsehen.

Wie schon erwähnt, fand parallel zum Zündelprozess im Mannheimer Landgericht der Prozess gegen Germar Rudolf statt. Dienstag, 14. November 2006, hatte dieser Prozess mit der Verlesung der Anklage begonnen. Staatsanwalt war, soweit ich mich erinnere, wieder Andreas Grossmann. Der Vorsitzende Richter hieß Matthias Schwab und war – wie seinem Dialekt zu entnehmen war – Schwabe, was der ganzen Prozessführung eine wesentlich entspanntere Atmosphäre verlieh als die bei Richter Meinerzhagen. Zudem gab sich Schwab ruhig und gelassen und sprach keine Drohungen aus. Es ging also auch so. Verteidiger waren Dr. Ludwig Bock und Sylvia Stolz.

Noch am ersten Sitzungstag begann Rudolf, der von Polizisten mit zusammengeketteten Füßen hereingeführt worden war, mit einer stundenlangen Darlegung seiner Entwicklung zum Revisionisten.

Diese Ausführungen, in denen er mit seinem Interesse an dem Herkunftsort seiner Vorfahren in Oberschlesien begann, dann auch sein Verhältnis zu seinen Eltern beschrieb und schließlich zu seinem Studium kam, waren hochinteressant und fesselten das Publikum, das größtenteils das gleiche wie im Zündelprozess war. Im weiteren Verlauf mehrerer Gerichtssitzungen befasste sich Rudolf tiefschürfend mit dem Wissenschaftsbegriff, mit der Frage, was Forschung und die im Grundgesetz garantierte Freiheit für Forschung und Lehre bedeute usw. – jedem Philosophieprofessor hätten diese tiefgründigen Ausführungen zur Ehre gereicht. Das Publikum zollte Rudolf gebührenden Beifall. Aber das half alles nichts. Montag, 22. 1. 2007, beendete Rudolf seine Ausführungen über sich selbst mit der Darlegung von Parallelen zwischen ihm und Galilei: geboren 1964 bzw. 1564, drei Kinder, unfertiges Studium (Rudolf war vom Max-Planck-Institut, an dem er mit der Promotion begonnen hatte, aufgrund seines holocaustleugnenden Gutachtens entlassen worden – auch auf Betreiben des damaligen Vorsitzenden des Zentralrats der Juden, Ignatz Bubis) und Haft. Er erwähnte dann noch den Großmut Friedrichs des Großen, der sich von einem Müller hatte vor Gericht bringen lassen und das für ihn schlechte Urteil akzeptiert hatte. Schließlich endete er mit den Worten Martin Luthers: »Hier steh ich, ich kann nicht anders, Gott helfe mir!« und erntete lauten Applaus des Publikums.

Nun, Luthers Füße waren nicht zusammengekettet gewesen wie die Rudolfs im ›freiesten deutschen Staat‹, den es je gegeben hat, und als Mitglied der westlichen Wertegemeinschaft, wie uns immer wieder beteuert wird. Am 29. Januar 2007 fand die nächste Sitzung des Gerichts statt. Diesmal ging es um Rudolfs familiäre Probleme und um seine holocaustleugnenden Veröffentlichungen, um deren Herunterladen aus dem Internet, um die gerichtliche Einziehung der dem Verfasser gezahlten Honorare und schließlich auch um eine Liste der Käufer und Interessenten.

Ansonsten zeigte der Richter jedoch Geduld, wenn nicht sogar Milde. Als ein Baby auf den Bänken im Zuschauerraum in störender Weise zu schreien begann, bat er die Mutter höflich den Saal mit dem Kind zu verlassen. Am 5. März 2007 fuhr ich erneut zum Prozess.

Man hörte, die Sitzung würde mit Verspätung beginnen – und dann war sie schnell vorbei. Die Verteidiger hatten im Einvernehmen mit Rudolf ihre Strategie radikal geändert. Praktisch gaben sie zugunsten eines Deals auf. Die Rechtsanwältin Sylvia Stolz war durch einen jungen Pflichtverteidiger ersetzt worden, Dr. Ludwig Bock zog seine Beweisanträge zurück. Der Staatsanwalt hielt sein Schlussplädoyer, Dr. Bock sagte nichts mehr, der neue Pflichtverteidiger forderte zwei Jahre Haft, und Rudolf selbst sagte, er habe gesagt, was zu sagen war. Das Urteil sollte am 15. März gesprochen werden. Da man sich offensichtlich abgesprochen hatte, und die Verkündung des Urteils aus meiner Sicht auf eine Formalität hinauslief, habe ich mir eine weitere Fahrt nach Mannheim erspart. Germar Rudolf wurde am 15.3.2007 zu zweieinhalb Jahren Haft verurteilt (wegen Volksverhetzung usw.), kam am 2.7.2009 frei und lebt seither in den USA.

Der Besuch dieser zwei politischen Prozesse war interessant und aufschlussreich. Ich hatte verfolgen können, wie und mit welchen Mitteln Holocaustleugner im deutschen demokratischen Rechtsstaat abgeurteilt werden. Ich hatte auch das Publikum beobachtet, ohne mich mit irgendjemandem in ein Gespräch einzulassen (ausgenommen der oben erwähnte Rechtsanwalt). Die Menschen, die da saßen, waren keine bulligen Glatzköpfe, wie uns die Rechten täglich im Fernsehen vorgeführt werden, sondern ganz normale Bürger. Ich vermute sogar, dass die meisten Akademiker waren. Manche waren, wie ich überhörte, von weither gekommen, insbesondere aus dem Berliner Umfeld. Natürlich waren auch alte Männer dabei, sicher ehemalige Soldaten. Ich hörte auch Französisch und mal Englisch, aber eher selten.

Ich habe besonders Ausschau gehalten nach Leuten von der dem Gericht gegenüber liegenden geisteswissenschaftlichen Universität in dem riesigen barocken Schloss. Ich hätte ganze Gruppen erwartet, die sich mal für eine Stunde oder länger für einen der Prozesse interessieren. Aber nichts dergleichen. Niemand von der Universität wollte offensichtlich etwas darüber erfahren, wie das übelste Geschehen in der deutschen Geschichte behandelt und beurteilt wurde. Sind diese Leute, auch und gerade solche, die sich für Intellektuelle halten, von alledem restlos überzeugt, was Journalisten, Politiker und mainstream-Historiker uns täglich eintrichtern? Haben sich diese nicht oft genug getäuscht bzw. uns getäuscht wie mit der Zahl der 4 Millionen? Wären nicht gerade solche Leute glaubhafter, die für ihre Überzeugung ihr ganzes Leben aufs Spiel setzen, wie schon Hus, Luther, Galilei und andere? Ist bei den anderen, den mainstream-Schreibern, nicht zu vermuten, dass sie sich vor Schwierigkeiten scheuen und vor dem Misstrauen anderer schützen wollen, auch und gerade um ihre eigene Existenz nicht zu gefährden?

Wenn die Holocaustleugner so absolut absurde Thesen vertreten, wie uns suggeriert wird, kann man sie nicht einfach ignorieren? Warum muss der Staat, muss die deutsche Regierung, müssen deutsche Gerichte diese wenigen Leute so hart verfolgen und bestrafen, wenn es sich bei ihnen lediglich um Scharlatane und Spinner handelt?

Ich vermute, über den Holocaust ist öffentlich noch nicht das letzte Wort gesprochen worden. Er ist tabuisiert und ist ein Instrument der Macht – Macht über die Köpfe der Menschen, und damit auch über vieles andere mehr. Irgendwann in der Zukunft werden die Zweifel der sogenannten Revisionisten vielleicht ausgeräumt werden, d.h. deren Zweifel an der planmäßigen Vernichtung von Millionen Menschen in eigens dafür ausgedachten und eingerichteten Gaskammern in Auschwitz und andernorts, und man wird wissen, wie es wirklich war.

Aber selbst dann, wenn die Revisionisten durch Faktenbeweise widerlegt werden, wären deren Zweifel nützlich gewesen, denn wie Kant in dem eingangs erwähnten Zitat sagt: Um der Wahrheitsfindung willen sollte man selbst die geringsten Argumente der Gegenseite nicht verachten, weil dann die Wahrheit umso klarer hervortritt. Dieser Rat Kants trifft allerdings ins Leere, wenn wie im Fall des Holocaust die Argumente der Gegenseite vom Strafgesetz verboten oder mit der Offensichtlichkeitsbehauptung schon von vornherein ausgeschlossen werden.

Sollten die Revisionisten, besonders Zündel und Rudolf, jedoch Recht haben mit den Gaskammern in Auschwitz – und nur um diese geht es – nähmen sie in der Geschichte der Menschheit Plätze wie Luther und Galilei ein. Man fragt sich natürlich: Vertreten die heutigen Historiker und Journalisten über das Tabu nur zufällig das Gleiche wie die machthabenden Politiker oder verkaufen sie einfach das, was ihnen die Machthabenden vorschreiben? Immerhin hängt ihre Existenz davon ab…

Wie dem auch sei: Die Holocaustgeschichte ist in den letzten Winkeln der Erde bekannt und nie wieder aus der Welt zu schaffen.